문명의 자연사

문명의 자연사

협력과 경쟁, 진화의 역사

마크 버트니스

조은영 옮김

A BRIEF NATURAL HISTORY OF CIVILIZATION : Why a
Balance Between Cooperation & Competition Is Vital to Humanity

by Mark Bertness

역자 조은영(趙恩玲)
어려운 과학책은 쉽게, 쉬운 과학책은 재미있게 옮기려는 과학도서 전
문 번역가. 서울대학교 생물학과를 졸업하고 서울대학교 천연물과학
대학원과 미국 조지아 대학교 식물학과에서 석사 학위를 받았다. 옮긴
책으로 『생물의 이름에는 이야기가 있다』, 『나무는 거짓말을 하지 않는
다』, 『세상을 연결한 여성들』, 『언더랜드』, 『문명 건설 가이드』, 『오해의
동물원』, 『랜들 먼로의 친절한 과학 그림책』, 『10퍼센트 인간』 등이 있다.

편집, 교정_옥신애(玉信愛)

문명의 자연사
협력과 경쟁, 진화의 역사

저자/마크 버트니스
역자/조은영
발행처/까치글방
발행인/박후영
주소/서울시 용산구 서빙고로 67, 파크타워 103동 1003호
전화/02 · 735 · 8998, 736 · 7768
팩시밀리/02 · 723 · 4591
홈페이지/www.kachibooks.co.kr
전자우편/kachibooks@gmail.com
등록번호/1-528
등록일/1977. 8. 5
초판 1쇄 발행일/2021. 10. 27
    2쇄 발행일/2024. 9. 20

값/뒤표지에 쓰여 있음

ISBN   978-89-7291-755-7   93470

나에게 생명의 소중함을 일깨워준 강인한 두 여성,

재닛과 세라에게 바칩니다.

차례

머리말

나의 인생에서 바닷가가 주는 의미는 각별하다. 퓨젓 사운드 만(灣)을 탐험하며 보낸 어린 시절부터 나는 물이 뭍을 만나는 곳에 사는 동물과 식물, 그리고 그것들이 얽히고설키며 사는 모습에 푹 빠져 있었다. 그곳의 매력 덕분에 나는 학문의 세계로 이끌려서 해안 생태계를 공부했고, 그러다 보니 거대한 힘을 가진 소우주이자 자연선택과 경쟁, 그리고 협력이 일어나는 진화의 극장으로서 이 생태계를 바라보게 되었다. 그러나 해안선 연구는 게나 고둥을 들여다보는 일만이 아니다. 이제껏 인간의 활동과 행위는 전 세계 생태계에 골고루 영향을 미쳐왔다. 특히 자연세계에서 일어나는 맞물림 효과와 동반관계, 전투를 생각하면 이 접촉 지대의 일부로서 살아온 인간을 염두에 두지 않을 수 없다. (해변의 콘도처럼) 뻔히 눈에 보이든 (지구의 기온 상승이나 침입종의 확산처럼) 보이지 않는 힘을 행사하든 간에, 우리는 갯줄풀이나 조개와 다름없이 이 세계의 일부로 존재하며 늘 존재해왔다.

자연의 역사와 인류의 역사를 분리하여 이해하는 대신, 나는 재러드 다이아몬드와 유발 하라리 같은 작가들의 궤적을 이어받아 문명의 역사를 자연사의 한 축으로 읽는다. 이것은 농업과 의학에서부터 정치체계와 종교체계에 이르기까지 문명과 문명의 산물이 특정한 생태와 환경을 갖춘 과거 진화의 흐름 속에서 어떻게 유래했는지를 이해하려는 시도이다. 문명의 자연사는 쉽게 "인간의 진보"라고들 부르는 인류 발전의 매 단계를 자연사에서 발생한 사건에 대응한 결과로 본다.

그러나 이 이야기는 여기에서 그치지 않는다. 자연사를 통해서 인간의 문명을 읽으려면 먼저 자연사가 무엇인지 알아야 하고, 그러려면 진화를 전체론적 관점에서 정확하게 이해해야 한다. 반세기 전에 진화는 다윈이 말한 자연선택이라는 전투, 즉 적과의 경쟁을 통해서 변화가 일어나는 적자생존의 과정으로 받아들여졌다. 물론 이것이 진화의 한 요소임은 틀림없지만, 이런 관점은 경쟁이 아닌 협력이 가지는 필수적이고도 강력한 역할을 종종 (심지어 과학계 내에서도) 간과한다. 생물 간의 협력적인 상호작용은 리처드 도킨스가 이기적 유전자라는 말로 함축한 자기중심적이고 경쟁적인 동인(動因)을 몇 번이고 초월했다. 지구의 생명이 만든 이러한 협력의 틀은 인간이 기대어 살아가는 생물학적 체계들을 서로 결합할 뿐만 아니라, 진화의 역사에서 중요한 혁신이 일어난 변곡점, 즉 세포의 등장, 다세포 생물로의 전이, 인류의 부상, 농업혁명, 그리고 문명 그 자체까지 설명한다.

오늘날 이 이야기는 그 어느 때보다 중요하다. 인간이 전례 없는 능력을 갖추고 그 영향력을 유감없이 발휘하는 이 시대에 인간 자신이 이 세계와 얼마나 긴밀한 관계를 맺고 있는지 모른다면 인류는 어느 순간 맥없이 붕괴될 것이다. 지구의 다른 생명체들과는 달리 인간은 생태계에 내재한 한계들을 극복했고 계속해서 수를 불려 세상을 채워왔으며 지구에 축적된 자원을 양껏 써재끼며 뒤로는 온갖 쓰레기를 남겼다. 나는 과학자들과 학계가 지난 반세기 동안 자연세계, 진화, 그리고 우리 자신에 관해서 알게 된 내용들을 전달하고자 이 책을 썼다. 나는 우리가 다른 생물 그리고 이 복잡한 세상에 어떤 식으로 연결되어 있는지 그리고 얼마나 의존하는지를 깨닫기를 바란다. 그리고 그 깨달음을 바탕으로 진화를 순수한 경쟁으로 보는 관점, 즉 한 종으로서의 인간을 해로운 수준으로까지 성장하게 밀어붙였던 그 관점을 바꾸게 되기를 희망한다.

이 책에서 나는 과거 우리 종에게 힘을 실어준 중요한 협력의 사례들을 제시하고, 오늘날 우리 사회를 협력적 과정으로 전환하도록 힘들여 노력해야만 우리 문명의 생존을 보장할 수 있음을 보일 것이다. 또한 나는 전문적인 과학 연구를 일상의 언어로 전달하기 위해서 애썼다. 그러다 보니 과학자들이 공들여 세분한 내용을 뭉뚱그려서 설명한 부분도 있는데, 이는 공공 정책 토론에서부터 생활방식의 결정까지, 인간사의 수준을 한 차원 높이는 방법으로서 동시대 연구가 발견한 내용을 포괄적으로 전달하는 것이 더 중요하다고 보았기 때문이다. 우리는 인간이 이 세계와 맺은 관계에 대한 공통의, 그리고 공동의 이해에 도달해야 한다. 그것은 우리 자신과 문명의 기원을 아는 것으로부터 시작하여 자신을 빚어낸 세상에 가하는 우리의 파괴적인 영향력을 명확하게 파악하는 것으로 마무리될 것이다.

감사의 말

이 책은 열린 마음을 가진 학생들과 수십 년간 작업한 결과이다. 우리는 인류에게 안정감을 주는 자연의 예측 가능한 규칙들을 연구해왔다. 해안선의 모양을 형성하는 것이 무엇일까 하는 단순한 질문으로 시작한 연구가 자연사 연구로 이어졌고, 나는 이를 인간 문화와 문명에 적용했다. 이 발견의 여정에 브라운 대학교와 그 밖의 여러 곳에서 함께 연구하고 공부한 수많은 학생들에게 빚을 졌다. 그 수가 너무 많아서 여기에서 일일이 이름을 언급할 수는 없지만, 그들 모두 이 책에 등장하는 생각과 표현에 영향을 주었다.

그중 몇몇 학생과 동료는 나에게 이 책을 쓰도록 북돋아주었고, 민망할 정도로 엉성한 초고를 읽고 고견을 내주었다. 그들 가운데 특히 대럴 웨스트, 존 브루노, 리오 부스, 샘 래시, 케린 게던, 브루스 윌러, 마크 토슨, Q 헤는 각자의 방식으로 나에게 소중한 이들이다.

함께 일했던 편집자, 검토자, 예술가들로부터 받은 귀중한 도움과 조언에도 똑같이 큰 빚을 졌다. 시인이자 재능 있는 작가인 팀 드메이는 일반 독자들이 읽기 쉽고 호감을 느끼는 글이 되도록 도와주었다. 진 톰슨 블랙, 마이클 데닝, 줄리 카슨은 나를 지지해주면서 예일 대학교 출판사와의 협의 과정에 도움을 주었다. 나의 세르비아 딸 안젤라 브라사낙과 그녀의 건축가와 예술가들, 특히 아드리얀 카라브디치는 적절한 이미지와 사진을 고르는 데에 도움을 주었다. 뎁 니콜스는 이미지를 찾고 저작권을 확인하여 이 책에 실을 수 있도록 도와주었다. 폴 이월드는 가장 필요한 순간에 나에게 영감과 자신감을 주어 이 프로젝트를 마무리할 수 있게 해주었다. 그리고 익명의 검토자들은 나의 글과 생각의 장단점에 대해서 유익한 관점을 주었다. 이렇게 많은 도움과 조언을 받았음에도 혹여 이 책의 어떤 사실과 판단에 오류가 있다면 모두 나의 책임이다. 어쨌든 나의 본업은 자연사학자이고 부업이 아마추어 역사가이니까 말이다. 이 책의 모든 의견과 실수는 나의 것이다.

스승인 마이크 테이트, 헤이라트 페르메이, 밥 페인은 내가 자연을 공부하도록, 그리고 방관하지 않도록 영감을 주었다. 아내 재닛과 딸 세라는 언제나처럼 기쁜 날에도 힘든 날에도 무조건 나를 지지해주었다.

모두에게 정말 감사한다.

자연사를 알아야 하는 이유

"우리는 누구인가?" "우리는 어디에서 왔는가?" "우리는 어디로 가고 있는가?" 이런 질문들은 인류가 아주 오래 전부터 품었던 궁금증으로서, 사회 조직, 문화, 문명에 깊이 새겨져 있다. 이 질문들에 대한 우리의 관심은 인간 중심적인 관점을 반영한다. 인간은 세상을 경험하면서 환경과 인간 외 존재를 통합하여 자신을 인식한다. 철학과 과학 역시 우리가 우주의 중심이자 목적이라는 철저한 "인간 중심적인" 사고에서 시작되었다. 그러나 지난 100년간 우리는 자신이 중심에서 멀리 떨어져 있을 뿐만 아니라 찰나의 공간과 시간을 차지하는 미미한 존재임을 깨달았다. 이러한 극적인 방향 전환은 종교와 철학, 과학과 사회에 파장을 일으켰으며 하나의 종으로서 우리가 누구인지에 대한 이해를 근본적으로 수정하게 했다.

나는 이 책에서 인간의 **자연사**에 관하여 내가 도달한 결론을 공유함으로써, 우리 자신에 대한 이해를 높이는 데에 보탬이 되고 싶다는 희망이 있다. 그 결론이란, 곧 인간 또한 작용과 반작용으로 움직이는 생물학적 세계에 속해 있다는 사실이다. 나는 인간의 역사를 자연세계의 역사와 분리하고 인간에게 특권을 부여하는 전통적인 관점에 저항한다. 한편으로는 인간과 이 세상의 본질을 이해하고 현재 우리 모두가 직면한 절박한 난제에 해결책을 제시할 통찰을 불러오고자 한다.

나는 미국 서부의 워싱턴 주에서 자라면서 퓨젓 사운드와 오리건 주의 해안선과 해안가 숲을 한껏 탐험했고, 고둥 껍데기나 탈피한 게 껍데기를 수집하면서 정확히 언제 어디에서 그것들을 발견할 수 있는지 배웠다. 해안가 동식물들은 특정한 고도와 정해진 시기에만 발견되는데, 나는 마음에 안정을 주는 이 뚜렷한 규칙이 몹시 마음에 들었다. 당시에는 몰랐지만, 그런 호기심과 본능적인 끌림은 태곳적 조상들로부터 물려받은 것이다. 주변 자연 환경의 변화를 이해하고 해석하고 따르려는 충동이 오늘의 우리를 만들었다.

자연사 분야는 개체, 개체군 그리고 종의 분포, 생식, 죽음과 자원을 조절하는 개별 요소 및 상호 작용하는 요소들을 모두 다룬다. 자연사는 기본적으로는 환경과 그 환경 안에 사는 생물들의 연관성을 연구하지만, 살아남아 성공적으로 번식한 우리 선조들에 대한 직관적인 이해를 다루기도 한다. 멸종한 친척인 호모 에렉투스는 물론이고 호모 사피엔스 역시 지구에서 보낸 시간 중 99퍼센트를 수렵-채집인으로 살았다. 그러나 사냥과 채집을 하며 보낸 수백만 년의 경험에서 비롯된 유전적 특질들은 고작 1만 년 남짓한 문명의 경험으로 빛을 잃었다. 그러므로 우리가 바닷가에 끌리는 이유를 우리 안에 있는 친숙하고도 먼 과거가 남긴 유전적 잔재에서 찾는 것은 유별난 생각이 아니다. 해안가는 풍부한 식량과 상대적으로 안전한 거주지를 제공하여 사냥과 이동의 전통적인 주요 경로로 쓰였다.

우리가 뱀을 보면 피하고, 식용 버섯과 색깔이 선명한 독버섯을 구분하듯이, 해안을 활용하는 전문 기술은 인간의 생존에 필수였다. 즉 바닷가는 우리의 영혼과 DNA에 각인된 것이다. 자연의 역사와 인간의 역사는 늘 그래왔듯이 떼려야 뗄 수 없이 얽혀 있다.

한 종으로서 우리는 지구의 모든 생물과 길고 친밀한 역사를 함께해왔다. 우리는 생명이라는 자기복제능력이 지구에서 단 한 번 진화했음을 알고 있다. 바이러스와 세균에서부터 인간에 이르기까지 모든 생명체는 똑같은 DNA 프로그래밍 언어를 바탕으로 한, 동일한 유전 규칙에 따라서 설계되었다. 우리의 DNA는 조개의 DNA와 비슷하고, 개의 DNA와는 더 비슷하고, 영장류의 DNA와는 거의 같다. 인간은 지구에서 가장 지배적인 유기체로 진화했고 다른 유기체들을 구속하는 많은 제약에서 벗어났지만, 여전히 자연사의 기본 규칙에 묶여서 산다. 우리는 다른 모든 유기체들의 삶을 형성한 생태학적 진화 과정을 동일하게 겪으면서 큰 뇌를 가진 존재로 진화했고, 이 과정은 인류의 문명과 생물 군집의 공간적, 사회적 구조가 근본적으로 유사해지도록 이끌기도 했다. 비록 우리는 이 가계를 잊은 채 계보를 점유해왔지만, 이제라도 인류사를 자연사로서 살펴보는 일은 과거를 상기하고 미래를 예측하는 데에 큰 도움이 될 것이다.

이 접근법이 완전히 새로운 것은 아니다. 이는 찰스 다윈, 카를 마르크스, 에드워드 O. 윌슨, 그리고 그 밖의 다른 사람들의 영향력 있는 연구에 토대를 둔다. 그러나 지난 수십 년간 인류사와 자연사에 대한 이해가 급속히 늘어난 지금, 일반 독자를 위해서 이를 새롭게 검토하고 종합할 필요가 있다. 전문 논문과 서적(참고 문헌 참조)에서는 이 책에서 다루는 주제들을 훨씬 종합적으로 검토한다. 이 책에서는 세부적인 내용까지 자세히 전달하기보다는 과학자들의 연구 결과를 통해서 알게 된, 이질적이면서도 새로운 정보로부터 광범위하고 중요한 메시지를 도출하여 이를 아우르는 데에 초점을 맞춘다.

우리 자신을 어떻게 볼 것이냐 하는 질문의 답을 자연의 역사에서 찾는 것은 대단히 중요하고도 어려운 과제이다. 선조들의 생존을 좌우했던 자연사의 핵심적인 역할, 그리고 수백만 년의 시행착오를 거치며 세밀하게 조정된 환경과의 관계를 다루고 있음에도, 오늘날 자연사를 연구하는 박물학은 한낱 동식물 관찰에 불과한 구식 학문으로 폄하된다. 하늘의 별에서부터 숲의 나무까지 모든 것을 이해하려는 최초의 과학으로서 고대 그리스에서 고귀하게 시작된 박물학의 과거가 무색하게도, 오늘날의 박물학은 간접적인 관찰과 공동의 자료들로 구축된 대규모 자료들에 자신의 자리를 종종 내어준다. 그러나 박물학은 민주주의 또는 도서관에 의존하지 않는다. 또한 대담하고 창의적이며 독특한 관찰이 과학의 최전선을 여전히 주도하고 있다. 수십 년간 스위스령 알프스를 관찰한 결과를 토대로 지층이 절대자의 창조물이 아니라 자연 과정의 산물임을 제시하여 유명해진 19세기의 지질학자 루이 아가시는 학생들에게 책이 아닌 자연을 공부하라고 가르쳤다. 이 단순하고 현명한 주문은 미국 과학의 탄생지인 우즈홀의 해양생물 연구소 정문 위에 있는 화강암에 새겨져 있다.

해안선을 연구하는 과학자로서 나의 연구는 아가시의 철학을 지지한다. 그의 철학은 또한 문명 그 자체를 포함하여 지구상의 모든 생명이 물리적이고 생물학적인 두 가지 과정의 지배를 받으며 진화한다는 믿음으로 나를 이끌었다. **공생발생**(symbiogenesis)과 **계층적 자기조직화**(hierarchical self-organization)가 그것이다. 이 과정들과 연관된 많은 개념들이 상대적으로 새롭게 등장하거나 최근에 다듬어져서 인정을 받았다. 이는 모두 생명이 공유하는 협동적 요소에 대한 관심이 증가하고 있음을 반영한다. 이 책의 목표 가운데 하나는 20세기의 수많은 과학적 발견으로부터 배운 것들을 반영하여 새로 정리한 문명의 자연사 안에서 협력이 필수적인 역할을 했음을 알리는 것이다.

공생발생과 계층적 자기조직화 과정은 해당 군집의 구성요소와 참여자 간의 동적인 관계에서 가장 두드러진다. 수렵-채집인과 해안 동식물의 관계처럼, 산호초에서부터 인간의 도시까지 모든 군집은 긍정적이고 부정적인 상호작용, 즉 오랜 시간에 걸쳐서 진화한 협력적 또는 경쟁적 힘의 생태계 안에서 서로 연결된다. 분자 수준에서 서로 끌어당기거나 밀어내는 원자들은 다세포 유기체를 창조한 세포와 미생물들의 경쟁과 협력 속에서 생물학적인 운율을 맞춘다. 동물과 식물 역시 경쟁과 협력을 통해서 체계를 갖춘 숲과 염습지를 형성한다. 원자에서 생태계까지 모든 구조와 조직들은 갈등, 양립, 협력, 균형에 의해서 움직인다.

자연사를 보는 관점이 처음부터 이렇지는 않았다. 반세기 전만 해도 자연선택과 생태계를 형성하는 가장 중요한 힘은 제한된 자원을 두고 일어나는 종간 경쟁이었다. 허버트 스펜서의 "적자생존" 개념 그리고 앨프리드 테니슨의 "자연, 피범벅이 된 이빨과 발톱"이라는 표현이 시대를 지배하면서 협력이나 집단이익에는 눈길도 주지 않는 냉전 관점과 결합했다. 개체, 종, 개체군 간의 긍정적인 협력관계는 그 가치를 인정받지 못했다. 모든 참여자들이 이익을 얻는 자연 속 동반자 관계, 공생관계, 상리공생은 생명의 기본적인 조직 원리라기보다는 흥미로운 곁가지 이야기, 또는 예외적인 규칙 정도로 여겨졌다. 이런 관점은 긴 그림자를 드리우며 인류의 역사 역시 경쟁과 갈등의 서사로 해석하게 했다. 그러던 중에 세포 내 소기관들이 미생물 간의 협력을 바탕으로 다세포 생명을 창조한 과거가 드러나면서 이 서사가 달라지기 시작했고, 곧이어 상호적인 원인과 협동의 유사한 효과가 곳곳에서 관찰되면서 상리공생과 양성 피드백(positive feedback : 시스템에서 산출된 결과물이 원인을 촉진하여 결과값을 점점 더 증폭시키는 피드백 과정/옮긴이)이 지구에서 생명과 문명의 골격을 형성하는 필수적인 과정임이 밝혀졌다. 이것은 매우 중요한 용어이므로 잠깐 명확히 짚고 넘어가자. **상리공생**(mutualism)은 서로 근연관계가 없는 두 종이 모두 이익을 얻는 긍정적인 상호작용이며, 따라서 이에 참여하는 종들은 자연선택과 생태학적 양성 피드백에 의해서 진화적으로 견고해진다. 좀 더 전문적인 용어인 **공생발생**은 지구 생명의 역사에서 등장한 장애물들을 협력에 기반을 둔 공생성 상호작용으로 극복한, 근본적이고 건설적인 역할을 말한다.

종 사이에서 협업과 순환관계의 힘을 발견한 과학자들은 협력의 결정적인 역할을 지속해서 관찰하고 기록해왔다. 미국 생태학의 아버지 G. 에벌린 허친슨은 자연사와 자연선택의 관계를 "생태 극장과 진화의 연극"에 비유하여 상상했고, 이것은 1965년에 그가 출간한 책의 제목이 되었다.[1] 이는 연극이나 드라마의 구성과 전개가 극장의 구조에 따라서 결정되며, 역으로 극 자체가 무대에 영향을 줄 수도 있다는 뜻으로 쓰인 비유이다. 그보다 더 최근에는 영국의 생물학자 리처드 도킨스가 진화를 가장 작은 공통분모로 축소하여, 자연선택이 작용하는 기질(基質)이 "이기적 유전자"를 위해서 생존 기계의 역할을 하는 개체들의 구성이라고 상상했다. 도킨스에게는 이 이기적 유전자야말로 진화라는 연극의 진정한 배우이며, 다른 모두는 이 유전자들의 활동에 필요한 이동 수단, 자원, 또는 장애물에 불과하다. 그러나 협력과 집단이익은 유전자에 기반을 둔 생명관과도 맞아떨어진다.

게다가 다윈이 제시한 진화 연극은 자연선택을 길고 느린 과정으로 묘사했는데, 물론 이것은 틀림없는 사실이지만, 최근에는 자연선택이 빠르게 진행될 수도 있음이 발견되었다. 예컨대 새롭고 요동치는 변화에 발맞추어 진화한 형태적인 특징이나 생존에 필요한 형질들이 발견된 것이다. 이런 현상들은 일상에서도 분명히 나타난다. 예를 들면 병원균은 특정 항생제에 재빠르게 적응하여 내성을 키우므로 약물의 유효 기간을 단축시키고 새로운 항미생물 전략을 세울 수밖에 없게 한다. 그러나 번식 속도가 빠른 미생물만이 고속의 진화를 거치는 것은 아니다. 초고속 자연선택은 1898년에 처음으로 실험실 밖에서 재현되었다.[2] 브라운 대학교의 허먼 케리 범퍼스는 당시 떠오르는 분야였던 통계학에 관심을 둔 젊은 교수였는데, 하루는 불어닥친 겨울철 폭풍에 꼼짝 못 하고 갇힌 집참새 136마리를 칼리지 힐에서 발견했다. 그는 참새들을 실험실로 데려가서 건강해질 때까지 보살펴주었으나, 일부만 살고 대부분은 죽고 말았다. 이때 범퍼스는 살아남은 참새와 그렇지 못한 참새들의 형태적인 특징을 조사하여 최초로 실험실 외부에서 정량화된 자연선택의 사건을 포착했다. 한마디로, 살아남은 참새는 죽은 참새들보다 더 크고 튼튼했던 것이다. 이와 유사한 빠른 진화의 사례들이 1세기 후에 진화생물학의 최전선에서 발견되었다. 프린스턴 대학교의 피터 그랜트와 로즈메리 그랜트가 수십 년간 인내심을 가지고 다윈의 갈라파고스핀치 새를 꼼꼼히 연구한 결과, 견과를 깨뜨리는 데에 적합한 육중한 것에서부터 벌레를 찾아 먹기에 좋은 가느다란 것까지, 부리의 형태가 선호하는 먹이는 물론이고 먹이원의 변화에 맞춰서 빠르게 변형된다는 사실이 밝혀졌다.[3] 진화는 과거의 가정처럼 그렇게 느리지만은 않다. 심지어 번식이 느린 척추동물도 유전 변이의 풀(pool)만 충분하다면 빠른 변화에 신속하게 반응한다.

한편, 진화를 보는 관점이 달라지면서 1960−1970년대를 중심으로 진화론을 무비판적으로 적용하여 집단행동과 형질의 발달을 설명하려는 경향이 나타났다. 특히 영국의 생물학자 비로 윈-에드워즈는 종 수준에서 일어나는 집단선택을 지지한 것으로 유명하다. 그는 형질이 종 전체의 이익을 도모하는 방향으로 진화했다고 주장했지만, 이는 증거나 이론으로 뒷받침되지는 않았다.[4] 그러나 수십 년이 지난 이후 진화생물학자들은 자연선택과 진화의 개념이 한 종의 개체군에 한정된 단순한 적자생존의 수준을 넘어 더 큰 범위로 확장될 수 있으며, 또 실제로도 확장된다는 것을 발견했다. 진화에 관한 이 새로운 관점에 따르면, 적자생존이 일어나는 범위는 이기적이고 독립적인 유기체들만이 아니라 상호작용하고 협력적인 관계까지도 아우른다. 적자생존의 적자가 개체가 아닌 집단이라는 뜻이다.[5] 즉, 공생발생은 어떻게 한 종이 다른 종과 함께 그리고 다른 종들 사이에서 진화하는지, 그리고 어떻게 더 높은 차원의 조직으로 운영되는지를 설명한다. 이는 자연선택에 대한 우리의 관점을 바꿀 수 있다. 유전적으로 번영에 성공하기만 한다면, 집단행동은 지역적, 심지어 지구적 차원에서도 얼마든지 선택될 수 있기 때문이다. 외르스 서트마리와 존 메이너드 스미스는 지구의 생명이 세포에서 식물로, 동물로, 또 사회 조직으로 진화하는 굵직한 전환점들이 모두 이기적 유전자가 조종하는 조직들 간의 경쟁이 아니라 협력에 의해서 이루어졌다고 주장했다. 이 책의 또다른 목표는 집단 간의 협력이 진화의 주요 원동력인 경쟁까지 압도하는 사례를 제시하면서 이러한 해석들을 통합하는 것이다.

진화론에서 집단선택의 조건에는 두 가지가 있는데, 하나는 큰 논란의 여지가 없고 다른 하나는 새롭고 급진적이다. 전자는 개체가 혼자일 때보다 무리 또는 연합을 이루었을 때에 더 많은 이익을 얻는다면 집단이 선택된다고 본다. 즉, 개체의 진화가 집단의 생존으로 이어진다는 관점이다. 이 관점은 무난하게 받아들여지며, 해초의 그늘 밑에서 사는 고둥이나 따개비 등에서 그 사례를 볼 수 있다. 한편, 후자는 개체가 아닌 집단 자체를 **자연선택의 단위**로 인정한다. 종종 유전적으로 근연관계이거나 친족 선택과 연관되는, 벌 떼나 고퍼(설치류의 일종/옮긴이) 무리에서 이런 집단선택의 사례를 볼 수 있다. 이 두 번째 종류의 집단선택은 생태계 안에서 협력을 통해 진화의 가능성을 넓힌다. 인류 진화의 역사에서는 개체선택과 집단선택의 연속성을 인정하는 것이 현명한데, 특히 언어나 교역처럼 경쟁이 가진 힘과 비견할 만한 협력의 기술을 통해서 볼 수 있듯이, 집단선택이 인류 문화의 진화를 더욱 설득력 있게 설명하기 때문이다. 집단의 이익은 개체의 이익을 최대로 하며 인류 역사와 문명의 동인이 될 수 있다. 유핵세포와 다세포 생물로부터 협력적인 사냥, 거래, 사회 조직, 문명의 혁명, 그리고 극한의 인구 증가로까지 확장된 자연사는 오늘날 우리를 있게한 협력이 확장되는 이야기이기도 하다. 이 세상에 협력이 보편화되고 우리의 결정에 영향을 미친다면, 미래는 달라질지도 모른다.

따라서 지구의 생명에는 긍정적, 부정적인 종간 상호작용, 공진화, 유기 환경과의 공생 또는 상리공생이 필요하다. 이 책에서 포괄적으로 공생발생이라고 일컫는 이 과정은 단순히 흥미로운 곁가지 이야기가 아니라 생명의 역사를 형성하는 진화의 극장에서 생태적 상호작용을 위한 무대를 설정하고 세우고 관리한다. 공생발생은 자연 속에서 규칙을 생성하는데, 그 범위는 세포를 통제하고 연료를 공급하는 핵, 미토콘드리아, 색소체 간의 관계에서부터 남세균이 수억 년에 걸쳐 산소를 생산하여 지구를 살 만한 곳으로 만든 과정까지 아우른다. 음식과 의약품 역시 동물과 식물의 공진화적 관계를 찾아내려고 했던 우리 조상들의 시행착오로부터 전적으로 발전했다. 심지어 영성(靈性)과 종교조차 생태계 안에 있는 식물과 버섯의 공생관계에 뿌리를 두고 있을지도 모른다.

공생발생과 더불어 지구에서 생명의 구조를 세운 또다른 강력하고도 단순한 개념은 계층적 조직이다. 계층적 조직이란 반복되고 예측 가능한 모든 양식의 발달에 존재하는 절대적이고 순차적인 질서를 의미한다. 간단히 예를 들면 다섯까지 수를 셀 때, 1은 2 앞에 오고 5는 4 뒤에 온다. 이와 마찬가지로, 집을 지을 때는 1층을 짓기 전에 토대를 다지고, 또 지붕을 얹기 전에 1층을 세운다. 지붕에서 시작해서 아래로 집을 지을 수는 없는 법이다. 자기조직화와 계층적 조직은 유기체가 무작위적인 조합이 아닌 이유를 설명한다. 다시 말해서 바위 해안, 산호초, 맹그로브 숲의 동식물 군집들이 모두 되는 대로 배열된 것이 아니라, 명확하게 조직된 체계(아울러 그 조직으로 인한 협력적인 체계)가 되었다는 뜻이다. 자연사학자들과 수렵-채집인 선조들 모두가 이 체계를 쉽게 인지했다.

열대림이나 곤충 떼처럼 비계층적으로 또는 위계가 불분명하게 조직되었거나 마구잡이로 늘어놓은 것처럼 보이는 군집들조차 적절한 시공간 차원과 관점에서 보면 높은 수준의 자기조직화를 보여준다. 예를 들면 파도의 힘이 약한 해안의 모래 언덕은 종간의 공간적 분리가 뚜렷한 반면,

파도의 힘이 센 해안의 모래 언덕은 비행기를 타고 위에서 내려다보지 않는 한 겉으로는 특별히 잘 조직된 공간으로 보이지 않는다. 이와 비슷하게, 열대우림의 나무들도 위도에 따라, 또는 생물지리학적으로 살펴보기 전에는 제멋대로 분포하는 것처럼 보인다. 그러나 위도 차원에서 보면 동물과 식물, 그리고 그들의 군집은 생태학적으로나 진화적으로 상당히 예측 가능한 공간적 조직을 형성한다.[6] 인력과 척력, 양립성과 비양립성의 법칙이 이끄는 단순하고 우아한 자기조직은 물리학의 기본 법칙이자 공통분모이다. 그러므로 이 자기조직은 자연에서 반복적인 규칙을 생성하는 물리적 과정이나 생명 과정에서도 필수적이다.

종합하면, 공생발생과 계층적 조직화라는 진화의 기본 과정은 광범위한 시공간 관점에서 볼 때, 인류의 자연사와 지적 생명체의 진화 궤적이 상대적으로 결정론(미래가 현재의 사건과 자연 법칙에 의해서 결정된다는 이론/옮긴이)적임을 암시한다. 그러나 여기에서 "상대적으로"라는 표현을 덧붙인 이유는 진화에서는 무작위성의 영향력과 역할도 똑같이 크기 때문이다. 스티븐 J. 굴드는 진화의 연극이 다시 무대에 올려진다면, 매번 다른 결과를 낳을 것이라고 말한 것으로 유명하다. 자연선택이 만들어내는 복잡하고 우아한 형질과 규칙은 물리적, 생물적 환경에 대한 반응으로 일어나는 무작위적인 돌연변이에 의해서만 형성된다. 목적론적인 사고(思考)는 진화의 사고에서 설 자리가 없다. 진화는 앞을 내다보지 않는다. 진화는 장기적인 게임도 아니다. 진화는 각 세대가 현재 가지고 있는 유전 변이에 작용함으로써 언제나 단일 세대의 번영을 두고 게임을 한다. 진화는 미래의 필요와 문제를 예상하지 않는다. 그러므로 우리가 자연선택의 경이로운 산물을 보더라도 그 진화에 인과관계나 목적성을 부여해서는 안 된다. 아무리 복잡하고 훌륭하게 만들어진 형질일지라도 그것은 계획된 산물이 아닌, 세대에서 세대로 넘어가는 작고 근시안적 단계가 축적된 결과물일 뿐이다.

이는 물리학과 화학에서부터 유전학, 생물 다양성과 유기적 군집 구조에 이르기까지 모든 수준의 조직에서 무작위성이 계층적 자기조직화로 대체된다는 뜻이다. 그리고 이 과정은 의도와 설계라는 착각을 낳기도 한다.[7] 만약 자연이 일관된 규칙과 제약에 묶여 있지 않았다면, 생명과 문명에 그처럼 두드러지고 반복적인 양상이 드러나지는 않았을 것이다. 전 세계 해안에서 종들을 유사한 패턴으로 분포하게 하고, 난꽃이 곤충의 모습을 모방하여 꽃가루 매개자를 끌어들이게 한 바로 그 규칙이 환경과 식량원이라는 제약 아래 인간을 형성해왔다. 이런 것들이 생태 극장과 진화 연극 사이의 모호한 선이다. 인간의 치아와 소화계는 식물을 씹고 소화하기 위해서 진화했고, 식물은 소화되기 힘든 셀룰로스 목질부를 발달시키고 천적을 중독시키거나 인지력과 신경학적 인식을 손상시키는 화학 대사 부산물을 만들어냄으로써 이에 방어적으로 대응했다. 이 과정은 우리가 인간이기 이전부터 진행되었다. 일례로 한 네안데르탈인 집단 화석에서 농양이 있는 치주조직과 화학 잔류물이 발견되었는데, 이를 분석한 결과 이들이 식물에서 유래한 천연 아스피린을 섭취했다는 사실이 밝혀졌다. 심지어 호모 사피엔스로 진화하기 전에도 호미니드(hominid : 현생인류를 포함하여 사람과[科]로 분류되는 모든 영장류/옮긴이) 선조들은 시행착오를 거듭하여 숲속의 식물과 균류로 병을 치료하는 방법을 터득했다. 생명의 연극이 다시 시작된다면 세부적인 내용은 매번 달라지겠지만, 물리학, 화학, 진화, 그리고 계층적 자기조직화의 규칙이 가하는 제약으로 인해서 큰 축을 이루는 주제, 구조, 구성은 비슷할 것이며 뚜렷하게 드러날 것이다.

서로 연관된 세 가지의 주제가 이 책 전체를 아우른다. 첫째, 지구에서 가장 오래된 싸움은 경쟁과 협력 사이에 일어났다. 협력은 문화 집단의 형성에서부터 산업혁명과 정보혁명에까지 이르는 혁신을 주도했다. 게다가 협력은 현재 세계적인 환경 위기를 타개할 유일한 해결책이다. 전통적으로 역사학자, 생태학자, 진화생물학자들은 부정적인 경쟁과 약탈적 상호작용에 중점을 두었고, 협력이 인간의 진화와 문명 발달에 수행한 중요한 역할은 간과해왔다.

둘째, 군비 경쟁을 하는 천적과 먹잇감 사이의 공진화처럼, 유기체 사이의 공진화는 인류를 포함한 지구의 모든 생명을 직간접적으로 조절하고 관계의 끈을 잇는 보편적인 힘이다. 공진화 과정에서 일어나는 직접적인 상호작용과 간접적인 상호작용을 구분하기는 쉽지 않지만, 간략히 설명하자면 직접적인 상호작용은 우리와 유기체 사이에서 일어나는 작용이고, 간접적인 상호작용은 다른 유기체들 사이에서 일어난 공진화적 상호관계가 우리에게 미치는 영향을 말한다. 예를 들면 직접적인 상호작용으로서 미생물과 인간 사이에서 일어나는 복잡한 상리공생은 인간의 건강과 목숨을 지켜주고, 동식물과 인간 사이의 상리공생은 가축화와 품종 개량, 농업혁명, 그리고 개에게 밥을 주기 위해서 아침에 일어나는 행동으로 이어진다. 반면, 간접적인 상호작용으로서 식물과 그 식물을 먹고 사는 천적 사이의 군비 경쟁 결과로 생산된 화학적 방어 산물은 우리에게 약물이나 영성을 통해서 간접적으로 영향을 주었다.

셋째, 자기조직화와 계층적 통제는 생태적이고 진화적인 과정과 양식, 체계에 규칙들을 대량 투입하여 공생발생과 공진화를 보완한다. 이 시공간적 결정론은 인류의 진화와 문명의 출현에 자연사적인 지침 또는 본보기를 제공했다.

이러한 진화 과정의 영향은 문명 앞에서 멈추지 않는다. 기능적인 측면에서 문명은 문화, 과학, 산업, 관리체계가 발달한 인간의 조직이라고 정의할 수 있다. 좀더 간단하게는 야만성, 무정부, 혼돈 등 사회적 조직화가 부족한 상태의 반대말이라고도 정의할 수 있다. 지구상의 다른 모든 생물들처럼 인간 역시 자연적인 자기조직화와 이기적 유전자의 선택 그리고 협력의 산물이라면, 문명 자체도 자연사라는 렌즈를 통해서 조명할 수 있을 것이다.

수렵-채집인의 친족 집단에서 시작해 농업과 기술 혁명을 거치며 대규모로 조직된 활동이 가능해짐에 따라 차츰 확장된 문명의 발달 과정을 따라가다 보면, 이제 인류가 자연의 통제로부터 상당히 벗어났음을 발견할 것이다. 오히려 이제는 많은 지역에서 인간이 자연을 통제한다. 따라서 자연사와 인류사 사이의 유기적 연계는 문명의 진화는 물론, 우리를 창조한 자연계까지 망가뜨리기도 한다. 어떤 의미에서 보면 최근 지구에서 시작된 인류세(人類世: 인간의 영향이 지구 환경에 큰 영향을 미치는 지질학적 시대)는 자연사라는 개념을 뒤집었고, 인간은 지금까지 지구가 만들어낸 것들 중에서 가장 영향력 있는 교란 요인이 되었다. 한때는 자연이 인류의 발달을 결정했지만, 이제는 인류가 이 행성의 자연과 생명의 미래를 손에 쥐고 있다.

제1부

생명

우리는 어디에서 왔는가

우주는 우리 안에 있다. 우리는 별과 같은 물질로 만들어졌다.

우리는 우주가 자신의 존재를 알려주는 한 방법이다.

— 칼 세이건

제1장

협력하는 생명

지금껏 우리가 인간을 정의한 방식은 생명, 문명, 세계, 우주, 그리고 과학을 정의 내리는 데에 깊고 오랜 영향을 미쳐왔다. 예컨대 인간을 특권을 가진 종이라고 정의한다면, 인간의 수명은 우주의 나이를 결정하는 척도가 되고 인간의 신체는 우주의 크기를 가늠하는 자가 된다. 이러한 기준은 갖가지 인간 중심적인 발상을 낳았다. 지구는 6일 만에 창조되었고, 우주 삼라만상의 나이는 불과 6,000년이며, 우주는 인간의 시선이 미치는 곳까지만 존재하고, 지구는 이 우주의 중심에 위치한 평평한 원반이며, 인간의 문명은 세상에 존재하는 그 무엇과도 비교할 수 없이 특별하고 창의적이며 의지가 충만한 천재성의 절정이라고 보는 것처럼 말이다.

자연의 역사는 모든 생명체와 물질 위에 군림한 특권의 왕좌로부터 인류를 끌어내린다. 인류가 선택받은 종도, 천사와 짐승 사이에 있는 중간적 존재도 아닌, 수십억 년간 지속된 물리적, 생물적 과정에서 탄생한 머리가 큰 생물에 불과하다면, 우주와 생명에 대한 우리의 이해는 어떻게 달라질까? 인간이 단지 서로 경쟁하고 협력하는 수많은 미생물을 담고 있는 그릇에 불과하다는 것은 무슨 뜻일까? 만약 문명이 그저 인간 사회가 사회의 발달과 조직화의 진보된 단계에까지 도달한 과정의 결과이며, 그 과정을 인간뿐만 아니라 지구상의 모든 종이 경험한다면, 문명의 자연사란 과연 무엇일까?

이 질문들에 답하려면 우리가 어떻게 맨 처음 세상에 존재하게 되었는지부터 짚어야 한다. 이는 우리의 반려동물은 어떻게 존재하게 되었는지, 또 그들의 몸에 사는 곤충들은, 창밖의 나무들은, 어디에나 있는 세균들은, 심지어 자동차가 달리는 아스팔트 도로를 구성하는 화학물질들은 어떻게 생겨났는지에 관한 이야기이기도 하다. 지구에서 생명의 이야기는 수십억 년 전에 시작되어 현재를 거쳐 앞으로도 계속될 이야기의 한 장(章)에 불과하다. 결국 이것은 존재를 뒷받침하는 자기조직화 과정의 이야기이며, 존재하는 모든 것을 써내려간 물리와 화학의 이야기이기 때문이다.

이 거창한 문장들이 누군가에게는 받아들이기 힘든 골치 아픈 이야기가 될 수도 있다. 이 화두들이 우리의 사고에 제대로 스며들기까지는 시간이 걸릴 것이다. 그러나 그 전에 먼저, 우주의 발달이 어떻게 생명과 인류, 그리고 문명의 발달로까지 이어졌는지를 그 태초부터 살펴보자.

우주의 시작

140억 년 전, 상상할 수 없는 규모의 우주적 사건으로부터 우주가 생겨났다. 이 사건은 원자를 만들었고 그때부터 이 원자들은 물리적이고 생물학적인 과정을 거치고 자기조직화되면서 은하계와 유인원, 행성과 식물, 별과 불가사리를 만들었다. 우리 역시 여전히 진행 중인 끝없는 변화 과정이 만들어낸 산물이다.

18세기까지 신학자들은 「구약성서」의 계보를 사용하여 약 6,000년 전에 천지가 창조되었다고 추정했다. 그러다가 제임스 허턴, 찰스 라이엘, 켈빈 경과 같은 선구적인 사상가들이 『성서』 대신 지질학적 추론을 바탕으로 암석을 관찰하기 시작했다. 근대 지질학의 아버지라고 불리는 허턴은 스코틀랜드의 지층을 분석하여 지구의 나이가 수백만 년이라고 추정했다. 또한 세심한 관찰을 토대로 동일과정설을 주장했는데, 동일과정설이란 현재의 지구가 과거의 지구와 동일한 작용을 거쳐 형성된다는 이론이다. 그후 라이엘이 자신의 영향력 있는 저서 『지질학의 원리(*Principles of Geology*)』에서 허턴의 관점을 대중에게 널리 알렸는데, 이 책에서 그는 지구의 나이가 3억–4억 년은 되었다고 추정했다. 반면에 켈빈 경은 용융(鎔融)된 암석이 식는 속도를 분석하여 지구의 나이가 2,000만 년에서 4,000만 년이라고 주장했다. 1913년에 아서 홈스가 방사능 연대 측정법을 사용하면서 다시 한번 판이 뒤집어졌다. 자연적으로 생성된 방사성 동위원소와 그 붕괴 속도를 측정함으로써 홈스를 비롯한 과학자들은 물질의 방사성 붕괴를 분자시계로 삼아 시간을 계산할 수 있었다. 방사성 붕괴는 오늘날 과학이 지질학적 시간을 계산하는 가장 정확하고 견고한 도구이다. 이 방식으로 홈스는 지구가 16억 년 전에 만들어졌다고 추정했고, 이후 관찰과 분석 방법이 발전하면서 수치는 점차 커졌다. 오늘날 과학계는 지구가 약 45억 년 전에 만들어졌다고 본다. 그리고 지구에 충돌한 외계 암석의 나이와 지구와 다양한 은하계 사이의 거리와 은하계의 속도를 근거로 우주의 나이를 140억 년으로 추정한다.[1]

추정 연대가 바뀌면서 우주의 기원에 대한 이론도 바뀌었다. 벨기에 가톨릭 사제이자 물리학 교수인 조르주 르메트르는 1927년에 우주가 최초 폭발의 결과이며 여전히 팽창하고 있다고 주장하는 논문을 발표했다. "우주의 알(cosmic egg)"이라고 불리던 르메트르의 이 가설은 1931년에 그의 연구가 영어로 재출간되기 전까지 주목을 받지 못했다. 미국의 천문학자 에드윈 허블이 르메트르의 연구와 유사한 논문을 발표하고도 2년이 지난 후였다. "빅뱅"이라는 표현은 르메트르의 연구보다 더 나중에 등장했음에도 이 발상의 공은 허블에게 돌아갔다.[2]

우주와 천체가 지극히 밀도가 높은 한 점에서 시작하여 여전히 팽창하고 있다는 사실은 1915년에 아인슈타인이 일반 상대성 이론으로 확인했다. 비록 이 이론으로는 빅뱅의 물리학을 설명할 수 없었지만 말이다. 아인슈타인의 방정식들을 보정하고 이 문제를 설명하려는 새로운 이론들은 우주가 시작도 끝도 없이 무한할지도 모른다고 제시하지만, 어쨌든 이 대단히 흥미로운 연구보다는 빅뱅으로 시작하여 세상을 조직해나간 빅뱅 이후의 과정이 이 책의 목적에 더욱 부합한다.[3]

천체물리학자들은 빅뱅 직후 우주가 가장 단순한 원자와 소립자들로 채워졌다고 생각한다. 시간이 지나면서 이들 입자와 단순한 헬륨과 수소 원자들이 충돌하고 또 마침내 결합하고 합쳐져서 탄소와 산소 같은 더욱 복잡한 원소가 되었다. 그리고 이들 원자의 전하가 서로 밀고 당기면서 물을 비롯한 분자를 형성했는데, 이런 변형 과정은 수억, 심지어 수십억 년에 걸쳐서 진행되었다.

이윽고 수십억 개의 별로 이루어진 은하계에서 지구가 만들어졌다. 어느 별이 수명을 다해서 엄청난 폭발을 일으키며 성간물질로 충격파를 보낼 때였다. 이 충격파는 먼지 구름과 충돌하여 중력 붕괴를 가속하는 밀도까지 먼지를 압축했다. 처음에 이 구름은 비대칭 형태였고, 그에 따라 먼지가 회전하기 시작했다. 그러면서 먼지 구름이 원판 형태로 압축되었다. 그 중심에서 중력 붕괴가 원시 별을 만들어냈고, 이 원시 별이 충분한 질량에 도달하자 열핵 반응을 일으켜 빛나는 별이 되었다. 회전 원판에 남아 있던 부스러기들이 서로 부딪혀 돌멩이가 되고 다시 바위가 된 다음 융합하여 미행성체(微行星體)가 되었다. 그중에서 가장 큰 미행성체가 남은 기체와 먼지를 끌어모아 행성으로 성장했고, 행성 간에 또는 새로운 별과의 중력 작용으로 궤도가 조정되다가 마침내 준(準)안정 상태에 이르렀다. 이것이 지구와 태양의 기원이다. 이 책의 뒤에서 나는 우리에게 꼭 필요한 질문 하나를 던질 것이다. 지금까지 설명한 것과 똑같은 역학적 과정으로 형성된 수많은 태양계와 행성들을 고려했을 때, 생명 현상이 지구에서 단 한 번 일어난 사건이라고 가정하는 것이 과연 합리적일까?

생명의 재료

태양계의 한 행성으로 자리를 잡은 이후, 지구가 식어가면서 암석층이 형성되었고 화산 폭발과 소행성 충돌로 방출된 수증기가 응축되기 시작했다. 또 화산 활동은 암모니아와 메탄 같은 유독한 기체는 물론이고 탄소, 수소, 산소, 질소처럼 생명의 기본 구성물질이 되는 기체도 생성했다. 초기 지구의 대기는 전적으로 이런 기체들로 구성되었는데, 아직 유리산소(遊離酸素 : 다른 원소와 결합하지 않은 산소/옮긴이)는 없었다. 이 원시 수프 안에서 유기 분자들은 빅뱅 이후에 그랬던 것처럼 서로 부딪히고 한데 모이고 자기조직화를 겪으며 더 복잡한 분자들을 형성했다.

　이제 지구는 생명에 필수적인 다양한 원소들로 가득 찼다. 그렇다면 유기물질과 무기물질의 결합을 살아 있는 집단으로 도약하게 만든 것은 무엇이었을까? 19세기 중반까지 생명의 출현은 자연발생설(abiogenesis)로 설명되었다. 생명이 독자적으로 생겨났다는 가설이다. 사람들은 상한 빵에서 저절로 생긴 것처럼 보이는 구더기와 곰팡이를 대표적인 예로 들었다. 그저 물을 끓이는 것으로 그러한 "자연적인 발생"을 손쉽게 방지한 루이 파스퇴르의 실험은 미생물과 미시적 세계의 존재를 드러냈고, 과학자들은 생명의 기원으로 "무생물 기원설"을 연구하기 시작했다. 무생물 기원설은 반세기 넘게 활발히 연구되면서 2개의 큰 학설을 낳았다. 하나는 배종발달설이라고도 하는 판스페르미아(panspermia) 가설로, 생명이라는 자기복제가 가능한 복잡한 분자가 소행성이나 혜성을 통해서 우주로부터 지구까지 왔다고 본다. 다른 하나는 미시적 생명이 처음부터 지구 자체의 원시적인 물리적, 화학적 조건에서 생성되었다고 확신한다.

　지금도 판스페르미아 가설을 옹호하는 사람들이 있기는 하지만, 외계에서 온 원시 생명이 초기 지구의 혹독한 대기를 어떻게 통과했는지, 그리고 극한의 물리적 상태를 어떻게 견뎠는지 상상하기는 쉽지 않다.[4] 게다가 외계물질의 유입으로 인한 생명 발생이 한 번 이상 일어났다고 가정하면, 현재 지구의 생명체가 가지는 유전적 특징에서 다수의 조상 또는 기원의 흔적이 나타나야 하지만, DNA 염기서열을 분석해보면 지구상의 모든 생명이 유전적으로 단일 공통 조상을 가진다는 사실을 알 수 있다. 다시 말해서 우리는 모두 동일한 유전자 사용 안내서에 따라서 만들어졌다는 뜻이다. 마지막으로, 그리고 실망스럽게도 판스페르미아 가설은 태초에

그림 1.1 생명의 기원 화학의 아버지, 스탠리 밀러. 밀러의 간단한 실험은 단순한 화학적 자기조직화가 무기물로부터 생명에 필수적인 유기 화합물을 합성할 수 있음을 보여주었다. 출처 Stanley Miller Papers, Special Collections & Archives, UC San Diego.

어떻게 자기복제하는 복잡한 분자가 생겨났는지에 대한 질문을 지구에서 외계로 떠넘기고 말았다는 문제가 있다. 생명의 외계 기원 가설의 증거는 대부분 이론일 뿐, 경험적 또는 실험적으로 뒷받침되지 못한다.

이와 대조적으로 두 번째 가설, 즉 생명이 지구에서 화학적 자기조직화 (chemical self-organization)를 통해서 탄생했다는 가설은 점차 강한 실험적 지지를 받았다. 1950년대, 대학원생이었던 스탠리 밀러는 실험실에서 초기 지구의 상태를 재현하고자 했다(그림 1.1). 밀러는 노벨상 수상자인 지도교수 해럴드 유리 밑에서 그 당시 초기 대기 상태에 가장 가깝다고 생각했던 물, 암모니아, 메탄, 수소의 혼합물을 유리로 된 용기에 넣었다. 그런 다음, 화산 활동이 활발했던 지구를 재현하기 위해서 불꽃으로 액체를 가열하고 전기 불꽃으로 번개를 흉내 냈다. 며칠이 지나자, 액체가 진한 붉은색으로 변했다. 밀러가 생명의 기원에 필요한 아미노산 육수를 만들어낸 것이다. 그는 이를 "원시 수프(primordial soup)"라고 명명했다. 지난 20년간 초기 지구의 상태, 특히 심해의 열수구를 재현하려는 다양한 실험이 시도되었다.

지구가 식으면서 뜨거운 액체로 된 안쪽의 열핵 위로 맨틀과 고체로 된 지각이 갖춰지자 오늘날의 모습과 훨씬 비슷해졌다. 지구 중심의 핵은 대규모 열핵 원자로처럼 방사성 붕괴에 의해서 태양에 맞먹는 뜨거운 온도를 유지한다. 이 핵, 그리고 지각과 물로 된 차가운 표면 사이의 상호작용으로 대륙판이 움직이는데, 이 판들이 서로 충돌하면 산맥이 생성되고, 멀어지면 맨틀과 핵이 지구 표면에 노출된다. 이때 융용된 맨틀이 이동하면서 하와이 같은 화산섬이 되기도 하고, 유라시아 판과 북아메리카 판이 벌어지는 아이슬란드 같은 지역에서는 에너지 개발 가능성이 있는 열수구를 만들기도 한다.

심해 열수구는 1949년에 처음 발견된 이후 과학자들의 관심을 끌었으며, 지난 세기의 대단히 중요한 과학적 발견들이 이곳에서 이루어졌다. 지구의 다른 모든 생태계는 태양 에너지로부터 원동력을 얻지만, 열수구 내부와 주위에 발달한 생태계는 지구 중심의 핵반응으로 인한 열과 화학 에너지로부터 원동력을 얻는다. 이는 결국 빅뱅에서 기원한 우주의 잔재이다. 열수구는 높은 압력과 뜨거운 열로 당이나 아미노산 같은 정교한 유기 화합물을 생성하기 때문에 새로운 물리, 화학 결합을 만들어낼 수 있다.[5] 현재 열수구에 의존하는 독특한 생물들은 광합성이 아닌 화학합성을 하는 세균을 기반으로 살아간다. 열수구 생태계의 세균들은 수소 기체, 이산화탄소, 또는 메탄을 유기물질로 전환하여 에너지 자원으로 사용한다. 이처럼 "산소가 없거나" 희박한 조건은 초기의 지구 환경과 매우 흡사하다. 따라서 심해 열수구와 밀러의 실험은 과거를 들여다보는 망원경이 되어 생명의 기원을 탐구하게 한다.

우리는 이 망원경을 통해서 생명이 화학물질이 풍부한 고온의 무산소 환경, 즉 복잡한 분자들이 빈번하게 형성되는 열수구와 유사한 장소에서 생겨났다고 가정할 수 있다. 실제로 열수구에서 생명이 처음 발생했을 가능성이 크다. 그러나 현재까지 과학자들이 실험실에서 합성한 것은 복잡한 유기 분자에 불과하다. 생명의 시작을 나타내는 표식이자 진화의 초석이 되는, 자기복제능력이 있는 유기 분자를 처음부터 인위적으로 만들어 내지는 못했다.

그런데 복잡한 유기 분자는 어떻게 자기복제하는 원시 생명체, 즉 자연선택의 대상으로 조직되었을까? 더 간단히 말해서 분자들은 언제 처음으로 자기조직화를 시작하여 생명을 얻었을까? 결국 "생명"의 정의는 번식하는 능력에 있다. 이를 설명하기 위해서 두 가지 가설이 제안되었다. 첫 번째 가설은 밀러와 유리가 재현한 것과 같은 원시 지구 환경에서 생성된 아미노산을 재료로 하여 핵산, 즉 자기복제능력이 있는 분자가 조직되었고, 이 분자들이 자연선택의 대상이 되었다는 것이다. 그러나 이 가설이 성립하려면 생명에 연료를 대는 대사 과정에 앞서서 이 대사를 관장하는 RNA 같은 복잡한 자기복제 분자가 먼저 존재해야 한다.

두 번째 가설은 앞의 시나리오를 거꾸로 돌려서, 열수구에서 공급되는 에너지를 활용하는 대사 과정이 먼저 조직된 다음에 자기복제 분자가 만들어졌다고 본다. 즉, 자기복제 분자는 이 에너지를 활용하도록 진화했고 대사 과정을 자연선택의 대상으로 만들었다는 시각이다. 유니버시티 칼리지 런던의 닉 레인이 『생명의 도약(*Life Ascending*)』에서 우아하게 설명한 이 "대사 우선" 개념은 현재 학계에서 선호되는 가설이다.[6]

그러나 생명의 기원에 대한 답을 찾는다고 해도 생명체가 보여주는 다양성의 퍼즐을 풀지는 못한다. 어떻게 성게와 콘도르, 인간처럼 완벽하게 다른 종들의 조상이 하나이고, 이 공통 조상으로부터 이처럼 다양한 종들이 생겨났을까? 어떻게 유사한 것에서 다른 것이 만들어졌을까?

경쟁……그리고 협력

찰스 다윈이 그 개념을 처음으로 명확하게 설명한 자연선택은 진화의 근간이 되는 기제로, 어떤 개체로 하여금 더 성공적으로 자손을 생산할 수 있게 만든 형질이 후손에게 전해지고 마침내 종의 모든 개체들로 확산되는 과정을 말한다. 전통적으로 자연선택은 경쟁의 개념과 연결되는데, 경쟁은 형질들을 시험하여 자손에게 물려줄 가치가 있는지 아니면 걸러내야 하는지(진화의 진정한 자유시장 이론)를 확인하는 시험장으로 기능하기 때문이다.

이러한 고전적인 개념은 명쾌한 설명과 단순함이 매력이다. 예컨대 생명의 역사를 거슬러올라가면, 최초로 자신을 복제한 원시 생명체는 큰 개체군으로 증식하여, 결국 생태계와 서식지의 화학 자원을 압박했을 것이다. 필요한 자원이 부족해지면 자기복제능력은 종의 일부가 경쟁자보다 한발 앞서서 환경에 적응했을 때에만 지속한다. 환경 변화는 경쟁을 주요 촉매로 하여 새로운 종을 만든다.

현재 우리는 이 모형이 불완전하고 부족하다는 것을 안다. 물론 경쟁은 종 분화와 진화의 중요한 원동력이지만, 유일한 요건은 아니다. 지난 반세기 동안 과학자들은 생명의 진화에 협력이 맡은 역할을 뒷받침하는 설득력 있는 연구 결과를 바탕으로 상세한 이론들을 발전시켰다. 앞으로 계속해서 살펴보겠지만, 협력은 경쟁과의 균형 상태에 의해서, 혹은 그에 대한 반응으로, 또는 경쟁으로 인해서 촉진되어 지구 생명의 역사에서 모든 결정적인 순간에 그 자리에 있었다. 주요 전환점에서 협력이 경쟁의 이점을 능가한 사례는 실제로 많았다. 진핵세포와 다세포 조직화의 기원, 물고기 떼와 초식성 포유류 무리 그리고 홍합 밭 등에서 포식자와 경쟁자를 물리치기 위해서 진화한 집단행동, 고대에 동물(인간 포함)과 식물 사이에서 일어난 미생물과의 연합, 그리고 번식과 인구 성장을 극대화하는 집단이익을 향한 인간의 협력이 그것이다. 이러한 상리공생이 우리가 알고 있는 이 세상을 창조했다.

다윈의 진화론에서 수정이 필요한 부분을 더 파고들려면 20세기를 통틀어 가장 창의적이고 동시에 논란의 중심이 된 미생물학자이자 인습타파자였던 린 마굴리스를 만나는 것보다 좋은 방법은 없다.[7] 1970년에 마굴리스는 앞에서 설명한 고대 세균의 공생을 통해서 동물과 식물의 세포(세포 소기관을 특징으로 하는 "진핵"세포)가 기원했다는 강력한 증거를 제시했다. 이 발상 자체는 거의 한 세기 전에 등장했지만 이를 뒷받침하는 자료가 없던 터였다. 마굴리스는 단세포 생물의 세포와 다세포 동식물의 세포가 고대 남세균(시아노박테리아)과 호기성 세균 사이에서 일어난 공생적이고 서로에게 이로운 연합의 진화적 산물이라는 가설을 세웠다. 미토콘드리아는 세포 안에서 연료를 태워 가용한 에너지로 변환하는 소기관

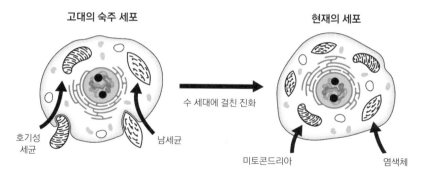

수 세대에 걸친 진화

호기성
세균　　　　　　　남세균

미토콘드리아　　　　　　　염색체

그림 1.2 세포 내 공생설. 진핵세포(핵이 있는 세포)가 원핵생물(핵이 없는 생물)로부터 기원한 과정을 설명한다. 별개의 두 조상이 각각 DNA를 제공해서 만든 세포가 지구상의 모든 동식물로 진화했다. 미국의 미생물학자 린 마굴리스가 제안하고 입증한 이론이다.
출처 자유 이용 저작물을 바탕으로 직접 그림.

인데, 마굴리스는 지구상의 모든 진핵세포에 미토콘드리아가 들어 있다는 사실과 이 미토콘드리아가 핵 속에서 세포를 복제하고 조절하는 나선형 DNA가 아니라 세균의 DNA를 닮은 원형 DNA에 의해서 조절된다는 사실에 처음으로 주목했다. 이를 바탕으로 마굴리스는 진핵세포가 각각 제 DNA를 들고 만난 별개의 두 조상이 만들어낸 산물이라고 제시했다 (그림 1.2). 다시 말해서, 서로 다른 원시 생명체들이 "합심하여" 마침내 지구상의 모든 동물과 식물의 세포가 되었다는 뜻이다.[8]

모든 세포가 미생물의 상리공생, 즉 "세포 내 공생(endosymbiosis)"으로부터 진화했다는 마굴리스의 "이단적인" 가설에 대한 당시의 반응은 신속하고 가혹했다. 이제는 고전이 되었지만, 그녀가 아직 대학원생이던 1967년에 쓴 이 논문은 15번이나 퇴짜를 맞은 후에야 출판되었고, 그후에도 일각에서는 쓰레기 취급을 받았다. 그러나 이제 그녀의 발상은 널리 인정되어 고등학교와 대학교의 정규 교육 과정에서도 가르친다. 마굴리스의 연구는 제한된 자원에 대한 포식과 경쟁만이 진화의 동인이라는 다윈의 추론을 박살 냈다. 생명의 진화는, 진핵생물이 진화한 과정을 일컫는 것은 물론 "함께 산다"는 어원에 따라서 더욱 포괄적으로 적용할 수 있는 용어인 "공생발생"에 의해서 추진되었다. 오늘날 우리가 알고 있는 모든 생물은 공생발생한 것이다. 그들은 경쟁 못지않게 협력하는 과정을 경험했고, 함께 사는 것과 떨어져 사는 것 사이에서 적절한 균형을 이루며 살고 있다.[9]

가이아와 자기생산

앞에서 언급한 제임스 허턴의 영향력 있는 18세기 지질학 연구는 그가 제안한 "동일과정설(uniformitarianism)"이라는 더욱 큰 이론의 일부이다. 동일과정설은 지구가 자연적인 과정에 의해서 형성되고 조절된다고 본다. 허턴은 지구의 물리적, 생물적인 특성 자체도 상호작용하는 더욱 큰 전체의 자기 조절 요소라고 생각했다. 두 세기 후에 이 개념은 확장되어 "가이아(Gaia) 가설"이 되었다. 가이아라는 이름은 그리스인들이 지구를 의인화한 표현이자 모든 신들의 어머니를 부르는 말이다. 마굴리스와 영국의 대기화학자 제임스 러브록(그는 전자 포획 검출기를 발명한 것으로 유명하다)이 처음 공식화한 가이아 가설은 생물이 무기 환경과 상호작용하여 극한의 환경 상태를 완화하고 화학 부산물을 재활용하여 지구에서 스스로 조절하고 조직하고 유지하는 복잡한 체계를 형성했다고 제안한다. 논란의 여지가 있지만, 이 가설은 지구의 기온이나 산소화된 대기처럼 생물권(生物圈)의 필수적인 속성들조차도 지구를 거주 가능한 곳으로 만드는 유기체들에 의해서 생산되고 유지되며 조절된다고 본다. 이것은 자기복제하는 생물의 진화가 양성 피드백 고리(positive feedback loops)를 촉진하여 생명에 필요한 조건들을 생산, 재생산하는 항상성(homeostatic) 구조를 만들어냈다는 뜻으로 볼 수 있다.

예를 들면 34억 년 전에 남세균은 최초로 자기복제하는 원시 생물에서부터 진화했다. 남세균은 광합성을 발명하여 태양 에너지를 화학 에너지와 유기 탄소, 질소로 변환하고 산소를 부산물로 남겼다. 광합성 덕분에 남세균은 주변의 먹이 분자를 두고 다른 미생물들과 경쟁하지 않아도 되었다. 20억 년 후, 남세균으로 가득 찬 바다는 대기 전체와 바다에 충분히 공급할 만큼 많은 양의 산소를 생산했고, 이는 마침내 세균이 산소를 이용하여 혐기성(산소가 없는 조건에서 생육하는 성질/옮긴이) 조상들보다 훨씬 더 효율적으로 에너지를 변환하는 산화 대사를 발달시키는 계기가 되었다. 산소 대폭발 사건(Great Oxygenation Event)이라고 알려진 이 과정은 세상의 유기적, 무기적 속성의 상호관계가 어떻게 새로운 생명이 탄생할 조건을 만드는지 보여주는 사례이다. 이러한 양성 피드백 고리를 바탕으로 광합성은 산소를 부산물로 내보내서 에너지 효율이 높은 산화 대사를 가능하게 하고, 산화 대사는 다시 광합성의 연료가 되는 이산화탄소를 폐기물로 방출한다. 폐기물의 재활용은 가이아 가설의 핵심인데, 지구 대기의 항상성 균형으로 가장 잘 설명할 수 있다. 산소를 생산하는 식물과 산소를 소비하는 동물을 부양하는 이 부산물 간의 균형이 지구의 기후를 조절한다.

이 사례는 또한 자기조직화와 관련하여 가이아 가설의 핵심 요소인 "자기생산(autopoiesis)"을 설명한다. 자기생산은 자기 피드백을 통한 자기 창조 과정을 말하는데, 1971년에 칠레의 생물학자 움베르토 마투라나와 프

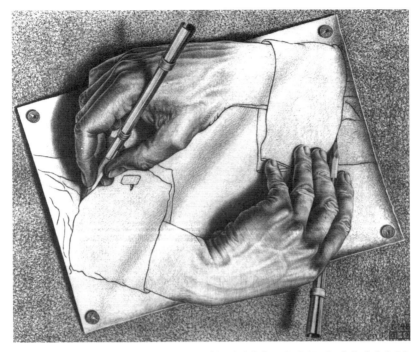

그림 1.3 M. C. 에스허르의 "그리는 손". 자신을 재생산하고 유지하는 능력인 자기생산을 설명하는 강력한 은유의 이미지.
출처 Escher in het Paleis, Den Haag/Fine Art Images/age fotostock.

란시스코 바렐라가 처음 제안했다(그림 1.3). 그러나 자기생산은 단순한 자기 창조가 아니라 창조된 것들의 상호 효과까지를 포함하는 용어이다. 이 맥락에서 설명하면, "남세균 + 대기" 구조는 항상성을 유지하는 방향으로 변화해왔는데, 처음에는 남세균이 산소가 결핍된 세상에 산소를 부산물로 방출하며 번성했다. 점차 이 부산물은 구조의 일부가 되었고 대기의 산소량이 증가함에 따라 구조가 변화하면서 "남세균 + 산소가 공급된 대기 + 호기성 분자"의 상태가 되었다. 산소는 남세균에 해로웠으므로 이 구조는 점차 "호기성 분자 + 대기 + 거의 멸종했지만 오늘날에도 여전히 존재하는 남세균"의 상태가 되었다. 그러므로 자기생산 구조는 결과적으로 구조의 상태를 뒤바꾸는 피드백 고리를 따라서 이동한다. 이 과정을 자기복제라고도 볼 수 있지만 완벽한 자기복제 형태는 아니다.

가이아 가설은 스스로 생산하고 조직하는 과정이 동시에 작용하여 지구를 살 만한 곳으로 만들었고 오늘날의 생물 다양성을 창조했다고 주장한다. 기온 안정화에서부터 바다의 염도와 대기의 산소량에 이르기까지, 가이아 가설은 진화가 폐기물들을 재활용하고 또한 다양한 생물의 진화를 허락하는 안정성과 항상성을 촉진함으로써 지구 환경에 영향을 준다고 본다. 가이아 가설은 유기체가 애초에 생물권의 이익을 도모하고자 의도적으로 형질을 진화시켰다고 생각하지는 않는다. 우리는 진화가 결코 목적 지향적인 과정이 아님을 기억해야 한다. 그보다는 유기체에서 진화한 상호의존의 연결망이 역으로 지구의 안정에 기여했다고 보는 것이 옳다. 더 큰 그림에서 보자면, 가이아 가설은 자기조직화와 상호협력의 과정이 생명 기원의 모든 단계를 이끌었다고 제안하는데, 이는 개체와 종들이 "이미 언제나" 다른 개체 및 종들, 그리고 그들이 살고 있는 생태계의 구성과 유지에 연결되어 있기 때문이다.[10]

가이아 가설은 완벽하지 않다. 그리고 이 가설에 반대하는 비판들도 계속 등장하고 있다. 가이아 가설의 가장 치명적인 문제는 실험을 통해서 양성 피드백을 연구할 수 있는 대상이 소규모 생태계에 한정된다는 것이다. 이에 따라 가이아 가설은 오직 상관 연구(연구자가 변수를 통제한 상태에서 인과관계의 단서를 찾는 실험 연구와 달리, 상관 연구는 관찰을 바탕으로 상관관계를 찾을 뿐 인과관계를 결정할 수 없다/옮긴이)로밖에 접근할 수 없

생명

다. 가이아 가설과 그것이 지구에 미치는 영향력을 제대로 시험하려면 행성 전체를 대상으로 한 생명 및 생명체계 비교 연구가 필요한데, 가이아 가설의 지지자들이 제시할 수 있는 유일한 자료는 지구밖에 없다. 비현실적이라고 생각할지도 모르지만, 이 비교 연구는 과학자들이 한두 세대 안에 달성할 수 있을 것으로 기대하는 목표이기도 하다. 비교 연구가 바탕되지 않은 가이아 가설은 자연적인 과정을 지금까지 인지된 기능이나 목적의 측면에서 설명하려는 목적론에 가까운 시도라고 깎아내려질 수 있으며 실제로도 그런 비판을 받고 있다. 가이아 가설은 오늘날 지구의 모습이 과거에 반복적으로 일어난 양성 피드백 때문에 형성되었다고 주장하지만, 반면에 고전적인 자연선택 이론은 무기물질이 그저 배경일 뿐이고 유기 생명체가 스스로 살아남는 능력에 힘입어 생성되고 퍼져나갔다고 주장한다.

현재 과학자들이 할 수 있는 일은 지구에서 생명을 창조했을지도 모르는 원리를 철저히 탐구하고, 산호초나 염습지와 같은 소규모 자기생산 구조의 사례를 연구하는 것이다. 이런 유기적인 시스템은 예측 가능한 구조, 조직, 생산성을 창조하고 유지하는 양성 피드백에 의존하고 있음을 보여준다. 이 피드백의 규모가 커지면 마침내 인간이 살 수 있는 조건으로 진화한다. 산호초나 염습지는 가이아 가설, 궁극적으로는 인지능력이 있는 유기체의 진화를 시험할 최고의 모형이다. 이 가설을 다른 행성의 생명으로 시험할 날이 올 때까지 말이다.

염습지 : 상리공생과 자기조직화의 사례 연구

나는 연구자로서 개별 생태계를 조사하여 강력하지만 인지되지 않은 상리공생의 힘과 그 안에서 작용하는 경쟁과 협력 사이의 균형을 찾는 데에 집중했다. 1980년대 초에는 미국 뉴잉글랜드 지방의 염습지에서 홍합과 농게 사이의 긍정적인 상호작용을 연구했다. 그리고 이 상호작용을 양성 피드백 고리를 설명하는 대단히 훌륭하고 분명한 사례로 보았다.

갯줄풀은 대서양 염습지의 "창시종(foundation species)"이다. 즉, 이 종이 생태계 군집 안에서 공간적인 틀과 이질성을 생성하고 유지하는 역할을 한다는 뜻이다.[11] 창시종은 생태계의 생물들에게 보금자리와 피난처, 생계를 제공하는 물리적인 구조에 기여한다. 그들은 자연의 생물학적 기반을 형성하는 생물이다.

갯줄풀은 주기적으로 얼음과 폭풍의 피해를 입는다. 그리고 심지어 가장 좋은 조건에서도 늘 질소가 부족하다. 그런데 이 식물에 붙어지내며 바닷물을 걸러서 먹고 사는 습지 홍합이 갯줄풀의 뿌리에 질소가 풍부한 폐기물을 축적한다. 홍합은 조밀하게 모여 살면서 전선같이 생긴 족사(足絲)로 갯줄풀의 뿌리에 붙어서 지낸다. 갯줄풀은 홍합이 버린 질소 폐기물에 반응하여 홍합이 있는 쪽으로 뿌리를 내려보낸다. 홍합은 갯줄풀에게 살아 있는 영양분 펌프이자 방파제가 되고, 자신은 갯줄풀 덕분에 포식자와 한여름의 뜨거운 열기로부터 보호를 받는다. 이러한 공생발생적 정원에서는 홍합이 제공한 비료를 먹고 생장한 갯줄풀이 빽빽이 들어차면서 습지의 단단한 제방이 되고, 이 제방 덕분에 습지의 가장자리는 침식과 얼음으로 인한 피해를 덜 받게 된다. 위도가 더 낮은 조지아 주의 퇴적물이 풍부한 습지에서는 홍합이 한층 더 중요한 자기조직화의 역할을 담당하는데, 먹이를 걸러 먹는 작용을 통해서 퇴적물의 침전과 습지의 성장을 조절한다. 이런 구조 안에서 홍합은 먹이를 찾아 퇴적물을 거르고 습지 표

면에 점액으로 범벅된 퇴적물 모르타르를 쌓아서 습지 생태계를 고착시키고 세우고 결합한다.[12]

그러나 고도가 높은 습지에는 뻑뻑한 습지 토탄과 죽은 식물이 잔뜩 쌓여서 가뜩이나 수위가 낮은 물이 잘 흐르지 못하기 때문에 갯줄풀의 생장이 저해된다. 이곳에 농게가 등장한다. 습지의 농게들은 갯줄풀에 기대어 산다. 갯줄풀의 뿌리는 농게가 파놓은 굴을 지지하고, 지상의 잎 부분은 농게를 포식자로부터 보호한다. 한편 농게는 먹이를 찾아 헤매는 동안 마치 트랙터 부대처럼 퇴적물 사이에 고랑을 만들어서 고도가 높은 습지대에서도 조수가 원활하게 흐르도록 하고 영양소를 순환시킨다.

북아메리카 염습지와 같은 사례는 유기체들이 직접 생성하고 또 그 안에서 살아가는 생태계에 변화를 가져오는 생생한 상리공생의 현장을 보여줄 뿐만 아니라, 세계의 자기생산적 자기조직화의 두 번째 요소를 설명한다. 바로 계층적 조직화이다(그림 1.4). 계층적 조직화는 리오 버스가 1980년대 말에 유기체의 발달을 언급하면서 처음으로 논의한 발상인데, 한 유기체의 최초 군체가 2차 구조나 과정에 의존하면서 단순하게 시작한다. 군체가 발달하고 진화하면서 양상은 더욱 복잡해지지만, 복잡한 정도는 선행 단계의 상대적인 단순도에 따라서 달라진다.[13]

창시종(이 경우에는 갯줄풀)은 주어진 생태계 안에서 생명을 개척한다. 예를 들어 새로운 물가에 정착한 갯줄풀이 유속을 늦추며 축적되는 퇴적물의 양을 늘리면, 시간이 지나면서 다른 습지 식물들이 들어와 배수가 잘 되는 안정된 서식지가 된다. 습지의 식물 다양성이 증가하면서 고둥류와 농게, 왜가리 등이 유입되고 생태계 전체의 다양성과 복잡성이 증가한다. 계층적 자기조직화는 이런 요소들을 가지고 예측 가능한 공간 구조를

그림 1.4 매사추세츠 주의 도시 본의 코드 곶에 있는 윙스 넥 습지. 염습지의 두드러진 공간 구조와 조직화는 계층적 자기조직화 과정에서 유래하며, 이는 다시 해당 지역의 종들 간에 일어나는 긍정적, 부정적 상호작용 사이의 균형에 의해서 변화한다. **출처** 저자.

만들어 과거의 무질서로부터 질서를 창조한다.

컴퓨터 과학자인 허버트 사이먼은 경제학에서부터 인공지능에 이르는 포괄적인 분야에서 발견되는 이 조직화를 잘 알려진 우화로 설명했다. "시계공의 우화"로 알려진 이 이야기에서, 호라와 템퍼스는 수천 개의 부품으로 이루어진 정교하고 복잡한 시계를 만드는 일을 한다. 호라는 제작 과정에 아주 간단한 변화를 주어 조립 시간을 단축했고 그래서 시계를 더 많이 팔았다. 템퍼스는 모든 조각을 일일이 조립한 반면(완성되지 않은 시계를 잘못해서 떨어뜨리기라도 했다가는 처음부터 다시 시작해야 하는 위험한 방식이다), 호라는 부품을 10개씩 모아 모듈을 만들었던 것이다. 호

생명

라의 하위 부품은 "모듈식 설계"의 형태라서 복잡도가 커지는 것을 허용했는데, 이것이야말로 태초의 고대 미생물 수프에서 공생적 연합이 진화하고, 자연이 복잡한 세포, 동물, 식물, 생태계, 문명으로 발전하는 과정에 개입한 방식이다.[14]

서식 생물들에 의해서 서서히 정교해진 습지는 지구에서 가장 생산성이 높은 자생 생태계에 속한다. 이 습지들은 이미 수억 년 전에 태양 에너지를 생물 자원, 즉 18세기 산업혁명의 연료인 토탄으로 바꾼, 바로 그 생태계이다. 또한 최초의 문명도 비옥한 초승달 지대로 알려진 유프라테스 강과 티그리스 강 사이의 범람원과 중국의 황허 습지에서 탄생했다. 나는 과거 연구에서 최초로 문명을 촉발한 습지 생태계의 성공 요인으로서 양성 피드백과 상리공생을 제안했다. 더욱 큰 규모로 보면 이와 같은 연구를 통해서, 계층적 조직화라는 암묵적인 과정 속에서의 종들의 상호적인 서식지 향상 및 상리공생을 연구할 수 있을 것이다. 그리고 더 나아가서는 공생발생과 가이아 가설의 핵심 요소를 시험해볼 수 있을 것이다.

1980년대에는 생물 간에 긍정적인 상호작용을 연구한 결과를 행성의 자기조직화라는 원동력을 엿볼 수 있는 일례가 아닌, 그저 자연세계에서 일어나는 귀여운 일화 정도로 생각했다. 미생물의 도움을 받아서 나무의 셀룰로스를 소화하는 흰개미, 달콤한 꿀을 대가로 아카시아 나무를 지켜주는 대니얼 젠슨의 열대 개미, 폴 에얼릭과 피터 레이븐이 연구한 나비와 식물의 공진화의 사례로부터 생태학 이론을 뒤바꿀 보편적인 규칙을 찾아낸 사람은 거의 없었다. 냉전 시기에 성장한 생태학자와 진화론자들에게 이 이야기들은 경쟁과 포식이라는 익숙한 규칙의 예외였을 뿐이다.[15]

실험 대상이 지구라는 행성 하나뿐이라는 실험 불가능성 때문에 가이아 가설은 상관관계 이상으로 나아가지 못했지만, 창시종에 기반을 둔 생태계는 전 세계에서 반복적으로 나타난다. 이 생태계를 통해서 과학자들은 열대림과 온대림의 나무들이 어떻게 생태계의 생산성과 안정성을 높이는 방향으로 국지적인 기후를 바꾸는지, 또는 산호와 해조류 사이의 상리공생이 어떻게 다양하고 자급적인 산호초 생태계를 만들고 유지하는지 등을 연구할 수 있다. 이러한 연구는 지구가 공진화를 통해서 깊고 풍부한 의존성의 역사를 만들어왔다는 가이아 가설의 기본 가정이 오늘날에는 어떤 식으로 작용하고 있는지 이해하는 데에 도움을 줄 것이다.[16]

미생물과 인류

우리는 진핵세포와 미국 뉴잉글랜드 염습지에서부터 전 지구에 이르기까지, 그 모든 것이 원래 별개로 존재하던 원소들의 합성과 협력으로 형성되었다는 가설을 세웠다. 우리는 생명과 진화에 대한 이러한 관점까지는 별다른 거부감 없이 받아들인다. 이를테면 한 종이 남획으로 인해서 멸종했을 때에 그로 인해서 생태계가 처할 위험을 점차 이해하게 되었기 때문이다. 그러나 문명의 자연사를 제대로 연구하려면 한 단계 더 나아가서 인간이라는 종 자체가 공생발생적 집합체임을 인정해야 한다. 우리는 생태계 안에서 우리가 아닌 종들의 협력 덕분에 존재한다. 그중에서도 가장 중요한 것을 말하자면, 우리는 미생물과의 공생적 관계 덕택에 존재한다.

불과 10년 전부터 우리는 지구 생명의 지속 가능성에서 미생물이 지금까지 수행해온 근본적이고 두드러진 역할을 이해하기 시작했다. 미생물은 한 세대가 짧고 번식 속도가 빨라서 진화의 압력이 작용할 기회에 많이 노출되며, 이런 특징을 바탕으로 서식지를 세밀하게 조정하고 인간을 포함한 모든 다세포 생물의 위협에 대항하는 진화적 방어체계를 견고하게 형성해왔다. 게다가 척추동물은 수조 개의 미생물과 직접적인 관계를 맺는데, 대부분의 미생물은 소화기관에 머물면서 숙주의 발달과 기능, 특히 소화와 면역에 중요한 역할을 한다. 모든 다세포 생물은 마이크로바이옴(microbiome : 특정 환경에 존재하는 미생물 전체의 유전자 정보/옮긴이)이라고 통칭하는 미생물 개체군과의 공생적인 연합을 함께 진화시켜왔다. 마이크로바이옴은 숙주의 전반적인 건강, 질병 저항성, 대사 효율성에 영향을 미치고, 종과 개체군 사이에서 진화를 거치며 섬세하게 조정된다. 따라서 모든 다세포 생물은 자신의 마이크로바이옴과 공생적인 연합을 진화시킨 초유기체로 볼 수 있고, 또 그렇게 보아야 한다.[17] 미생물은 생명의 요람인 동시에 생명의 유지자(그리고 가장 큰 위협)이며, 인간의 생명도 예외는 아니다.[18]

맨 처음 복잡한 세포가 되었던 태곳적부터 미생물은 다양한 공생적 또는 적대적 관계를 맺으며 생명의 다양성에 일조해왔다. 사람의 몸속에서 미생물은 대장 세포의 90퍼센트를 차지하며, 이 장 마이크로바이옴은 인체의 중요한 대사 경로를 통제한다. 최근에는 오랫동안 쓸모없는 흔적기관으로 치부되었던 충수가 실은 중요한 장내 세균의 안전 가옥, 또는 저장고 역할을 하는 것으로 밝혀졌다. 장에 크게 탈이 나는 바람에 장내 미생물의 수가 크게 줄어들면, 충수는 필수적인 미생물들이 다시 소화계에 자리를 잡도록 돕는다. 인간의 지리적 활동 영역이 확장되고 식단이 발달하면서 우리 조상들은 이질과 같은 장 질병을 매우 흔히 겪었는데, 이 역시 마이크로바이옴이 새롭게 직면한 엄청난 위협이었을 것이다.[19]

미생물 동반자의 긍정적인 역할을 알아차리기까지는 오랜 시간이 걸렸다. 이 상리공생에 대한 연구는 한 세기 전인 1908년에 엘리 메치니코프와 폴 에얼릭이 인간과 미생물의 상호의존 관계를 발견해 노벨 생리의학상을 수상하면서 시작했다. 이들의 연구 이전에는 미생물에 관한 파스퇴르의 연구가 그전 세기에 등장한 질병의 세균론(germ theory of disease : 질병이 세균의 감염으로 생긴다는 이론/옮긴이)과 잘 맞아떨어지는 바람에, 미생물은 인간의 건강을 위협하는 위험천만한 악마의 대명사로 취급되었다. 여전히 영향력을 미치고 있는 이 부정적인 인식은 미생물이 인간의 건강에서 차지하는 중요성을 규명하려는 움직임을 수백 년간 제한했다. 비교적 최근까지도 의사보다는 오히려 미용사들이 더 미생물의 이점을 옹호했다. 게다가 오늘날 이러한 연구는 근대 의학의 발전(동시에 실패이기도 했다)으로 교착상태에 빠졌다. 항생제가 남용되면서 좋은 미생물과 나쁜 미생물 간의 균형이 깨지고 있기 때문이다.

그럼에도 오늘날 현대 의학에서는 미생물을 이용한 질병 치료가 부흥기를 맞이하고 있다. 예를 들면 장에서 박테리아가 합성하는 비타민 B_7, B_{12}, K는 당뇨, 암, 알츠하이머에 이르는 질병에 대항하여 우리 몸을 보호한다는 연구 결과가 있다.[20] 미생물이 가진 힘은 대부분 "수직적 유전자 전달"을 통해서 번식하는 능력에서 오는데, 미생물은 동식물 세포보다 번식 속도가 몇 자릿수나 더 빠르다. 그 덕분에 미생물은 변화하는 생태계에서 상대적으로 빠르게 진화한다. 게다가 미생물은 유성생식을 거치지 않고 개체 간의 융합을 통해서 직접 유전자를 전달할 수 있다. 이 "수평적" 유전자 전달을 통해 미생물은 면역과 내성의 연결망으로 기능하고, 질병과의 전투에서 우리의 가장 중요한 동맹이 되어 방어의 최전선에 선다.

우리 안에 살아 있는, 보이지 않는 세계가 인간을 독립적인 별개의 유기체가 아닌 미생물에 신진대사를 의존하는 공생발생적 초유기체로 재정의하도록 요구한다. 우리는 생물에서 기원하고 공생적 관계에서 비롯한 세포가 조직된 집합체로서, 이 보이지 않는 서식지와 그 안에 사는 유기체들이 생물적으로 조작한 행성에서 살고 있다. 우리는 자율적인 존재가 아니다. 우리는 셀 수 없이 많은 상호관계와 협력의 결과이다. 시인 월트 휘트먼이 말한 것처럼, "나는 크다. 나는 다수를 포함한다."[21]

제2장

먹이사슬 속 생명

인류의 연대기를 보면, 문명은 최근에 일어난 젊은 현상이다. 초기 인간은 200만 년에서 250만 년 전에 진화했고, 불과 20만 년 전에 지구 전체로 퍼졌다. 불과 4만 년 전에 호모 사피엔스는 지구에서 홀로 남은 마지막 인류가 되었고, 8,000년 전까지만 해도 우리가 "문명"의 첫 번째 구성요소로 보는, 농업에 기반을 둔 정착 생활의 흔적은 등장하지 않았다. 문명, 즉 한 종이 지구를 지배하게 된 사건은 지구 전체의 계보를 놓고 보면 일시적인 현상으로, 생기와 힘이 넘치고 믿기 어려울 정도로 빠르게 발전하며 무서울 정도로 젊고 미숙하다. 문명 이전의 호모 사피엔스와 호미니드 선조들의 시대에는 어떤 일이 있었을까? 무엇이 오늘 우리가 아는 세상을 만들었을까? 우리의 공생발생적 시작과 다른 생물들과의 크고 작은 공진화는 어떻게 계층 구조를 가지고 스스로 조직하는, 그리고 오늘날 우리가 지배하는 이 예측 가능한 세상을 만들었을까?

　나는 대학원생이던 1978년에 운 좋게 스승인 진화생물학자 헤이라트 페르메이와 함께 국립 과학재단 연구선인 알파 헬릭스 호를 타고 파푸아 뉴기니와 서뉴기니를 일주하는 탐사에 참여할 기회가 있었다. 이 여행은 한 시대의 종지부를 찍었는데, 알파 헬릭스 호는 국립 과학재단이 생태 및 진화생물학 연구를 위해서 운영한 마지막 연구용 선박이었기 때문이다. 게다가 이번이 마지막 항해였다.

페르메이 교수와 나는 스미스소니언 박물관과 스크립스 해양 연구소에서 합류한 어류 및 갑각류 연구진과 함께 게와 물고기의 포식 활동이 고둥류 껍데기 형태의 진화에 영향을 주었다는 가설을 시험하고 있었다. 밤마다 해도와 지도를 보면서 아침에 어디에서 깨어 하루를 보낼지 결정하고 온종일 뉴기니 고둥 껍데기를 수집하여 포식자가 가한 손상과 그에 따른 회복을 기록하는 과정을 두 달 가까이 반복했다. 우리는 소라게를 이용해서 껍데기를 수집했다. 소라게는 빈 고둥 껍데기에서 살기 때문에 우리에게는 완벽한 일꾼이었다.

뉴기니 동쪽 해안은 무성하고 위험한 맹그로브 숲 때문에 사람이 거의 살지 않았다. 그래서 우리는 해안을 따라서 수백 킬로미터나 이동하면서도 1주일 동안 아무도 보지 못했다. 그곳은 지구상에 얼마 남지 않은 진정한 마지막 오지로, 1960년대에 미국 부통령 넬슨 록펠러의 아들 마이클 록펠러 실종 사건으로 국제적인 관심을 받은 곳이기도 하다. 확인된 바는 아니지만, 캘리포니아 주보다 크지 않은 면적에 700개가 넘는 토착 부족이 사는 이 지역에서 그가 토착민에게 살해되어 잡아먹혔다는 소문이 파다했다. 이 소문은 단지 이국적인 세상에 대한 선입견에서 비롯된 것은 아니었다. 뉴기니 부족들 간에는 목숨이 오가는 접촉이 너무 빈번해서 치명적이지 않은 일상의 행위로 의례화되기까지 했다. 일례로 전사들은 경계 지역에서 적의 전사와 마주치면 서로 위협하는 시늉을 한 다음 방패를 내려놓고는 각자의 일을 하다가, 하루를 마칠 무렵에 다시 돌아와서 방패를 집어들고 상대를 위협하는 의례로 싸움을 대신했다.

우리는 알파 헬릭스 호에서 작은 보스턴 포경선으로 옮겨 타고 해변으로 가서 연체동물과 소라게가 살고 있는 고둥 껍데기를 수집했다. 작업 중에 우리는 특히 바다악어의 움직임을 눈여겨보았는데, 바다악어는 북극곰이나 백상아리처럼 인간을 먹잇감으로 생각하는 몇 안 되는 대형 포식자이기 때문이다. 악어가 등장하는 곳 근처에는 종종 어미가 만든 둥지가 있었다. 하루는 오전에 악어를 발견하고는 조용히 모여서 작업을 하는데 멀리서 천천히 다가오는 물체가 보였다. 현외(舷外) 장치가 달린 15미터짜리 배였다. 이 배는 시대를 초월한 인도-태평양식 선상 가옥으로, 옷 대신 온몸에 문신을 한 할아버지와 두 아이, 그리고 개까지 3대가 머무는 토착민 가족이 타고 있었다.

네덜란드에서 태어나서 5개 국어로 말장난까지 하는 페르메이를 포함하여 우리들 중에 그들의 말을 이해하는 사람은 없었지만, 용케 통역사가 있는 우리 배까지 그들을 데려갔다. 그러나 통역사도 알아듣지 못하기는 매한가지였다. 다행히 이틀째 되는 날, 페르메이가 이 낯선 언어의 실마리를 풀었다. 뉴기니는 우리가 방문하기 불과 몇 년 전인 1975년까지 수백 년간 네덜란드의 식민지였는데, 페르메이가 그들의 언어에 스며든 네덜란드어를 찾아내어 소통의 장벽을 허무는 데에 성공한 것이다. 우리는 그 가족이 본 최초의 서양인이었다. 수렵-채집인이었던 이들은 수천 년간 인간이 살아왔던 방식 그대로 살아가고 있었다.

그들은 낮에는 맹그로브 숲에서 물고기를 잡고 저녁이 되면 바다악어를 피해 해안에서 떨어진 곳에서 음식을 만들고 잠을 잔다고 말했다. 그들은 돌과 버려진 금속 도구를 사용했고, 음력으로 한 달에 한 번씩 해안을 따라 이동하면서 친척들을 만나 물품을 거래하거나 가족 행사를 치렀다. 이 가족은 여전히 먹이사슬의 일부였고 포식자가 그들의 일상에 결정적인 영향을 미쳤다. 나는 이들을 통해 지구에서 인간의 지배가 얼마나 위태롭게 유지되는지, 우리가 과거와 얼마나 밀접하게 연결되어 있는지, 그리고 우리가 당연하게 생각하는 정착 문명의 삶이 얼마나 근래에 발달한 것인지를 깨달았다. 취약하고 연약하며 먹이사슬의 한가운데에 끼어 사나운 포식자와 가혹한 기후 조건에 휘둘리며 살던 호미니드라는 종이 어쩌다가 순식간에 먹이사슬을 제어하게 되었을까? 무엇보다 자연사의 렌즈로 보았을 때, 문명의 발달이 선택이나 우연이 아니라 진화적 숙명이라면 그것은 또 무슨 말일까?

인간 만들기

인간은 미생물에서부터 민달팽이, 악어, 맹그로브에 이르는, 지구 생명의 다양성을 창조한 바로 그 생물적 과정을 겪으며 먹이사슬의 위로 올라갔다. 이 과정은 심지어 인간이 먹이사슬에서 벗어나기 위해서 필수적이었던 기술의 발달을 이끌기도 했다. 또한 인간은 그 과정에서 살아남는 데에 그치지 않고 종이 번창할 수 있도록 큰 뇌와 인지능력을 선택했다. 인간의 계보는 일련의 양성 피드백을 거쳐서 나무 위의 방어 중심적인 삶을 버리고 땅으로 내려와 두 발로 걷는 삶을 선택한 오스트랄로피테쿠스로부터 시작되었다. 200만 년 전에 이들은 나뭇가지를 타고 옮겨다니거나 네

발로 걸을 필요가 없어지는 바람에 자유로워진 손을 온전히 사용하여 의도적으로 날을 갈고 뾰족하게 만든 손도끼나 창날과 같은 석기를 개발했다.[1] 가장 중요한 호미니드였던 호모 에렉투스는 여기에 불을 다루는 기술을 추가하며 혁신을 이루었는데, 이는 인간과 지구의 역사에서 가장 의미 있는 전환점이 되었다. 이 시기 이후로 우리는 먹이사슬에서 벗어나기 시작했고, 화로를 중심으로 사회를 조직하며 문명의 발달을 이루어냈다.

진화 시기는 아직 명확하지 않지만, 유전자 증거와 화석 증거 모두는 현생인류가 아프리카 사바나에서 호모 에렉투스 등으로부터 진화했음을 보여준다.[2] 이 진화는 양성 피드백, 협력, 그리고 자기생산이라는 동일한 경로를 따라서 일어났다. 그러나 인류의 탄생에는 물리적 과정이 생물적 과정으로 전환되는 생명의 진화에 문화적 과정까지 끼어들었다. 그리고 이 문화적 과정 역시 생태계와 매우 동일한 방식으로 시작되고 발달하고 완성되었다. 현재 우리가 오늘날의 인간을 만들었다고 보는 초기 요인으로는 도구 제작, 불, 협동 사냥, 교역은 물론이고, 이들 활동이 인간의 신체와 정신에 미친 반복적인 효과도 포함된다. 이 요인들은 모두 점점 복잡해지는 체계 안에서 서로 영향을 주고받았다.

도구를 사용해서 사냥을 하고, 도구 제작에 적합한 돌을 확보하는 일은 우리 조상이 지구에서 가장 지배적인 포식자가 되는 데에 중요한 초기 요건이었지만, 따지고 보면 모두 영장류의 운동성에 일어난 생물학적 변화에서 출발한 것이다. 호미니드 이전의 선조들은 땅에 사는 포식자로부터 안전을 확보하려고 나무에서 살았다(또한 이는 나무를 타고 오르는 뱀에 대한 우리의 내재된 두려움을 설명한다). 그러나 선조들의 외형은 두 발로 걷기 시작하면서 크게 달라졌다. 우선, 이족보행은 나무 타기에 적합한 사족보행보다 훨씬 효율적이었다. 최초의 인류인 오스트랄로피테쿠스 같은 호미니드는 직립 생활로 자유로워진 손 덕분에 생존이 훨씬 더 유리해졌고, 의사소통에 필요한 몸짓이나 도구를 만드는 기술을 발달시켰다. 손동작을 이용한 보편적인 의사소통 방식은 변화한 거리에서 쉽게 볼 수 있듯이 오늘날까지 분명하게 남아 있다. 또한 인간은 단순하게 생긴 돌 조각이나 가장자리가 날카로운 바위를 사용하여 버려진 먹잇감의 뼈를 부수고 단백질이 풍부한 골질을 파먹으면서 숙련된 청소 동물이 되는 법을 배웠다. 인간은 시체 청소라는 중간 단계를 거쳐서 훌륭한 사냥꾼으로 거듭났고, 이윽고 그들은 주위에서 찾을 수 있는 돌을 인위적으로 날카롭게 만들어서 무기를 개량하고 직접 먹잇감을 쓰러뜨릴 기회를 늘렸다. 점점 커진 뇌가 이끄는 협력적인 집단사냥 기술을 통해서 인간은 사자, 곰, 악어가 육체적인 힘에 의존했던 것과는 다른 방식으로 최상위 포식자의 지위에 오를 수 있었다.[3]

이와 동시에 사냥꾼으로서의 삶은 쉼 없이 반복되는 피드백 고리 안에서 인체의 생리도 변화시켰다. 인간은 사냥꾼이 되면서 뒷다리가 커지고 발가락이 짧아졌을 뿐만 아니라 달리기 속도와 장거리 지구력을 높이는 쪽으로 호흡방식이 바뀌었다. 털이 빠지고 땀샘이 발달하면서 몸의 열을 쉽게 식힐 수 있게 된 한편, 어깨와 허리, 팔의 유연성이 좋아지면서 창과 같은 발사체 무기에 대한 숙련도가 크게 향상되었다. 사냥에 필요한 이런 특성의 조합은 성공적인 사냥에 대한 누적된 보상으로서, 잘 먹고 번식에 성공한 선조들의 유전자를 통해서 후손에게 전해졌다.[4]

그러나 사냥의 효율성과 도구의 탄생, 즉 "사냥꾼 인간" 이론만으로는 호모 사피엔스와 다른 영장류 선조들을 구분할 수 없다. 초기 호미니드는

그림 2.1 시간에 따른 호미니드의 외형 변화. 왼쪽에서부터, 나무를 타는 데에 적합한 긴 사지로 나무 위에서 생활한 호미니드, 땅에서 거주한 호미니드(사지가 짧아지고 날음식을 소화하기 위해서 장이 발달했다), 그리고 음식을 익혀 먹게 된 현대 호미니드(소화 과정의 일부를 외부에 위탁하여 음식에서 추출하는 에너지 섭취량을 늘렸다. 날씬한 체격, 큰 뇌, 달리고 던질 수 있는 사지를 가졌다).
출처 자유 이용 저작물을 바탕으로 직접 그림.

큰 턱과 날카로운 이빨을 가졌는데, 이들이 단단한 씨앗을 부수고 몇 날 며칠씩 음식을 씹었다는 뜻이다. 모두 익히지 않은 채소와 날고기를 소화하기 위해서였다. 게다가 음식을 분해하고 소화하려면 위장이 커야 했으므로 영장류 선조들은 큰 소화계를 수용할 수 있는 둥근 올챙이배가 발달했다. 직립보행이 땅에서의 에너지 사용 효율을 높인 것은 사실이지만, 체내 에너지 흡수를 늘리고 인류와 지구의 운명을 바꿔놓은 인지혁명이 가능해진 것은 호모 에렉투스가 불을 길들였기 때문이다(그림 2.1).

불을 길들인 것은 인류의 역사에서 그 무엇보다도 중요한 사건이다. 열로 음식을 익히는 것이 가능해지면서 에너지가 많이 드는 전소화(前消化 : 음식이 잘 소화되도록 단백질과 녹말을 미리 인공적으로 소화하는 일/옮긴이) 과정을 화로에 위탁할 수 있었다. 하버드 대학교의 진화생물학자 리처드 랭엄의 설득력 있는 가설처럼 인간을 영장류에서 분리시킨 것은 익혀 먹기이다.[5] 랭엄은 고고학, 인간 생리학, 박물학, 그리고 영양학적 증거를 바탕으로 익혀 먹기가 200만 년 전에 시작되었다고 추측하면서, 이는 너무 중대한 사건이므로 인간을 "현명한 유인원"이라고 부르는 대신에 "요리하는 유인원"이라고 부르는 것이 더 정확한 표현이라고 주장했다.

익혀 먹기는 선조들이 누리지 못한 무수한 혜택을 초기 인간에게 주었다. 고기와 채소를 익히자 조직이 부드러워져서 치아가 덜 닳게 되었고, 식품의 형태를 유지하는 화학 결합과 세포벽이 분해되어 음식의 에너지 값이 크게 높아졌으며 대사가 쉬워졌다. 요리의 시작은 장 못지않게 뇌의 발달을 촉진했고, 익힌 음식은 진화가 인지능력을 강화하는 방향으로 이루어지도록 부채질했다. 또한 요리는 음식의 구조적, 화학적인 방어체계를 중화하거나 무장해제시켰고 기생충과 병원균을 죽여서 질병의 발병과 사망률을 감소시켰다.

날음식 위주의 식단을 연구한 결과, 현대에도 인간은 익힌 음식, 특히 익힌 고기에 절대적으로 의존한다는 사실이 밝혀졌다. 영양학 분야에서 진행된 실험 연구와 상관 연구의 결과로 알 수 있듯이, 건강과 윤리적인 이유로 오직 날음식만 고집하는 사람은 심하면 불임이 될 수 있다. 날음식 식단과 장수를 위한 저칼로리 식단은 만성적인 에너지 부족을 초래한다. 날음식만 먹으면 익히는 과정에서 절감되는 소화의 대사 비용을 인체가 고스란히 부담해야 하기 때문이다. 저칼로리 식단을 유지하는 사람이나 신경성 무식욕증 환자가 만성적인 에너지 결핍을 겪는 이유는 단지 섭취하는 에너지 양이 적기 때문이다. 만성 에너지 결핍은 남성과 여성 모두에게 리비도(libido), 즉 성욕을 잃게 하며 날음식만 먹는 여성은 생리주기가 불규칙해지다가 시간이 지나면 불임이 될 수도 있다. 벌새가 꽃꿀을 마시고 소가 풀을 반추하도록 진화한 것처럼 인간은 익힌 음식을 먹도록 진화했다. 음식을 익혀 먹지 않으면 감자처럼 단단한 뿌리채소에서 밀과 같은 곡류, 빵나무 열매 같은 과일에 이르기까지 많은 주식의 실용성이 떨어지고, 어떤 경우에는 아예 소화하지 못하게 될 것이다. 요리는 우리가 누구인지를 바꾸었고, 세계로 나아갈 가능성을 확장시켰다.[6]

요리는 인류를 문명을 향한 길로, 그리고 궁극적으로는 지구를 지배하는 길로 인도했다.[7] 양질의 음식이 풍부해진 덕분에 인간은 점점 커지는 뇌를 감당할 수 있었는데, 척추동물에게 뇌는 에너지를 절대적으로 많이 사용하는 장기이기 때문이다. 사냥에는 기술과 도구가 필요하므로 이 작고 직립한 유인원이 살아남기 위해서는 힘보다는 머리가 더 중요했다. 더 크고 더 힘센 동물들을 사냥하고 방어하려면 계획과 의사소통과 같은 조정된 행동뿐만 아니라 상상력이 필요했다.

화석의 흔적들은 이 논리를 상관적으로 지지한다. 화석 기록을 보면, 뇌의 성장을 촉진하는 에너지가 가득한 익힌 고기와 사냥의 효율성을 높이는 기술적 혁신 사이에 강한 양성 피드백 관계가 나타난다. 이와 같이 호모 사피엔스는 뇌의 크기를 두 배로 늘리고 도구와 무기를 섬세하게 다룸으로써 호미니드 조상으로부터 분리되었다고 볼 수 있다. 초기 인간은 돌을 얇게 조각내어 날카로운 도구를 만들었는데 그중에서도 마그마가 식어서 생긴 화산암이 쉽게 저며지므로 특별히 날카롭게 만들 수 있었다. 규질암, 흑요석, 수석(燧石)은 끝을 뾰족하게 다듬을 수 있어서 매우 귀하게 여겨졌다. 이 광물들은 상대적으로 희귀했고 대개 유기 생명의 기원이 되었다고 알려진 지각판 경계에서 발견되었다. 이 가치 있는 광물들을 찾아내는 능력은 초기 인간이 도끼와 창, 송곳과 바늘, 낚시 고리, 날아가는 새

를 사냥할 활과 화살의 성능을 높이는 데에 결정적인 기술이 되었다.[8]

최초로 형성된 공동 교역로는 협동 사냥, 뇌의 크기 증가, 기술 개발 등 요리를 통해서 새롭게 등장한 식단이 촉진한 것들 사이의 양성 피드백 고리에서 태어났다. 도구 제작에 필요한 화산암과 규석을 구하기 위해 형성된 교환망은 지역과 대륙에 걸쳐서 초기 현생인류 집단들을 연결했다. 예를 들면 중동에 풍부한 수석, 흑요석, 규질암이 오늘날의 그리스, 키프로스, 이탈리아의 산악 지대로 진출했다. 7만5,000년 남아프리카의 된 블룸보스 동굴에서는 인위적인 선이 새겨진 오커(ochre : 색소로 사용된 최초의 암석) 조각이 발견되었다. 프랑스의 유명한 라스코 동굴은 약 4만 년 전에 현재는 멸종한 홍적세 동물들로 장식되었는데, 그 지역에서 나온 오커를 비롯하여 여러 색깔과 색조를 내는 광물성 염료로 그려졌다. 석기시대 최초의 광부들이 이 색소들을 찾아냈고 이후 그 재료와 기술이 교역을 통해서 전파되었을 것이다. 현대의 화학 분석에 따르면, 이러한 무역망은 직접적인 장거리 교역이 아니라 오랜 시간에 걸쳐 근방으로 천천히 확산되는 방식으로 원산지에서부터 수천 킬로미터까지 퍼져나갔다.[9]

10년 전에 나는 남아메리카 파타고니아의 추부트 주에서 해안선 생태를 연구하면서 이러한 교역로의 범위를 직접 확인했다. 당시 나는 중부 파타고니아 대학교의 아르헨티나 학생들과 함께 외딴 바위투성이 곳에서 작업했다. 홍합으로 뒤덮인 해안가 위쪽으로는 세계에서 가장 큰 마젤란 펭귄 서식지가 있었다. 이곳에서는 수많은 펭귄들이 모래에 파놓은 굴을 지키고 서 있었다. 또한 식물들이 땅속에서는 뿌리로 굴을 떠받치고 지상에서는 파타고니아의 바람을 막아주었다. 이 펭귄 군체는 불과 100미터 정도 떨어진 연안의 섬에 형성된 커다란 바다사자 번식 개체군을 먹여 살렸다. 펭귄이 6개월짜리 낚시 여행을 떠나고 바다사자들이 그 뒤를 쫓는 겨울철이면 텅 빈 해안선이 마치 거대한 흰개미집처럼 보였다. 땅굴들이 지하의 유령 도시로 변신하는 겨울철에 이 펭귄 서식지를 조사하면서 찾은 화석이나 다름없는 뼈들로 판단하건대, 이곳의 펭귄과 바다사자의 관계가 수천 년은 된 것 같았다.

이 현장에서 몇 년간의 연구를 마치고, 나는 아르헨티나 대학원생이자 한때 조각가이자, 박물학자, 그리고 가우초(남아메리카의 카우보이/옮긴이)였던 만물박사 파블로에게 이 지역에서 고대인들이 사냥 활동을 한 증거가 있는지 물었다. "물론이죠." 파블로가 대답했다. 그러더니 나를 해변 뒤쪽의 둑으로 데려가서 해안선의 전경이 내려다보이는 얕은 동굴들을 보여주었다. 그즈음에 비가 심하게 내려서(파타고니아 사막에서는 드문 일이다) 동굴 밖의 모래와 자갈 속에서 유물을 찾기가 쉬웠다. 아니나 다를까 1시간 남짓 수색한 끝에 우리는 솜씨 좋게 저며진 흑요석 화살 5-6개, 수석으로 만든 도축 도구와 긁는 도구 2점, 그리고 용암으로 만든 부서진 볼라 공(남아메리카인들이 라마나 레아, 타조처럼 달리는 먹잇감을 사냥하기 위해서 사용한 도구로, 가죽 끈 양끝에 둥근 돌을 묶어서 만든다) 조각을 찾아냈다.

이 해안선에서 수년을 일했지만, 그날의 발견으로 그곳을 보는 나의 관점은 완전히 달라졌다. 커다란 펭귄 개체군은 그곳에서 수천 년을 살면서 연안의 남극도둑갈매기, 남방큰재갈매기, 바다사자와 같은 지역의 청소동물과 포식자들을 먹여 살렸다. 따라서 과거 수렵-채집인들이 여름철 야영지를 차리기에 이곳은 완벽한 장소였을 것이다. 날지 못하는 펭귄은 맹금류나 바다사자 때문에 꼼짝 하지 못했으므로 잡기가 쉬웠으리라. 오늘날에도 펭귄의 서식지를 쉽게 걸어서 통과할 수 있다. 바람에 날려온 사막의 고운 모래와 대비되는 흑요석 볼라 볼은 플라스틱 병만큼이나 이질적이었다. 이 도구를 만든 돌은 적어도 1,000년 전에 사냥꾼들이 약 650킬로미터 떨어진 남아메리카 태평양 연안의 칠레 안데스 산맥에서 운반해온 것이다.

이처럼 호모 사피엔스는 불과 요리에 고무되어, 적어도 10만 년 전에 "인지혁명"을 겪으며 전례 없는 인지능력을 갖추었다. 단체 사냥, 기술, 교역(정보의 탄생과 전파)은 뇌가 커지게 된 원동력이자 최초의 결과였고, 쉽게 대사되고 독성이 중화된 음식 또한 하루종일 날음식을 씹어서 소화되기 쉬운 곤죽으로 만들어야만 했던 인간을 더욱 자유롭게 해주었다. 이는 일상 영역에 새로운 요소가 추가되었다는 뜻도 된다. 바로 자유 시간이다. 인간은 인지능력을 사용해서 본능이 요구하는 수준을 넘어서는 일을 하기 시작했다. 인간은 조개 껍데기로 장신구를 만들고 상징을 조각하고 동굴에 그림을 그리기 시작했다. 이러한 문화의 첫 숨결을 만들어낸 토대는 혁신과 석기시대 문명의 싱크탱크인 화로였다. 초기 인간은 이 불꽃으로부터 시작된 양성 피드백 고리로 놓인 길을 따라서 오늘날 지적이고 문화적이며 말하는 동물인 우리 자신을 향해 걸어가기 시작했다.[10]

말하기를 배우다

불의 사용과 더불어 언어는 인간을 다른 생물과 구별하는 가장 중요한 특성이다. 언어는 우리의 소통능력을 극적으로 증폭하면서 인간의 사회구조, 창조성, 신화가 발전하는 데에 필요한 협력을 가능하게 했다. 언어의 진화 과정을 이해하는 일은 인류의 발달을 다루는 연구에서 가장 어려운 문제로 여겨지는데, 언어는 화석 기록을 남기지 않기 때문이다. 게다가 19세기 유럽의 학회들은 학자들이 언어의 기원을 연구하지 못하게 금했는데, 이는 해결 불가능한 문제를 둘러싸고 이단적인 생각이 확산되지 않도록 막기 위해서였다. 언어의 기원을 탐구하는 행위가 인류의 신화적, 문화적 결속을 위협했던 것이다. 그러나 오늘날에는 언어가 우리 종의 진화와 문명 발달에 중요한 원동력이었다고 생각한다. 언어는 협력을 촉진하기 때문이다. 언어는 의사소통능력을 점진적으로 발전시킴으로써 게임 체인저(game changer : 상황이나 판세를 뒤바꾸는 역할을 한 인물이나 사건/옮긴이)가 되었다. 먹이사슬 안에 묶여 있던 시절 인간은 단체 사냥과 방어를 위한 소통을 늘리는 방식으로 말하기를 선택했지만, 궁극적으로 언어는 뇌의 크기와 인지능력과 관련하여 순환적인 진화적 양성 피드백을 가속했다. 그리고 그 결과로 문명, 문화적 다양성, 심지어 영성과 핵물리학이 탄생했다.

최근의 계통학적 접근법은 언어의 발전 과정에 관해서 더 많은 단서들을 제공했다. 이 통계방식은 원래 인간의 건강 문제와 관련된 기원을 밝히려는 과정에서 유전자 염기서열 패턴의 의미를 탐구하고 정량화하기 위해 고안되었다. 초기에는 게놈의 규모가 문제였다. 세균 게놈의 염기쌍은 200만 개도 채 되지 않지만, 인간 게놈은 30억 개가 넘는 염기쌍으로 이루어졌기 때문이다. 컴퓨터 기술이 발달하면서 이처럼 대규모 데이터를 다루는 계산생물학이 등장했다. 마침 이 접근법은 언어 연구에도 이상적이어서 현대의 언어가 농업 기술과 함께 비옥한 초승달 지대에서 기원했음을 밝혀냈다(자세한 내용은 제3장에서 다룬다). 이 계통학적 도구들이 언제, 어디에서 인간의 문화적 진화가 시작되었는지 자세히 밝히는 데에 도

생명

움을 주기는 했지만, 언어가 언제, 어떻게 처음 진화했는지는 훨씬 더 풀기 어려운 주제이다.[11]

불을 길들이고 도구를 사용했던 우리의 가장 가까운 친족들이 초보적인 수준이나마 언어를 사용했는지는 분명하지 않다. 언어가 집단행동을 조직할 수 있는 수준으로 발달하면서 호모 사피엔스에게 더 크고 강한 다른 친척들에 대항할 경쟁력을 주었을 것이다. 여하튼 나중에 좀더 자세히 논의하겠지만, 초기의 이주 형태를 보면 인간은 20만–30만 년 전에 기초적인 말하기 능력을 갖춘 상태로 아프리카 대륙에서 나왔음을 알 수 있다. 언어의 완성은 7만 년 전에서 10만 년 전 사이에 이루어졌다.[12]

언어의 기원에 관한 많은 이론들은 발화(發話)에 필요한 신체적 구조, 언어를 습득하는 유전적 성향, 언어를 진화하게 한 선택압(selective pressure) 등을 분석한다. 예컨대 원래는 의사소통 수단으로 쓰였던 손이 도구를 사용하느라 바빠지면서 발화의 발달에 압력이 가해졌을 것이다. 게다가 혀의 뿌리를 지지하고 통제하는 기능을 맡아서 발화에 필수적인 설골(舌骨)은 인류의 가장 가까운 친족인 호모 하이델베르겐시스와 호모 네안데르탈렌시스에게서만 발견되어, 이들이 형태학적으로 말을 할 수 있는 유일한 인간이었음을 암시한다. 스페인에서 50만 년 이상 된 온전한 설골이 발견되면서 언어가 기존의 추정보다 훨씬 더 오래되었을지도 모른다는 가능성이 제기되었다(그러나 당시의 뇌는 여전히 작았기 때문에 이 뼈는 말보다는 단순한 소리를 내는 데에 사용되었을 가능성이 크다). 직립 자세, 발화에 필요한 신체 조건, 그리고 무시무시한 인지능력을 지닌 경쟁자의 존재는 시너지 효과를 내며 초기 호모 사피엔스가 경쟁에서 이길 수 있도록 의사소통 수단이자, 사회 조직 기술로서 말을 진화시킨 선택압이 작

용했을 것이다.[13]

아직은 완전히 이해되지 않았지만 음성 유전자도 언어 연구에 활용된다. 예를 들면 유전적으로 언어 장애를 가진 영국인 가정을 연구한 결과, 발화 유전자인 FOXP2가 밝혀졌다. "언어 유전자"로 불리는 FOXP2는 문법과 구문을 습득하고 언어에 필요한 운동 기능을 발달시키고 뇌세포가 새로운 언어와의 연결을 형성하게끔 돕는 역할을 하는 것으로 나타났다. 또한 비교 연구를 통해서 이 유전자가 발화의 형태적, 지적, 문화적 측면을 통합하는 유전자군의 일부임이 밝혀졌다.[14]

사람들은 친숙한 단어를 여러 의미로 바꾸어 사용하고 늘 새로운 단어를 만들어내므로, 인간의 언어를 추적하는 일은 대단히 번거롭다. 예를 들면 『옥스퍼드 영어 사전(Oxford English Dictionary)』에는 매해 800-1,000개의 단어가 추가된다. 그러나 가장 많이 사용되는 단어들은 좀더 오래 보존되는 경향이 있는데, 이 단어들을 분석한 결과, 언어는 화자의 장거리 이주와 같은 문화적인 사건을 겪을 때에 빠르게 변화하는 것으로 밝혀졌다. 따라서 공통 조상에서 기원한 동족이나 이형동원(異形同源)의 단어들을 분석하면, 언어가 주요 언어 집단으로 분지되는 과정을 추정하고 이를 바탕으로 인류의 이주에 대한 가설을 세울 수 있다. 아직 과학자들은 언어의 기원에 관한 설득력 있고 완전한 설명을 찾아내지는 못했지만, 어원이 같거나 뿌리를 공유하는 언어들을 역으로 추적함으로써 놀라운 발견을 이끌어냈다. 현대어는 아프리카, 유럽, 아시아를 연결하는 비옥한 초승달 지대에서 발달했고, 이후 농업 기술과 함께 아나톨리아 반도(소아시아)로 퍼졌다. 언어의 진화를 토대로 추정한 결과는 고고학적으로 증명된 인류의 이주 이론과 보조를 함께한다.[15]

지구를 채우다

호모 사피엔스는 20만 년 전에 아프리카 대륙을 벗어나 이주를 시작했다(그림 2.2). 이들 초기 인간은 커진 뇌로 협동 사냥능력과 기술뿐만 아니라 추운 날씨를 견딜 수 있는 털옷을 개발했고, 사바나의 먹잇감을 좇아 소아시아까지 영역을 확장했다.

　우리는 의복의 발달사를 이(lice)의 역사 덕분에 알게 되었다. 인간의 몸에서 털이 빠지고 인간이 옷을 입은 사건이 이의 진화 경로에서 중요한 분기점이 되었기 때문이다. 오늘날 머릿니와 사면발니는 서로 다른 종이지만, 원래는 인간의 체모에서 번성했던 공통 조상으로부터 진화했다. 이의 DNA를 계통학적으로 분석하여 머릿니와 사면발니가 유전적으로 분지한 시점을 찾을 수 있었고, 이를 통해서 호미니드 조상이 120만 년 전에 체모를 잃었다는 결과를 얻었다(땀의 증발을 통해서 체온을 식힐 수 있으므로, 뜨거운 아프리카 사바나에서 털이 없는 인간의 몸은 큰 먹잇감을 사냥할 때에 지치지 않고 장거리 달리기를 하는 데에 유리했을 것이다). 이후에 추운 환경으로 이주하면서 몸을 따뜻하게 하기 위해서 옷을 만들어 입은 것은 약 17만 년 전이다. 이는 사람의 머리에 사는 머릿니와 옷에 알을 낳고 사는 몸니 사이의 DNA 변이를 통해서 알아낸 사실이다. 초기 인간은 옷을 걸친 덕분에 아프리카에서 벗어나 북쪽으로 이동하여 유럽과 아시아를 연결하는 추운 아나톨리아 반도에 성공적으로 정착할 수 있었다. 4만 년 전의 화석에 기록된 뼈 바늘의 생김새와 연대 측정 결과를 바탕으로 이곳에서 그들이 바느질로 옷을 지어 입었음을 알 수 있다. 이렇게 현생인류는 10만 년 전에 아시아에, 4만 년 전에 유럽에, 2만5,000년 전에 시베리아

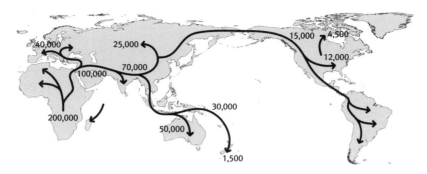

그림 2.2 아프리카 대륙에서 시작된 인류의 이주 경로. 과학자들은 인류가 아프리카에서 나와서 맨 먼저 비옥한 초승달 지대로 이주한 후에 언어가 발달했고, 농업 기술과 함께 교역로를 따라서 다른 지역으로 언어를 전파했다고 생각한다.
출처 자유 이용 저작물을 바탕으로 직접 그림.

에 도착했다. 그리고 베링 육교를 건너서 1만2,000년-1만5,000년 전에 아메리카 대륙에 도달한 다음, 북아메리카와 남아메리카의 "켈프 하이웨이"에 서식하는 해달, 바다표범, 기타 해양 식량원을 쫓아서 앞으로 나아갔다. 인간은 원시 뗏목을 이용한 이동의 용이성, 그리고 풍부한 식량과 피난처 덕분에 해안선과 강의 계곡을 따라서 빠르게 이동할 수 있었다.[16]

현재 진행되는 연구들은 이 연대를 수정하고 관련 가설들을 재검토한다. 예를 들면 게놈 자료는 아시아인이나 폴리네시아인들이 베링 육교가 열리면서 아메리카 대륙으로 이동할 수 있었던 시기보다 훨씬 더 일찍 아메리카 대륙에 도착했음을 암시한다. 그리고 최근에 중국에서 발견된 화석을 보면 현생인류는 현재의 이주 모형이 추측하는 시기보다 10만 년 먼저 중국에 도착했다. 현재 과학자들은 인간이 아프리카에서 나와서 지구 전역으로 퍼진 과정을 보정하고 있는데(예를 들면 인류학자 토르 헤위에르달은 아메리카 원주민이 태평양을 횡단했다고 제안했다), 이는 초기 인간과

그들의 조상과의 관계를 정교하게 다듬고 심지어 재정의하는 작업과도 같다.[17]

유럽과 유라시아 지역을 보면, 초기 인간의 활동 시기와 영역이 네안데르탈인과 겹친다. 네안데르탈인은 몸집이 더 크고 힘이 셌으며 호모 사피엔스보다 추위에도 더 잘 적응했다. 네안데르탈인은 호모 사피엔스와 장기적으로 접촉했고 그로부터 4만 년 후에 최종적으로 멸종했는데, 호모 사피엔스와 네안데르탈인이 서로 주고받은 영향력의 수준은 불분명하지만 그들이 공존한 것은 분명하다. 예를 들면 오늘날 대다수 현생인류에 남아 있는 네안데르탈인의 유전적 특징이 둘 사이의 이종교배를 증명한다. 사실, 화석과 유전 증거들을 보면, 호모 사피엔스가 지구를 지배하는 동안 수많은 다른 인류, 인종, 문화가 공존했음을 알 수 있다. 이들 모두 도구를 사용했고 땅에서 살았으며 두 발로 걷는 수렵-채집인들이었다. 이 발견들로 인해서 인간의 진화를 서서히 순차적으로 진행된 선형 과정으로 보았던 오랜 시각이 극적으로 바뀌었다. 정치적으로도 기꺼이 받아들여진 이 관점에서는 호모 사피엔스를 다른 호모 종들의 최후에 등장하는 종으로 본다. 그러나 사실 초기 호모 종들은 오랫동안 시간과 공간을 공유하면서 서로 협력하고 경쟁하며 지냈고, 그 과정에서 호모 사피엔스가 마지막까지 유일하게 살아남은 종이 되었다고 보는 편이 더욱 현실적인 그림일 것이다. 그렇다면 어쩌다 이 키질에서 우리만 남게 되었을까?[18]

현생인류와 인류 조상의 DNA를 비교 연구한 결과, 호모 사피엔스가 아프리카에서 나와서 이동하는 과정에서 만난 다른 호모 종에게 새롭고 치명적인 열대성 질병을 감염시켰을 가능성이 제기되었다. 반면 현생인류는 이런 질병들에 일찌감치 노출되면서 면역이 생긴 덕분에 온대 기후 지역에서 맞닥뜨린 덜 공격적인 질병에는 저항성이 있었을 것이다. 게다가 역사적으로 인간은 다른 낯선 인간에게 그리 친절하지 않았다. 호모 사피엔스의 지배욕과 공격성이 다른 호모 종들의 멸종을 야기했을 것이다. 스티븐 핑커는 화석 증거에 근거하여 초기 인간에게는 대단히 폭력적인 살육의 과거가 있었고, 인간은 문화를 통한 평화화 과정, 문명, 협력의 진화를 거치며 부드러워졌다고 주장했다. 이 발상은 제4장에서 다시 다룰 것이다.[19]

서로 다른 호모 종들 사이에 경쟁이 있었음을 강조하는 것은 내가 지지하는 협동의 틀 안에서조차 진화론과 결을 같이한다. 생태 이론과 진화 이론에 따르면, 요구와 필요가 중첩되는 종들 사이에서 일어나는 경쟁은 그렇지 않은 종들 사이에서의 경쟁보다 더욱 치열하며, 이때의 경쟁은 크게, 이용 경쟁과 간섭 경쟁으로 나눌 수 있다. 이용 경쟁은 열등한 경쟁자가 한정된 자원을 이용하지 못해서 밀려날 때에 발생하며, 반면에 간섭 경쟁은 한정된 자원을 공유하여 벌어진 투쟁 끝에 더 강한 종이 힘으로 약한 종을 쫓아낼 때에 일어난다. 호모 사피엔스의 확산 과정에는 두 종류의 경쟁이 모두 일어났다. 유럽인들이 아메리카 대륙과 태평양 섬에 진출한 비교적 최근의 역사를 살펴보면, 질병 전파, 자원 착취, 직접적인 충돌(전쟁 또는 대량 학살)은 모두 한 집단이 다른 집단을 내쫓는 결정적인 요인이었다. 여기에 내재된 폭력은 충격적일 것이 없다. 이기적 유전자는 전쟁을 일으키고 대량 학살을 자행하고 문화 집단을 노예화하는 이기적인 유전자 집단으로 빠르게 탈바꿈한다. 우리는 이 책의 뒤에서 인간이 충돌과 파괴를 통해서 다른 인간을 해쳤던, 불편할 정도로 일관된 기록들을 탐구할 것이다.[20]

지구 정복의 행진을 거듭하며 나아가는 동안, 인간은 지구 기후의 극적

생명

인 변화에 맞서야 했다. 특히, 2번의 최대 빙하기(방대한 얼음층이 땅을 뒤덮으며 확장한 시기)가 있었는데, 날씨가 매우 추워지고 해수면이 100미터 이상 낮아졌다(빙하기 초기의 해안 정착지가 현재는 물속에 잠겨 있으며 대륙붕의 퇴적물 속에 묻혀 있다는 뜻이다). 이러한 사건으로 지구의 지리적 형태가 오늘날 우리가 인지하는 모습(모래가 한곳으로 몰리며 형성된 코드곶이나 롱아일랜드 해협과 오대호와 같은 커다란 물웅덩이)으로 변했을 뿐만 아니라 인구에도 심각한 영향을 미쳤는데, 특히 온대 지역이나 북쪽에 사는 사람들에게 시련을 주었다. 첫 번째 최대 빙하기는 7만 년 전 인간이 아프리카에서 성공적으로 이주했던 때와 시기가 일치하며, 두 번째 최대 빙하기는 불과 1만2,000-2만5,000년 전에 일어났다. 이 빙하기는 대륙과 오늘날의 섬들을 연결하는 교량을 노출했을 뿐만 아니라 자연선택의 차원에서도 강력한 압력으로 작용했다. 최근 인간의 화석 DNA와 기후 변이의 양상을 조사한 결과, 극한 기후가 인간의 경쟁자와 포식자들의 생존에 영향을 주어 인간의 인구와 유전학에 직간접적으로 중요한 역할을 했음이 밝혀졌다. 그러나 이러한 난관(한때는 인간의 인구밀도가 평균 2.6제곱킬로미터당 1명에 불과했다)에도 불구하고 인간은 지구 곳곳을 채워나갔고 그 길에서 만난 동물들의 삶을 변화시켰다. 인간이 정착하는 곳에서는 좋은 쪽으로든, 나쁜 쪽으로든 그 공간을 공유하는 동물과의 새로운 관계가 발달했다.[21]

동반자와 먹잇감

앞에서 우리는 우리 몸을 구성하는 세포들이, 과거에는 독립체였던 미생물들과 대단히 진화된 상리공생적 동반관계를 형성한 과정을 살펴보았다. 그리고 우리의 몸뚱이가 실제로나 은유적으로나 외래 미생물들의 전쟁과 협력이 일어나는 장소에 불과함을 논의했다. 우리와 거생물(동물과 식물)의 관계 또한 수동적인 편리공생(한편은 이익을 얻지만 다른 쪽은 이익도 해도 없는 관계)에서부터 절대적인 상리공생(서로 절대적으로 의존하는 관계)에 이르기까지 복잡하며 종종 뒤엉켜 있다. 대부분의 동반관계는 이 두 극단의 중간쯤에 위치하며 전적으로 중립적인 연합(공생)은 정말 드물다. 어떤 연합이라도 잘 들여다보면 작을지언정 비용이나 편익이 발생하기 때문이다. 이러한 비용과 편익의 차이 때문에 기생이나 상리공생이 더욱 일반적이다.

인간의 고전적인 상리공생은 3만-3만6,000년 전에 개를 길들이면서(또는 우리 집에서처럼 개가 인간을 길들이면서) 시작되었다. 비록 1만1,000-1만6,000년 전까지는 완전히 성공했다고 볼 수 없지만 말이다. 개는 늑대 무리 중에서 공격성이 낮은 개체와 구석기 사냥패가 단순히 함께 지내면서 형성된 수동적인 관계로부터 길이 들기 시작했을 것이다. 또는 인간이 어미에게서 버려진 늑대를 키우면서 적극적으로 길들이기를 시도했다는 주장도 있다. 수동적이든 적극적이든 간에 두 과정 모두 인간이 늑대를 길들이는 일에 관여했다고 본다. 늑대는 인간 사냥꾼들이 남긴 동물의 사체를 먹으며 편익을 취했을 것이고, 대신 인간의 사냥을 돕거나, 살육 현장에서 다른 경쟁 포식자로부터 인간을 방어하거나, 야영지에서 위험을 경고하는 감시원의 역할을 했을 것이다. 마침내 인간이 가장 덜 공격적인 늑대들에게 먹이를 주기 시작하면서 상리공생이 본격화되었고, 이는 최초의 가축화(절대적인 상리공생) 사례가 되었다. 그것에서부터 인간과 개(이

제는 멸종한 늑대-개의 조상에서 유래한 개)의 공진화가 진행되었다.[22]

일단 둘의 관계가 서로 떨어질 수 없는 상호의존 관계로 진화하자, 예리한 후각과 시각을 가진 충성스러운 무리 동물과 창의성과 도구 기술을 가진 인간의 결합으로 방어는 물론이고 매머드, 곰, 대형 고양잇과 동물처럼 크고 위험한 먹잇감을 사냥할 수도 있었다. 따라서 인간이 새로운 대륙을 정복하는 과정에서 개와 함께 사냥한 덕분에, 두 종 모두 혼자일 때보다 더 많은 것을 이룰 수 있는 이종 간 동반관계가 형성되었다는 가설이 세워진다. 상리공생 또는 협동으로 형성된 막강한 동반관계를 바탕으로 인간이 유럽을 침입하면서 네안데르탈인을 절멸시켰고, 북아메리카와 남아메리카를 가로지르며 대형 먹잇감과 위협적인 포식자를 멸종시켰다고 보는 시각도 있다.[23]

가축화에 관한 최근의 연구에 따르면, 가축화가 진행되는 동안에 해당 종은 유년기의 특성을 유지하는 방향으로 선택압이 작용했다. 이를 유형성숙(幼形成熟 : 동물의 생장이 일정한 단계에서 정지하고 생식소만 성숙하여 번식하는 현상/옮긴이)이라고 한다. 1980년대에 러시아의 유전학자 드미트리 벨랴예프는 성격이 온순한 여우를 선별적으로 교배하여 유형성숙의 중요한 사례를 남겼다. 이 연구로 기질, 행동, 형태가 모두 야생 선조와는 다른, 새끼 같은 성체 여우가 탄생했는데, 이 여우들은 순종적이고 수동적인 유년기의 특성을 유지했다. 유형성숙은 진화와 유기체 발달 사이의 흔한 상호작용이다. 자궁 안에서 인간의 아기는 털이 없고, 성인과 비교했을 때에 몸에 비해서 머리와 뇌가 훨씬 더 크다. 유년기에 이미 존재하는 이 특성들이 선택적으로 유지되어서 성인이 되어도 상대적으로 큰 뇌를 가지며 털이 없는 것이다.[24]

따라서 이 새로운 상리공생적 동반관계, 그리고 높은 위도의 추위를 견디고 새로운 서식지에 적응하는 데에 필요한 창조적인 사고에 힘입어서 인간은 새로운 대륙과 섬으로 더 빠르게 이동할 수 있었다. 이제 인간은 생물적, 물리적 영역의 제한으로부터 해방되었고, 기원전 1만 년 무렵에는 개, 기생충, 미생물을 거느리고 남극을 제외한 모든 대륙을 침략했다. 인간이 전 지구로 퍼져나간 초기에 일어난 가장 극단적인 사건은 바로, 인간과 인간을 한 번도 본 적 없는 거대동물(megafauna)과의 만남이었다.

개와 인간의 상리공생이 가져온 결과는 극적이었다. 미생물들의 상리공생은 진핵세포와 다세포 생물을 창조했지만, 인간과 개의 상리공생은 새로운 땅에서 거대동물의 멸종을 초래했다. 이 거대동물들은 아프리카에 살던 거대동물과는 달리 인간을 경험해본 적이 없었으므로, 인간을 두려워하지 않았다. 아프리카에서는 대형 포식자는 물론이고 먹잇감 역시 인간과 개와 함께 진화했다. 그래서 아프리카의 거대동물들은 인간이 다가오면 경계해야 한다는 것을 알았다. 그러나 인간이 갓 침입한 땅에 먼저 들어와 살면서 천천히 번식해온 덩치 큰 먹잇감들에게는 이런 유용한 정보가 없었고, 결국 인간을 잘 몰랐던 것이 멸종에 결정적인 역할을 한 듯하다. 순진한 거대동물들의 눈에 우리 선조들은 깡마른 작은 원숭이에 불과했고, 이 오해 때문에 무리 사냥을 하는 인간의 창의적인 전략에는 극도로 취약할 수밖에 없었다. 이러한 대규모 멸종 사건에는 인간뿐만 아니라 같은 시기에 일어난 기후 변화 역시 복잡한 영향을 미쳤다. 예컨대 홍적세에 북아메리카에서 일어난 대형 포유류 멸종은 인간의 침입, 기후 변화, 유성 충돌 등이 복합적으로 작용한 결과였다. 그럼에도 불구하고 전 세계에서 연구된 사례들은 여전히 인간의 믿을 수 없는 파괴력을 증명한다. 그 놀라운 결과를 오늘날에도 목격할 수 있다. 현재 지구 대부분의 대륙에서는 거대동물 종이 거의 남아 있지 않지만, 거대동물이 인간과 함께 진화했던 아프리카에서는 여전히 번성하고 있다.[25]

빙하기에 뗏목을 타고 섬과 섬 사이를 건너뛰어 마침내 오스트레일리아 대륙에 도착한 인간은 키가 2미터나 되는 캥거루, 대형 트럭 크기의 초식동물, 날지 못하는 키 2.5미터짜리 새, 그리고 최상위 포식자에 이르기까지 손쉽게 죽일 수 있는 동물들을 발견했다. 그로부터 수천 년 내에 거대동물 종의 94퍼센트가 멸종했다.[26] 인간의 집단사냥 전술, 도구, 그리고 땅을 개간하거나 동물을 쫓는 데에 쓰인 불은 물론이고, 인간에 대한 무지 때문에 거대동물은 순식간에 소멸했다. 북아메리카에서도 인간을 만난 이후 수천 년 만에 거대동물의 73퍼센트가 멸종했다. 이번에도 빙하기의 빠른 기후 변화가 한몫을 한 것은 분명하지만, 인간의 활동을 무시할 수는 없다. 예를 들면 북아메리카에서는 이 시기의 것으로 추정되는 많은 살육 장소가 발견되었는데, 이곳에서 인간 사냥꾼들이 많은 사냥감을 높은 절벽에서 죽음으로 몰고 갔음을 알 수 있다.

비교적 최근에는 바다의 섬들이 인간의 식민지가 되면서 독특한 거대동물, 특히 날지 못하는 새들이 빠르게 절멸했다(그림 2.3). 열대 태평양 섬에서 서식하던 육지 새와 바닷새 대부분이 인간에게 사냥을 당하거나 인간이 데려온 쥐 때문에 멸종했다. 열대의 섬에서 사라진 새들은 2,000종이 넘는 것으로 추정되는데, 이는 지구 전체 조류 종의 20퍼센트에 해당한다. 2,000년 전에 인간이 마다가스카르에 발을 디디면서, 적어도 8종의 날지 못하는 대형 코끼리새, 17종의 여우원숭이, 대형 거북이, 악어, 3종의 하마, 거대 포식성 고양이, 그리고 거대한 왕관수리까지 인상적인 동물들이 멸종했

그림 2.3 인간이 아프리카에서 나와 전 세계로 이주하면서 멸종한 동물로는 마다가스카르 동쪽의 모리셔스 섬 고유종으로서 날지 못하는 도도새와 4,000-1만 년 전에 멸종할 때까지 인간에게 사냥을 당한 털매머드가 있다.
출처 자유 이용 저작물을 바탕으로 직접 그림.

다. 좁은 면적과 소규모의 개체군, 낮은 이주율 그리고 포식자의 부재 때문에, 섬에서 사는 종들은 인간이 도착했을 때에 특히 멸종에 취약했다.[27]

농업시대의 여명기에 이미 호모 사피엔스는 과거의 어떤 종보다도 지구에 더 큰 영향을 미쳤다. 최초로 일어난 이 지구적 차원의 파괴의 물결은, 무자비한 이기적 유전자의 동인과 개체 및 집단의 이기심을 크게 확대한 상리공생 관계의 활용이 특별히 강력하게 결합하면서 일어났다. 10만 년도 채 되지 않아 현생인류는 다른 모든 경쟁 호모 종을 무너뜨렸을 뿐만 아니라 지구에서 가장 공격적이고 파괴적인 침입종이 되었다. 도구, 교역, 언어, 불을 장착하고 개를 제 편으로 삼은 인간은 지구 최상의 포식자가 되어 세상을 마음껏 누비고 수많은 투쟁에서 창조적으로 살아남았다. 인간에게 일어난 모든 변화가 다른 변화로 이어지고 그 변화가 또다른 변화를 야기하는 자기생산적 과정 때문에 인간은 좀더 복잡하게 발전하고 성장했다. 현생인류의 초기 역사는 개와의 동반관계가 보여주는 협력의 힘, 그리고 다른 호모 종의 절멸이 보여주는 경쟁의 파괴력과 같이, 환경과의 협력이 가진 강력한 힘을 알려주는 우화이다. 이 우화는 또한 생태계의 일부가 된다는 것, 그리고 생태계의 참여자들과 함께 성장하고 진화한다는 것이 무엇을 의미하는지를 상기시켜준다. 오늘날 아프리카에 남아 있는 대형 동물이 받는 위협을 포함하여 대형 포유류의 전 지구적인 멸종은 협력적이고 상호적인 생명의 힘과 중요성이 어느 정도인지, 그리고 체계에 새로운 요소를 도입하는 것이 어떻게 체계 전체를 붕괴시킬 수 있는지를 통렬하게 보여준다.

그러나 이때까지도 인간은 먹이사슬에 갇혀 있었다. 인간은 사냥하거나 애써 발견한 것에 의존하여 살았고 여전히 대체로 환경의 통제를 받았다. 그러나 이 상황은 더 많은 공진화와 협력에 의해서 막 변하려는 참이었다. 게다가 그 이후에는 구석기 인류가 상호의존성을 키운 소수의 동식물이 인간의 지구 정복에 동참하면서, 이 땅의 생명에 지구적 차원의 두 번째 중대한 변화를 촉발했다.

제3장

자연을 길들이다

탐조(探鳥)나 조개잡이, 사슴 사냥처럼 비치 코밍(beach combing : 바닷가에서 쓸모 있거나 흥미로운 것을 찾는 행위/옮긴이)은 인간이 지구에서 보낸 오랜 적응 기간을 회상하게 하며 현대인의 영혼을 위로한다. 수렵-채집인으로서 우리 선조들은 자연사 지식에 의존하여 목숨을 부지했다. 밭을 갈고 작물을 돌보는 행위 역시, 비치 코밍과 유사하지만 그리 깊지는 않은 태곳적 삶과 연관성이 있다. 우리는 꽃으로 집을 장식하고 초록 식물로 마당을 꾸미고 텃밭을 가꾸면서 위안을 찾는다. 이는 모두 원예를 하며 살았던 우리의 진화적 과거와 은연중에 연결되는 행위이다. 나는 공영주차장에 무성한 풀들에는 아무렇지도 않아하면서 우리 집 텃밭을 위협하는 잡초들을 보면 뿌리째 뽑아버려야 속이 시원한, 민망할 정도로 원시적인 충동을 느끼고는 한다. 사람들은 심지어 원래 목적과는 상관없는 계절에 휴일을 만들어 땅의 너그러움을 기념한다. 우리는 문화적으로나 유전적으로 과거를 반영한다. 이 땅을 지배하는 과정을 통해서 우리가 누구인지, 또 우리가 어디에서 왔는지를 결정하는 것이 과거이기 때문이다.

인간이 소수의 동식물을 선별하여 길들인 과정은 꽃과 수분 매개자인 곤충 사이에서 공진화한 의존성처럼 상호 이익에 의해서 뚜렷하게 형성된 상리공생이자 공생발생적 과정이다. 꽃과 곤충 수분 매개자 사이의 진화는 이들의 폭발적인 다양성을 이끌었다. 이와 유사하게, 인간이 선택해서 길들인 소수의 동물과 식물들은 인간이 세상을 지배함에 따라 지구에서 가장 수가 많은 생물이 되었다.

농업혁명은 인류와 지구의 역사상 가장 극적인 변환점이었다. 이는 인간이 불을 길들이고 음식을 익혀 먹으면서 뇌가 변화하고 지구를 지배하게 된 사건에 맞먹는다. 이 혁명들(농업은 전 세계에서 최소 6번은 독립적으로 시작되었다)은 애초에 인간을 있게 한 환경 구조와 유기체 사이의 자연사적인 동반관계에서 영감을 얻어 추진되었다. 인간은 농업과 그로 인한 정착 생활이 자리를 잡기 이전에는 환경의 통제를 받았다. 여전히 기후, 식량 공급, 포식자에 대응해야만 했고, 떠돌아다니는 수렵-채집인으로서 먹이그물 속에 뒤엉켜 있었다.

이와 같은 생활양식의 변천사를 추적하려면 수렵-채집인의 삶, 특히 이미 농업 이전에 시작되어 발달 중이던 상리공생과 피드백을 더욱 자세히 살펴야 한다. 생산성이 낮은 지역에 살게 되면서 시작된 토지 관리법에서부터 풀 뜯는 동물을 가축화하고 곡식을 재배하는 것까지, 또 순화된 동식물과 인체 소화계의 공진화까지, 농업은 대개 의도치 않거나 우연히 맺어진 협력관계가 형성한 그물망의 최종 결과물이었다. 이 구조와 상리공생을 충분히 파악한 인간은 농업과 가축화의 고삐를 잡고 환경을 통제할 수 있었다. 농업혁명으로 인류는 전례 없이 많은 자손들을 낳아서 토지와 동식물 개체군, 심지어 지구의 대기 조성까지 바꾸었다. 이러한 발달은 긍정적인 결과 못지않게 부정적인 결과도 가져왔다. 인간은 먹이사슬과 자연환경의 제약과 구조에서 벗어나 지구를 장악했지만, 그와 동시에 미래의 문명을 위협하는 위험한 길로 들어서고 말았다.

사냥터에서 토지 관리까지

농장이 있기 전에 사냥터가 있었다. 석기시대 후기의 수렵-채집인 조상들은 계절에 따른 식물의 생장 주기와 동물의 이주라는 자연적인 변화에 기대어 살았기 때문에 계절별로 낚시, 사냥, 수확용 야영지를 세웠다. 예를 들면 어떤 동굴은 호모 사피엔스 이전부터 대대로 200만 년 이상이나 사용되었다. 동굴은 자연이 선사한 단기 거주지였고, 초기 인간 집단은 돌이나 햇볕에 구운 진흙 벽돌, 나무로 만든 대들보, 또는 오래 전에 멸종한 매머드의 갈비뼈로 직접 집을 짓기도 했다. 같은 시기에 아메리카 대륙의 서쪽 해안, 아프리카 대륙의 북쪽 해안, 유럽의 하곡(河谷), 중국의 강 하구처럼 비교적 생산성이 높고 식량이 풍부한 지역을 따라서 농업 이전의 원시 도시가 발달했다. 이는 독특한 거주 형태였는데, 실제로 생산성이 가장 높은 곳에는 대형 포식자들이 도사리는 울창하고 위험한 숲이 있어서 초기 인간이 살기에는 적합하지 않았기 때문이다. 작물을 재배하고 숲을 개간하는 기술이 발달하기 전에 생산성이 가장 뛰어난 곳은 위험천만한 숲이 장악하고 있었다.[1]

실험 생태학에서는 이처럼 가장 바람직하고 식량이 풍부한 서식지에 살지 못하는 상황을 일반적인 군집 형성의 법칙으로 설명한다. 전문 용어로는 "경쟁 배타의 원리"라고 부르는 이 법칙은 동일한 생태적 지위에 있거나 동일한 필요를 가진 두 생물은 공존할 수 없다는 원리이다. 다시 말해서 가장 우세한 포식자와 경쟁자가 생장과 번식에 가장 좋은 서식지를 독점하고, 하위 종들은 덜 선호되는 서식지로 쫓겨난다는 뜻이다. 이러한 압력 때문에 인간의 초기 서식지는 생산성이 다소 낮은 사바나나 강기슭으로 제한되었다. 내가 1970년대에 뉴기니에서 연구하던 중에 만난 토착민 가족이 빽빽한 맹그로브 숲 때문에 밤이면 안전을 위해서 연안에서 자야 했던 상황과 다르지 않다. 유인원이 나무 위에서 내려오지 못했던 것처럼 인간은 사바나와 강기슭 서식지에 매여 있었다. 생태군집 형성의 자연사 법칙 때문이었다. 수천 년간 자연선택이 결정해온 이 생태군집 형성의 법칙은 수십 년 전에야 야외 실험에 의해서 밝혀졌다.[2]

생산성이 떨어지는 지역은 인간은 물론, 성장이 빠른 잡초나 소극적인 대형 초식동물처럼 같은 이유와 법칙으로 인해서 그런 서식지에 제한되어 살아가는 다른 생물에게도 피난처를 제공했다. 서식지를 공유하게 된 풀과 대형 초식동물들은 의존성과 상리공생을 형성하기에 이상적인 생물이었다. 그러나 자연적으로 형성된 군집이 곧바로 순화(domestication : 야생 동식물을 사람에게 유용한 가축이나 작물로 변화시키는 과정/옮긴이)로 이어지지는 않았다. 대신 공진화, 동식물의 순화, 문명의 발생을 위한 최적의 요인들이 적시적소에 있었다고 보아야 한다. 앞으로 계속해서 살펴보겠지만, 농업과 동식물의 순화는 인간이 뛰어난 재주와 창의성을 발휘한 덕분이 아니라 인간과 동식물 간의 협력관계에서 자연스럽게 이루어진 것이다.

개 외의 다른 생물을 길들이기 전에 이미 인간은 식량을 최대한 확보하기 위해서 자신들이 사는 경관을 관리하기 시작했다. 이는 수렵-채집인 공동체가 수 세대를 이어서 지역 동식물에 대한 풍부한 지식을 쌓았던 계절 주거지에서 가장 많이 또 집중적으로 일어났다.[3] 수렵-채집인들은 이삭이 큰 식물처럼 가치 있는 특징을 가진 개체를 선별하여 수확하거나 돌보았고, 이삭이 작거나 잘 자라지 못하는 식물들은 솎아냈다. 또한 바람직한 식물이 자라는 군집에 섞여서 자라는 원치 않는 종이나 병든 개체는 제거했다. 선호하는 식물을 보살피고 수확하고 관리하면서, 수렵-채집인들은 의도하지 않게 종자 확산의 매개체가 되어 계절 야영지, 쓰레기 더미, 땅을 파고 만든 변소, 화로, 그리고 이동 경로에 이 씨앗들을 퍼트렸다. 이러한 기술과 계획에 없던 연합이 시행착오를 거치며 다듬어지고 활용되었고, 초기 인간은 어느새 노련한 원예가가 되었다. 19세기에 독일의 수도사 그레고어 멘델이 완두콩의 유전 변이에 관한 연구로 증명한 것을 이들은 실습을 통해서 일찌감치 터득했다. 식물의 특정한 형질을 집중해서 키우면 자연선택이 미래 세대에 그 형질을 보상으로 준다는 사실을 말이다. 가장 질 좋은 꿀이 나오는 꽃을 고르는 꿀벌과 벌새처럼 초기 인류는 자연선택의 주체가 되었다. 현재 우리가 텃밭에서 벌레 먹은 식물이나 잘 자라지 않는 식물을 솎아내듯이.

농업시대 이전에 시행된 또다른 중요한 토지 관리 기술은 숲의 가장자리에 불을 내는 것이었다. 불에 탄 숲은 초기 인류에게 수풀 속에 감춰진 구운 씨앗과 채소, 심지어 익은 고기를 즉석에서 제공했다. 석기시대의 즉석식품인 셈이다. 또한 잘 통제되고 계획된 산불은 생산성이 높고 덜 위험한 초본과 관목이 우점하는 경관은 유지하면서, 크고 공격적인 포식자와 경쟁력이 뛰어나고 방어 기작이 발달한 식물들이 자생하는 위협적인 숲은 제거했다. 그 결과, 불에 저항성이 있거나 지속성, 우점도, 종자 방출, 유성 생식 측면에서 산불에 의존하는 식물들이 개방된 공간에서 살게 되었다. 플로리다 주의 대왕송 숲이나 아프리카의 사바나처럼 번개가 수시로 내리치는 서식지에서 산불에 의존하는 동식물 군집이 자연적으로 형성되는 것을 보면, 이것은 아주 특이한 사례는 아니다. 불이 일상적인 위험 요소인 이런 서식지에서는 많은 식물들이 불이 없이는 아예 번식하지 못한다. 우리 조상의 고향 땅(에티오피아의 사바나)에서 인류는 불에 의존하는 식물 군집으로부터 불의 이점을 배웠는지도 모른다.[4]

불에 의해서 생성된 경관에서는 생장이 빠르고 방어체계가 약한 잡초성 식물이 무성하게 자랐고, 이윽고 양, 염소, 소처럼 풀을 뜯고 사는 대형 초식동물들이 몰려들었다. 결국, 풀을 뜯는 초식동물과 잡초성 풀 사이에서 결성된 상리공생적 연합(동물은 먹이를 쉽게 구할 수 있어서 좋고, 풀은 동물들 덕분에 숲의 확장을 막을 수 있어서 좋다)은 인간이 숲을 태우면서 부추긴 셈이다. 풀을 먹고 사는 동물이 잡초가 무성한 지역의 경계를 유지시킨다는 사실은 바위 해안의 생태계에서 철저하게 검증된 바이다.

숲을 태우는 일은 초식동물과 식물, 그리고 인간 사이에 양성 피드백을 자극했을 뿐만 아니라, 불과 익혀 먹기를 통해서 인간 식단의 범위를 확장시켰다. 인간은 먹지 못하는 식물이라도 익혀서 조직을 부드럽게 만들고 독성을 중화하면, 에너지가 가득한 음식으로 바꿀 수 있음을 깨달았다. 또한 열을 이용해서 도구를 단단하게 만들고, 숯의 이점을 활용하고, 심지어 야금술과 유리 제작 같은 미래의 기술에 대한 통찰을 얻었는지도 모른다. 오늘날 오스트레일리아의 원주민들은 여전히 불을 사용하여 토지를 관리한다. 또한 화전식 농업은 중앙 아메리카 및 남아메리카 대륙의

많은 토착 문화에서 지금도 널리 사용되고 있다.[5]

계절 야영지에 주기적으로 돌아와서 선호하는 식물을 보살피고 불을 사용하여 숲의 확장을 제한하는 방식으로 식물 개체군을 관리하면서, 인간은 자신과 초식동물, 그리고 먹을 수 있는 주변 식물 사이에서 일어나는 양성 피드백을 포함하여 점차 확장하는 공진화의 일부가 되었다. 이것이 사바나가 인류의 고향인 이유이다. 지구에서 식량 생산성이 가장 뛰어난 장소는 아니었지만, 인류는 그곳에서 안전하게 사냥하고 모여 살 수 있었고, 또 잡초가 무성한 주변 세계의 자연사를 배워나갔다. 이 요소들이 결합하여 동식물을 길들이기 직전의 상리공생 관계를 형성하는 것은 시간문제였다.

공진화와 순화

지역의 동식물과 서로 이익을 주고받는 동반관계는 목적을 가지고 의도적으로 시작했다기보다 자연선택에 의해서 수동적으로 출발했다. "공진화"라는 말은 1964년 폴 에얼릭과 피터 레이븐이 나비와 식물에 관해서 쓴 논문에서 처음 사용되었지만, 그 개념 자체는 꽃과 곤충 수분 매개자 사이의 상호작용에 대한 다윈의 관찰에 내재되어 있었다.[6] 공진화는 인간이 야영지 주변에서 잡초를 솎아내고 이로운 식물을 야영지와 변소 주변에 자연스럽게 퍼뜨리면서, 또 숲 가장자리를 불태우면서 수동적으로 형성한 피드백 기반의 관계뿐만 아니라 직접 동물을 길들이려고 했던 최초의 시도까지 적절히 설명한다.

인간이 순화시킨 작물은 종자 산포(散布)에 필요한 특성을 상실했다. 인간은 수확을 쉽게 하기 위해서 이삭이 땅에 떨어지지 않고 붙어 있는 식물들을 우선적으로 선별했다. 그다음에는 털, 갈고리, 가시처럼 종자의 수확, 운반, 처리를 복잡하게 만드는 다양한 종자 산포체계를 도태시켰다. 아이러니하게도 애초에 이 잡초성 식물을 재배하는 계기가 된 것이 털과 가시였다. 이들 덕분에 종자가 대형 포유류나 우리의 호미니드 선조처럼 털 달린 이동성 동물의 몸을 타고 퍼져나갔기 때문이다. 그러나 이제 인간은 이러한 산포체계를 제거하는 쪽으로 종자를 선택했고, 다른 동물이나 바람의 힘이 아닌 인간의 손에 의해서만 번식하게 만들었다. 마지막으로 종자의 크기, 선호하는 화학적 특성(발아 신호의 상실 등), 동시 성숙, 압축 성장 등이 선택되었다. 이 과정들은 모두 수렵-채집인들이 자신들이 선호하는 식물을 먼저 이용하고 부수적으로 그 종자를 전파하여 자기도 모르게 자연선택의 강력한 실행자로 행동하면서 수동적으로 이루어졌다.[7]

양이나 소 같은 동물의 가축화도 인간 옆에 살면서 이득을 보는 편리 공생 관계로부터 시작되었다. 이 소극적인 초식동물들은 인간 덕분에 위험한 숲에 들어가지 않고도 쉽게 풀밭에 접근할 수 있었고, 개방된 초원에서 살면서 포식자에 대한 방어체계를 더 잘 발달시킬 수 있었다. 무리 동물들은 다수 안에서 안전을 도모하고 우두머리가 이끄는 무리 안에서 편안히 지낸다. W. D. 해밀턴은 이 동물 집단을 "이기적인 떼"라고 부르면서, 포식자로부터 보호받는 것이 함께 사는 데에 드는 비용보다 더욱 중요하기 때문에 신체 조건과 경쟁력이 떨어지는 개체와 취약한 피식종들이 무리를 지어 살도록 진화했다고 지적했다. 집단 생활의 이점은 소, 찌르레기, 해안의 홍합과 굴 등의 개체군에서 찾아볼 수 있다. 떼를 지어 사는 것은 자연세계에서 흔한 생존 전략이다. 바다나 하구의 물가에 넓게 형성된 굴 암초는 초기 인간들을 그곳에 끌어들여서 모여 살게 했다. 1,000년 뒤, 오랫동안 남획되어온 과거의 굴 암초 지역은 이 자원을 활용하며 발달했던 도시들의 흥미로운 지질고고학적 특징이 되었다. 뉴욕 시곳곳에서는 고대의 패총을 이용하여 만든 최초의 시멘트인 태비(tabby)로 건물들을 건축했다. 태비는 굴 껍데기와 모래, 그리고 손쉽게 구할 수 있는 재료들이 섞여 내구성이 있는 건축 자재인데, 그 기원은 아직 밝혀지지 않았다.[8]

굴(그리고 찌르레기와 대부분의 무리 동물)과는 달리, 소와 같은 초식동물의 무리 습성은 이후 목동의 일이 될 인간의 행동을 통해서 쉽게 관리되었다. 무리 짓는 초식동물은 차츰 인간과 가까워지면서 절대적 상리공생 관계를 발달시켰다. 이 과정은 양의 조상처럼 사회성이 있고 편리공생하던 동물에서 더욱 수월하게 진행되었고, 이런 동물들은 수동적으로 길들여지다가 마침내 적극적으로 관리되면서 형질이 개량되었다. 오스트리아의 생물학자 콘라트 로렌츠가 1970년대에 증명했듯이, 이런 방식의 상호관계는 각인에 의해서 강화된다. 사회성이 있고 온순한 동물은 어릴 때에 그들 가까이에 있는 인간을 부모나 우두머리로 "각인한다." 공진화와 각인은 많은 동식물을 순화의 단계로, 그리고 인간을 농경 생활로 이끌었다. 또한 시간이 지나면서 인류에게 더 나은 영양, 건강, 번식의 성공을 가져왔다. 이윽고 인간의 창의력과 인지력은 순화를 강력한 도구 내지는 기술로 인식했고, 여러 세대에 걸쳐서 형성된 상호 호혜적인 관계를 본격적으로 활용하기 시작했다.

초기 인간이 순화 기술을 적극적으로 활용하면서 두 가지 생활방식이 등장했다. 작물을 키우며 정착 생활을 하는 농부, 그리고 풀을 뜯고 사는 무리 동물을 몰고 다니며 생산적인 방목원을 찾아 유목 생활을 하는 목동이다. 이 서로 다른 생활방식은 도시가 될 경작지를 운용하며 정착 생활을 하는 농부와 교역, 가축 사육, 기마술을 바탕으로 이동 생활을 하는 유목민의 두 문화 집단으로 각각 이어졌다. 도시는 농경 문화의 인구 성장을 이끈 반면, 말의 가축화는 유목 문화의 성장을 이끌었고 시간이 지나면서 교역을 발달시켰다.[9]

스미스소니언 박물관의 멀린다 제더가 상기시켰듯이, 길들이기란 여러 세대에 걸쳐 지속되는 상리공생 관계로서, 관심 있는 자원의 공급을 확보하기 위해서 다른 생물을 보살피고 번식에 영향을 주는 행위이다. 그리고 길들이는 쪽과 길드는 쪽 모두 그 관계 밖에서 살아가는 개체보다 더욱 많은 이익을 얻는다고 가정한다.[10] 이 정확한 정의는 맨 처음 생물을 공진화의 길로 들어서게 이끌었던 이점을 지적하고 있다. 순화 과정을 통해서 의도적으로 고착된 이 관계는 길들인 동물의 생산성을 향상시키는 기술을 고안하게 한다. 인간은 제 이익을 추구하고자, 향상된 인지력을 발휘해서 일부 동물과 식물의 번성을 도모했고, 그렇게 진행된 순화는 인류가 세계를 지배하는 것은 물론이고 선택받은 소수의 동식물이 지구에서 가장 크게 수를 불리게 되는 부수적인 결과를 가져왔다.

공진화가 반드시 쌍방향으로 진행되는 것은 아니다. 어떤 동식물은 인간에게 이익을 주지 않으면서 인간의 번영으로부터 이익을 취한다. 이런 동식물과 인간은 인간에게는 이익도 해도 주지 않는 일방적인 편리공생 관계, 또는 인간의 번영 위에 형성된 기생관계를 형성한다. 쥐, 개, 이, 진드기, 그 밖의 다른 편리공생성 동물들이 수동적으로 인간을 따라다니며 함께 진화한 것처럼, 몇몇 식물들 역시 종자 산포, 교란, 서식지 형성을 인간에게 의존하면서 절대적인 편리공생 관계를 형성했다. 민들레, 미역취, 플랜틴(아메리카 원주민이 "백인의 발자국"이라고 부르는, 바나나처럼 생긴 열매), 미국덩굴옻나무, 그 밖의 "잡초"로 여겨지는 식물들은 쥐, 이, 진드기, 소, 밀과 똑같이 인간에 의한 종자 산포와 교란에 힘입어서 번성했다. 수렵-채집인들이 이 기회주의적 식물들을 야영지에서 우연히 확산시킨 것이 번식의 성공에 크게 기여했던 것이다.

이들 선택받지 않은 동반자에는 인간의 생활방식에 편승하여 번식을 극대화한 자연사가 있다. 식물의 경우, 진화의 수레를 인류라는 로켓에 동여매는 데에 도움이 된 중요한 형질로 높은 종자 생산성, 빠른 개체군 정착, 장기적인 종자 휴면, 인간과 연계된 종자 산포, 영양 생식(무성 생식), 인간에 의해서 교란된 지역에서 번성하는 능력 등이 있다. 영양 생식을 하는 식물들은 유전적으로 동일한 개체를 이웃에 퍼트리면서 제한된 자원을 서로 공유하기 때문에 스트레스를 받는 개체가 있더라도 건강한 이웃으로부터 도움을 받을 수 있다. 진드기, 쥐, 빈대, 이, 초파리 같은 편리공생성 동물의 경우, 우리가 "해충"이라고 부르는 것들은 인간의 거주지나 쓰레기에서 구할 수 있는 먹이와 피난처를 쫓아 미생물 병원균들을 끌고 다니는 완벽한 무임승차자가 되었다. 그런 다음, 다양한 단계와 수준의 적극성과 의도성을 가진 협력이 일어난다. 비록 우리는 반기지 않는 관계였지만, 민들레나 들쥐와 인간과의 협력이 그들의 번성을 도왔다.

사실 순화 자체는 뛰어난 발상이라기보다는 공진화의 결과라는 의도하지 않은 과정으로 시작했다. 이것은 생물학자들이 야생 개체군에서 볼 수 있는 자연선택의 단순하고 강력한 효과를 깨우치면서 명백해졌다. 식물 순화의 초기 증거에 따르면, 식물은 1만2,000년 전, 영거 드라이아스

생명

기(Younger Dryas period)라고 부르는 1,000년에 걸친 급속한 기후 냉각기에 처음 길들기 시작했다. 과거에는 이러한 냉각기가 순화의 1차적 동인이었다는 가설이 있었다. 추운 날씨 때문에 인간, 식물, 초식동물이 한정된 피난 지역에만 머물렀기 때문이다. 이 가설들은 대체로 신빙성이 떨어지기는 하지만, 농업의 역사 초기의 기후 조건이 길들이기의 성공과 실패에 중요한 역할을 한 것은 분명하다.[11]

전통적으로 동물의 가축화(개는 제외)와 농업혁명의 원인 및 결과는 메소포타미아 지방(현재의 이라크와 이란)의 비옥한 초승달 지대와 아프리카 북쪽 해안(오늘날의 이집트)의 나일 강 계곡을 중심으로 설명되었다(그래서 비옥한 초승달 지대가 흔히 문명의 요람으로 불린다). 양은 기원전 9000년경에 식량원으로서 가축화된 최초의 동물이었고 염소가 그 뒤를 따랐는데, 이 둘은 목축을 하는 유목민들의 대표적인 동물이 되었다. 곧이어 소와 돼지가 가축화되었고, 황소와 같은 역축(役畜)은 밭을 갈거나 땅을 파서 관개 시설을 건설하는 데에 부릴 목적으로 기원전 4000년경에 길들였다. 앞에서 말한 것처럼 이 동물들은 떼를 지어 사는 습성과 우두머리를 각인하는 본능 때문에 가축화를 잘 받아들였다. 예를 들어 말은 인간의 역사에서 가장 중요한 가축화 성공 사례가 된 반면, 사회적 습성의 차이 때문에 좀더 고약한 성미를 지닌 얼룩말은 간단한 수준에서 훈련될 수는 있어도 한 종으로서 길들여지는 않았다. 가축화란 결국 한 동물의 생활 주기를 완전히 통제하는 과정이기 때문이다.[12]

식물의 순화 역시 1만 년 전에 재배되기 시작한 소수의 종들로 지구를 채웠다. 당시 보리, 밀, 렌틸콩, 완두콩, 아마, 무화과, 베치(vetch : 콩과 식물/옮긴이)는 모두 보편적인 수동적 순화와 적극적 순화의 과정을 따라

야생 밀	일립소 밀	엠머 밀	빵 밀	야생 옥수수	옥수수
조상	**나중에 개량된 품종**			**조상**	**개량된 품종**

그림 3.1 곡식의 순화. 왼쪽은 비옥한 초승달 지대에서 유래한 밀의 조상과 개량된 품종. 오른쪽은 메소아메리카에서 자생한 옥수수의 조상과 개량된 품종.
출처 자유 이용 저작물을 바탕으로 직접 그림.

비옥한 초승달 지대에서 재배되었고, 오늘날 이들은 세계에서 가장 수가 많고 또 가장 중요한 식물이다. 예를 들면 밀은 인간이 밀을 길들인 것이 아니라 밀이 인간을 길들였다는 주장이 나올 정도로 전 세계에 퍼졌지만, 원래는 시리아의 카라카 산의 언덕에서 자라던 잡초성 초본에 불과했다 (그림 3.1). 그러나 이 흥미로운 "식물 중심적" 관점은 인과관계에 혼동을 주기도 한다. 농업에서의 선별적 선호는 인간에 의한 의도적이고 차별적인 선택이었다. 예를 들면 야생 배추는 원래 영국 해협의 영양분이 부족한 석회암 절벽에서 자라던 잡초성 십자화과(十字花科) 식물인데, 영리한 원예가들이 선별적으로 교배하여 오늘날 다양한 채소가 되었다. 현존하는 모든 배추 품종과 브로콜리, 컬리플라워, 케일, 방울다다기, 콜라드그린을 포함하여 인기 있는 많은 채소들이 전부 유럽 해안에서 자생하던 브라시카 올레라케아(*Brassica oleracea*)라는 단일 배춧속 종을 개량한 품종이라는 것을 알면, 현대의 많은 식도락가들이 깜짝 놀랄 것이다. 원예가들은 잎과 싹의 크기, 싹의 조밀도, 꽃과 줄기의 특성에서 각기 다른 것을 골라 선택 교배함으로써 브라시카 올레라케아를 전혀 관련 없어 보이는 다양한 채소들로 변형시켰다. 눈에 잘 띄지 않고 경쟁력도 변변치 않아 불모의 서식지로 내쳐졌던 식물이 지구에서 가장 성공적인 식물로 우뚝 선 것이다.[13]

비슷한 순화 과정이 파키스탄의 인더스 강과 중국의 황허 강, 양쯔 강을 포함하여 강을 따라서 세계적으로 5-6군데에서 동시에 일어났다. 동물과 식물의 순화는 이들 중심지에서 종자, 동물, 순화 기법의 확산과 함께 전 세계로 빠르게 퍼져나갔다.[14]

빵, 맥주, 올리브

탄수화물이 풍부한 곡물이나 올리브 같은 나무 열매는 초기 인류의 독창성을 보여주면서 초기 순화의 이유와 과정을 설명하는 매혹적인 사례이다. 예를 들면, 곡식의 씨앗은 제빵과 발효라는 필수적인 초기 기술을 유도했을 뿐만 아니라 인간을 다시 한번 미생물 세계와의 관계로 이끌었던 탄력적인 식물임이 증명되었다. 올리브는 먹을 수 없었던 야생 조상 식물을 대단히 쓸모 있고 가치 있는 식용 열매로 만들어낸 과정을 적절히 보여준다.

곡물이 인간 역사의 중심을 차지한 것을 두고, 애초에 탄수화물이 풍부한 곡물을 골라서 사용한 이유가 발효와 알코올 때문이라고 주장하는 학자들이 있다. 이것은 오늘날에도 여전히 지속되는 "맥주가 먼저인가, 빵이 먼저인가" 논쟁의 일부이다. 이제 우리는 영장류 선조의 체내에서 알코올 대사능력이 진화했다는 것을 알고 있으며, 심지어 이들이 발효된 열매를 먹어왔을지도 모른다고 생각한다. 캘리포니아 대학교 버클리의 생물학자 로버트 더들리는 잘 익은 과일이 영장류 선조들에게 매우 귀한 식량이다 보니, 선조들이 때로는 미생물의 공격을 받아 알코올로 발효가 된 농익은 열매까지도 먹었을 것이라고 제시했다. 그러면서 알코올에 노출되었을 뿐만 아니라 소독제나 항균제, 또는 정신에 영향을 미치는 약물로써 알코올의 가치에 눈을 떴을 것이라고 주장한다.[15]

앞에서 소개한 리처드 랭엄은 이 발상에 동의하지 않았다. 그는 영장류를 연구한 40년간 이들이 농익은 과일을 기피하는 것만 보았다고 주장했다. 그렇다고 하더라도 알코올성 음료는 오랫동안 유럽 식단의 일부였고 우리의 태곳적 식생활 유산의 한 요소일지도 모른다. 구석기인들이 발효된 음료를 마시면 병에 덜 걸린다는 것을 알아내면서 알코올이 예방약이 되었을 가능성도 있다. 초기 상수원이 농장이나 하수도에 의해서 빈번하게 오염되었던 것을 생각하면, 알코올성 음료는 지역의 상수원보다 오히려 더 안전했을 것이다. 중세에 알코올은 소독제로 쓰였고, 아쿠아 비테(aqua vitae), 즉 "생명의 물"이라고 불렸으며, 점점 확대되는 도시에서 제대로 된 하수 처리 시설이 부족하여 발병한 콜레라와 이질 같은 질병들을 치료하는 데에도 사용되었다. 알코올을 건강 목적으로 음용하는 것은 아프리카와 인도네시아의 토착 문화에서 여전히 널리 장려된다. 서구 문화에서는 흥을 돋우는 음료로 생각하는 경향이 더 크지만 말이다.[16]

목표가 **빵**이었든 알코올이었든(또는 둘 다였든), 나투프인이라고 통칭

되는 서아시아 또는 레반트 지역(그리스와 이집트 사이의 동지중해 연안 지역/옮긴이)의 석기시대 후기 유목민들은 수렵-채집인들이 곡식을 재배하기 적어도 1만 5,000년 전에 곡물 가공 기술을 개발하여 인간이 주도한 자연선택의 유구한 역사에 또다른 사례가 되었다. 그 증거는 기원전 3만 년 전의 것으로 추정되는 갈이돌, 막자와 막자사발에서 발견된다. 농업 이전에 곡물을 가공했다는 것은 나투프인들이 곡식이 재배되기 수천 년 전에 식량으로서 곡물의 가치를 알았다는 뜻이다. 곡물은 식량 가치와 저장성 때문에 문명의 주요 원동력이었다. 이 시기의 요리 도구를 화학적으로 분석해보니 나투프인들이 주식으로, 온전한 또는 갈아놓은 낱알을 물에 불려서 죽을 만들어 먹었음을 알 수 있었다. 이 죽은 아마 석기시대 화로 요리사들이 사용한 원조 요리법의 기본이었을 것이다. 모든 유기 화합물이 그렇듯이 죽도 공기 중의 미생물로부터 공격을 받았고, 그중에서도 단세포 효모 곰팡이는 죽을 곡물 자체에 들어 있는 것보다 에너지와 영양가가 풍부한, 즉 육류의 에너지에 맞먹는 질척한 수프로 만들었다.

탄수화물과 설탕이 알코올로 변환되는 과정이 발효이다. 초기 인간은 일찍감치 이 기술을 발견하여 발효된 빵과 맥주, 와인(수천 년이 지난 오늘날 우리가 부엌에서 찾을 수 있는 주식)을 만드는 데에 창의적으로 활용했다. 초기 인간은 부엌 화로에서 발효 화학의 시행착오를 거치면서 이산화탄소로 반죽을 부풀린 발효 빵을 만들거나 맥주와 와인이 탄생하는 데에 필요한 추가 재료와 온도를 익혔다. 이러한 인간의 요리 변천사에서 죽은 굳건한 기초가 되었다.[17]

수동적인 공진화에서 의도적인 길들이기로의 전환은 지중해의 올리브 나무가 고대 지중해와 근동 지방의 농업에서 가장 중요한 상품으로 탈바

꿈하는 과정에서도 일어났다. 야생 올리브는 질기고 맛이 써서, 입맛이 까다롭지 않은 야생 동물이나 소와 염소 같은 가축은 기꺼이 먹었을지 몰라도 사람이 먹을 수는 없었다. 그러나 올리브 나무는 메소포타미아에 최초의 도시들이 세워지던 기원전 6000년경에 처음 재배된 과실수였다. 처음에 올리브 나무는 땔감, 숯의 원료, 목재로 쓰였다. 나뭇가지를 잘라서 땅에 심기만 하면 종자를 심지 않아도 무성으로 번식했으므로 신석기인들의 기술 수준으로도 재배하기 쉬웠기 때문이다. 올리브 씨와 나무는 갈릴리 해의 2만 년 된 오할로 유적지처럼 지중해를 따라 위치한 가장 오래된 농업 이전 유적지들에서 발견되었다. 이스라엘의 크파르 사미르에서 발견된 기원전 6000년의 올리브유 생산의 증거는 올리브 나무가 본격적으로 재배되기 전부터 올리브가 이미 야생 식품이나 등불의 연료로 사용되었다는 주장을 뒷받침한다.[18]

고대 공동체들은 올리브를 입맛에 맞게 만들고 나무의 가치를 극대화하려는 오랜 시행착오 끝에 올리브 절임과 올리브 기름을 가공하는 방법을 찾아냈다. 올리브 나무 아래에 깔개를 펴놓으면 익은 열매를 쉽게 거둘 수 있었는데, 이렇게 수확한 열매를 으깨고 압착하여 기름(처음에는 등잔의 연료 또는 요리용 기름으로 사용했다)을 짜거나 다양한 향신료와 함께 소금물이나 잿물에 절여서 쓴맛을 제거하고 고유의 풍미를 더했다. 이 전통적인 방법은 오늘날에도 사용된다. 특히, 올리브 나무 아래에 열매를 수확하기 위한 천이 보이면 지중해에 가을이 왔다는 신호이다. 페니키아인들이 바다를 둘러싼 교역로를 개척할 무렵, 올리브유는 고대 세계에서 가장 값나가는 무역품의 하나였다. 또한 그리스와 로마 시대에는 상업 무역을 이끈 최초의 기름이었을 것이다(그림 3.2).

OLEVM OLIVARVM.
Decuſſæ oliuæ adhuc acerbæ, ex arbore,   Preſſæq, pinguis dant oliui copiam

그림 3.2 중세 지중해에서 올리브를 가공하는 모습.
출처 Interfoto/Alamy Stock Photo.

농업의 시작

일단 농업이 시작되자 전 세계로 확산되었다. 교역로는 이집트의 나일 강이나 파키스탄의 인더스 강 등을 따라서 농경 기술의 초기 확산을 도왔다. 기후 제약과 식물 및 토양 조건 때문에 유럽에서는 농업이 훨씬 느리게 전파되었다. 또한 유럽에 농업이 전해지려면 서부 유럽의 울창한 원시림을 안전하게 통과해야만 했는데, 이는 1만 년 전에 빙하가 후퇴한 이후에야 가능해졌다. 이처럼 쉽사리 뚫을 수 없는 숲 때문에 농업은 처음에는 주로 해안선이나 강을 따라서 퍼져나갔다.

재러드 다이아몬드가 『총, 균, 쇠(*Guns, Germs, and Steel*)』에서 주장한 것처럼, 농경 기술은 지구의 위도를 따라 대륙을 가로지르며 거침없이 퍼져 나갔으나 수직 방향으로는 쉽게 확산되지 않았다. 다이아몬드는 순화된 동식물과 미생물이 다양한 기후 조건에 적응한 덕분에 인류의 문화가 대륙 전체에는 빠르게 전파될 수 있었지만, 탐험의 시대에 장거리 여행과 식민화가 현실적으로 가능해진 이후에도 높은 위도에서 낮은 위도로는 쉽게 퍼지지 못했다고 지적했다. 뚜렷한 계절성이나 매서운 겨울 없이 연중 높은 기온을 유지하는 기후는 곤충 매개체나 질병을 통제하지 못했다. 따라서 열대 지방에서 나고 자란 사람들은 말라리아 같은 질병에 면역이 있었으나, 시원한 온대 지방에서 온 사람들은 그런 풍토병에 취약했다(반대의 경우는 문제가 되지 않았는데, 온대 지방의 시원한 기온과 계절성이 용케 고병원성 미생물을 걸러냈기 때문이다). 그러나 후천적으로 면역을 획득했더라도 열대 문화는 여전히 질병과 병원성 미생물이 주는 부담에 시달렸고, 그래서 세계를 탐험하거나 다른 대륙으로부터 전파된 농업에 접근할 기술을 발전시키는 데에 한계가 있었다.

공생발생적 농업혁명이 전 세계에 퍼지면서 인간의 사회 구조가 바뀌었다. 문화는 인체의 생리와 우리가 먹을 수 있는 음식에 대한 선택압으로 작용했고, 그러면서 문화와 유전자 사이에 상호작용이 일어났다.[19] 곧 설명하겠지만, 인류의 유전적 특징들은 급변하는 문화에 의해서 형성되었고, 유전자와 문명이 함께 진화하면서 인류의 식습관을 결정하고 바꾸었다. 그럼에도 불구하고 우리는 여전히 수렵-채집인이 남긴 오랜 유산에서 비롯된 무거운 유전자의 짐을 짊어지고 다닌다.

유전학적 측면에서 보았을 때에 문화의 변화가 가져온 가장 명확하고 흥미로운 식생활 변화는 성인이 젖당 내성(체내에서 젖당을 분해하여 소화하는 능력/옮긴이)을 획득한 것이다. 이 변화는 대략 1만 년 전, 농업의 여명기에 일어났다. 성인의 젖당 내성은 낙농업이 발달한 추운 온대 환경에서 특히 흔하지만, 저위도 지방에서도 낙농업에 종사하는 사람들에게서 나타난다. 젖당은 포유류의 젖에서만 생산되는 탄수화물로서 새끼는 젖을 떼기 전까지는 젖당을 소화할 수 있지만, 성체가 되면 젖당 대사에 필요한 분해 효소가 분비되지 않아서 젖당을 소화하지 못한다. 농업혁명의 초기에 낙농업이 발달하면서, 인간은 요구르트나 치즈처럼 미생물의 도움으로 젖당을 대사, 소화할 수 있는 유제품을 만들어 먹었다. 이 경우 자연선택이 인간의 효소에 직접 작용하여 우유를 소화하고 에너지 자원으로 사용할 수 있도록 진화시키는 대신, 인간이 나서서 치즈와 요구르트를 발명한 셈이다(올리브를 입맛에 맞게 가공한 것처럼). 동시에 낙농업이 발달한 문화에서는 성인이 되어서도 젖당 분해 효소를 계속 분비하여 우유를 소화시키는 능력을 유지하는 쪽으로 진화했다. 유인원 선조가 털가죽을 잃고 큰 뇌를 얻은 것처럼, 성인이 되어서도 젖당을 소화하는 능력은 유아의 형질을 유지하는 방향으로 진화했고 이것은 유형성숙의 또다른 사례로도 볼 수 있다. 젖당 분해 효소의 지속성은 낙농업의 생물지리학적인 분포를 반영한다. 북유럽에서는 높고(스칸디나비아인의 90퍼센트 이상이 젖당 내성이 있다), 상대적으로 남유럽이나 중동에서는 낮으며(스페인, 프랑스, 아랍인의 50퍼센트가 젖당 내성이 있다), 아시아와 아프리카에서는 극도로 낮다(중국인의 경우 불과 1퍼센트, 서아프리카인은 5−20퍼센트가 젖당 내성이 있다). 이런 분포 경향은 아프리카에서도 낙농업을 주로 하는 투치 문화에서는 성인의 젖당 내성이 전체 인구의 90퍼센트까지 흔하게 유지된다는 예외 사례로도 증명된다.[20]

이 이야기는 젖당 내성과 불내성의 전 세계적인 분포를 고려하면 더욱 흥미로워진다. 젖당 불내성은 탄저병처럼 소가 걸리는 질병의 역사적 분포와도 연관이 있는데, 이는 가축이 질병에 걸릴 위험이 높은 곳에서는 낙농과 낙농의 문화적 영향력이 발휘되지 않았음을 뜻한다. 즉, 질병의 생태가 소 떼나 낙농업이 특정 지역에서만 발달하게 하고, 그것이 다시 그 지역 사람들의 소화 효소에 대한 선택압을 형성한다는 것이다. 이는 또한 농업혁명이 어떤 방식으로 문화와 전통, 유전자, 생태 사이의 상호작용을 촉발하여 인간의 소화 대사와 식단의 지구적 패턴을 만드는지를 보여준다. 예를 들면 이제 우리는 왜 염소와 소를 키우는 현대의 일부 문화권에서 요구르트나 치즈 같은 유제품은 먹지만 우유는 먹지 않는지, 왜 남부 이탈리아의 양념들이 크림이 아닌 올리브유를 기본으로 하는지 알 수 있다. 콜레스테롤 대사, 심장 질환, 셀리악 병(글루텐 단백질에 반응하는 선천적 자가면역 질환/옮긴이)과 같은 소화계 질환, 파킨슨 병과 알츠하이머 병 같은 신경계 질환 등의 지역적, 문화적, 생물지리학적 분포조차 이런 유전적이고 문화적인 결과들의 상호작용으로부터 기인했을 가능성이 있다. 현대의 많은 만성적이고, 흔히 치명적이기까지 한 질병들의 근본적인 원인이 현대인의 식단에 뿌리를 둔다는 설득력 있는 주장도 있다. 수렵-채집인 조상들의 체내 신진대사가 현대의 식단을 다룰 수 있을 정도로 진화할 시간이 부족했다는 것이다. 이처럼 농업 발달 초기에 우리 선조들은 온전히 그러나 의식하지 못한 채 미생물에 의존하며 살았다. 그들은 자신들의 삶이 얼마나 미생물에 달려 있는지는 몰랐다. 왜 우유를 상하게 두면 소화가 좀더 쉬워지고 (오늘에서야 가치를 인정받는) 요구르트와 치즈가 만들어지는지, 어떻게 곡물로 만든 죽이 그 안에 있는 탄수화물과 당을 변형하여 찬

생명

장 속 빵과 맥주가 되는지도 알지 못했다. 그들이 생존에 대단히 중요한 주식인 빵과 맥주의 오랜 역사에 무지했던 것과 마찬가지로, 우리는 어떻게 소화계가 과거의 식습관에 맞춰서 조정되어왔는지, 그리고 현대인의 식단이 이 진화에 얼마나 거북하게 끼어들었는지 의식하지 못한다.[21]

농업, 그리고 서서히 변화한 인간의 식단과 소화계는 비옥한 초승달 지대에서부터 동쪽으로 퍼져나가며 쌀과 향신료에 기반을 두고 다른 농업혁명을 맞이한 인도에까지 전해졌다. 더 동쪽의 중국에서는 북부와 남부에서 각각 서로 다른 농업혁명을 경험했다. 이 혁명은 비옥한 초승달 지대에서와 거의 동시에 또는 좀더 일찍 일어났으나 중국에서 일어난 순화 과정의 연대기는 보존 기술과 연구의 부족으로 잘 규명되지 않았다. 기장이 처음 재배된 황허 계곡은 종종 "중국 문명의 요람"으로 불렸으며, 많은 벼 품종들이 이 계곡에서 처음 경작되었다. 이 지역에서 순화된 돼지, 닭, 소, 배, 레몬, 오렌지가 아시아 전역으로 퍼졌다. 닭 뼈를 고고학적으로 연구한 결과, 조류의 가축화는 기원전 8000년경에 중국 북쪽에서 처음 일어난 것으로 밝혀졌다.[22]

시간이 흐르면서 농업혁명의 위대한 진원지들, 즉 동지중해, 북아프리카, 서아시아가 연결되며 실크로드가 형성되었다. 이들 교역로와 무역망은 지중해와 태평양 사이의 스텝(steppe), 사막, 산맥을 장악한 유목 부족들이 큰 도시를 건설하는 대신에 구축한 것이다. 이들 부족은 농경 생활이 아닌 말의 가축화를 중심으로 문화를 이루었고, 마침내 말을 탄 공포의 몽골 전사가 되었다.[23]

이후 농업혁명은 인간이 좀더 최근에 정착한 파푸아, 뉴기니 등에서 일어났는데, 이곳에서는 기원전 7000년 무렵에 바나나, 빵나무 열매, 고구마가 재배되었다. 폴리네시아에는 바람과 노의 힘으로 먼 바다까지 항해할 수 있는 선박이 발달한 이후인 기원후 1200년경부터 사람이 들어가 살았고, 다양한 얌 품종을 경작했다. 아메리카 대륙에서도 독자적인 농업혁명이 일어났다. 아즈텍과 마야 부족의 고대 선조는 옥수수, 고추, 파파야를 재배했고, 잉카의 조상은 현재의 페루에서 감자를 재배하고 라마를 길들였다. 고대 북아메리카인은 호박, 콩 등의 다양한 품종을 재배했다.[24]

순화와 농업혁명은 결코 하나의 단일화된 사건이 아니다. 이는 전 세계에서 서로 다른 시대에 서로 다른 방식으로 서로 다른 동식물들이 연관된 공진화의 역사 속에서 인간의 독창성이 발휘된 결과였다. 특정한 동식물의 수명과 번식 주기를 조절할 수 있다는 것을 깨달은 초기 인류는 수천 년의 상리공생 관계가 토대를 마련한 덕분에 다른 종을 통제하며 이익을 얻었다. 협력의 역사가 인간의 큰 두뇌에서 나온 창의성과 결합되어 지구에 농업이라는 새로운 현상을 이끌어낸 것이다. 그런데 우리가 생각한 것처럼 동식물의 순화가 시간과 에너지를 정말 절약해주었을까? 농사를 짓고 목축을 하고 정착해서 살아가는 생활방식은 과거의 수렵-채집 시절과 비교해서 얼마나 대단한 이점이 있었을까?

그런데 왜 혁명인가?

19세기 초의 과학자들에 따르면, 인간이 15만 년간 사냥과 채집을 하며 살아오다가 가축과 작물에 의존하는 정착 생활로 전환한 이유는 한곳에 눌러앉아 지내면서 식량이 안정적으로 공급되어 기근을 줄였고, 또 여가를 누릴 수 있었기 때문이다. 그리고 그 덕분에 예술, 문자, 영성과 문화가 자유롭게 발전할 수 있었다. 그러나 최근의 실증 연구에서는 반대의 결과가 나왔다. 가축과 작물을 지속적으로 보살펴야 하는 농경 생활에는 이동하며 사는 수렵-채집 생활보다 2배의 시간과 노력이 든다는 것이다. 초기 농부들은 한곳에 정착하여 물질문화를 축적할 수 있었지만, 이를 뒷받침하기 위해서 농부와 목동이 해야 했던 업무는 극도로 어려운 것이었고, 따라서 다이아몬드는 농업혁명을 "존재를 저주하는 총체적인 사회적, 성적 불평등과 질병, 폭정을 가져온······우리가 단 한 번도 회복하지 못한 재앙"이라고 불렀다.[25] 농업혁명은 인간이 단독으로 이루어낸 혁신이 아니었다. 이것은 공생발생적 진화의 결과였다.

물론 수렵-채집 생활로부터의 전환은 빠르지 않았다. 중앙 오스트레일리아의 광활한 사막이나 아프리카, 아메리카 대륙의 아북극 지역처럼 농경이 가능하지 않은 극도로 열악한 환경에서는 19–20세기까지도 수렵-채집인이 남아 있었다. 그러나 다른 대부분의 생태계에서는 인간과 동식물 사이에서 수동적으로 시작된 관계가 마침내 상리공생의 필연적인 부산물로서 농경을 탄생시켰을지도 모른다. 다시 말해서 농업이 선택이나 자연스러운 진보가 아니라 진화의 결과였다는 뜻이다. 이 가설은 이런 변화가 아프리카, 유럽, 아시아 대륙이 만나는 비옥한 초승달 지대에서부터 중국, 그리고 아메리카 대륙까지 전 세계의 다양한 수렵-채집 사회에서 독립적으로 일어났다는 사실로 뒷받침된다. 다이아몬드는 세계적인 농업 확산을 자연의 순화와 관련지어 수천 년의 양성 피드백에 의해서 추진된 "자기촉매" 과정이라고 불렀다.[26]

따라서 인간이 동식물을 통제하게 된 것은 우연히 일어난 사건이 아니라, 공진화가 자연스럽게 확장됨에 따라 피드백 고리를 움직이면서 필연적으로 나타난 예정된 수순이었다. 농경은 협력에 의존했고 노동집약적이었지만, 식량을 더 많이 생산하여 지속적으로 불어나는 인구를 부양했고, 이는 다시 더 많은 식량과 노동력을 필요로 했다. 사실 사냥과 채집에서 농경으로의 변화는 그저 석기시대 사람들이 농사에 들어가는 비용과 장기적인 결과를 예측하지 못했고, 먹이사슬에서 벗어나서 자연을 통제한다는 것이 궁극적으로 무슨 뜻인지도 모르는 상태에서 일어났다고밖에 설명할 수 없다. 농업은 혁명이라기보다는 일종의 진화적 함정, 다시 말해 인간, 식물, 동물 사이에서 발달한 의존성과 상리공생이 만들어낸 자연적인 수순이었다.

물론 시간을 수렵-채집인들의 시대로 되돌릴 수는 없다. 그리고 이미 확정된 정착 생활의 특성을 기술하는 것이 "자연으로 돌아가야 한다"는 요구를 의미하지도 않는다. 그때로 다시 돌아갈 수는 없다. 전 세계적으로 대여섯 군데에서 일어났던 농업혁명은 다시 회복할 수 없는 상황으로 이어진 진화의 비탈길이었다. 농업혁명은 미래로 가는 웜홀이었고 우리는 이 혁명에 역행하는 것이 아니라 적응해야 했다. 그러나 이제는 우리가 자연의 먹이사슬 바깥에 있으니 진화의 힘에서 벗어난 것일까? 혹은 진화의 덫에 꼼짝없이 갇혀서 그것을 깨닫지 못하고 있는 것일까? 우리는 자연선택과 자기조직화가 설계한 길을 바꿀 수 있을까? 지구상에서 가장 강력한 진화의 힘이 된 우리는 자신의 운명을 통제할 수 있을까?

제2부

문명

우리는 누구인가

문명이란 불필요한 필수품을 끝없이 늘려가는 것이다.

— 마크 트웨인

제4장

문명의 승리와 저주

기원전 1만 년경 지구의 인구는 400만 명으로 추정된다. 기원전 1000년경 가축화와 농업이 확산되고 정착 생활이 자리를 잡으면서 세계 인구는 두 자릿수가 늘어난 4억 명이 되었다. 그리고 3,000년이 지난 1900년에는 산업혁명의 힘으로 16억 명까지 증가했고, 불과 지난 한 세기 만에 지구상에는 70억 명의 인간이 거주하게 되었다. 인구 증가는 문명의 가장 중요한 결과물 가운데 하나이다. 문명을 이끈 농업혁명은 기하급수적인 인구 성장을 촉발했고, 문명 발전의 원동력과 더 많은 인구를 요구하면서 함께 커나갔다. 다시 말해서 농업혁명은 개발과 인구 성장이 양성 피드백을 통해서 영향을 주고받는 자기생산 과정을 불러왔다. 문명은 (인간의 뛰어난 창의력과 인지력 덕분이 아니라) 자연선택과 번식의 성공이라는 진화의 힘을 통해서 자생력을 가진 통제 불능의 열차가 되었으며, 여전히 인간과 지구의 다른 종들 사이에서 일어나는 상리공생적이고 협력적인 관계 위에서 작동하고 있다.[1]

여러 측면에서 이 과정은 앞의 제1장에서 논의한 진핵세포의 공생발생적 진화와 개념적으로나 역학적으로 유사하다. 원시 원핵세포의 구성요소들 사이에서 일어난 상리공생적이고 협력적인 동반관계는 독립적인 개별 요소들을 조직하고 통제할 수 있는 진핵세포에게 결국 자리를 양보했다. 질서, 효율성, (경쟁이 아닌 협력을 통해서 증가한) 번식 성공률이 향상되면서 개별적인 조절능력은 상실되었다.[2] 그리고 나서 진핵세포들은 미생물과 합심하여 다세포 생물이 되었다. 협력적 초유기체인 이 다세포 동식물들은 단순한 유핵세포들보다 경쟁자와 환경을 지배하는 데에 더 적합했다. 그렇게 그들은 자연선택이 생물에게 던진 질문의 답이 되었다. 즉, 진화의 역사는 협력하는 집단이 개별 개체의 합보다 강하고, 협동은 무리를 경쟁자보다 더 강하게 만들 수 있음을 계속해서 보여주었다. 이 과정이 종 내부에서 일어나든, 종과 종 사이에서 일어나든 간에 결과적으로 개체의 번식과 환경에의 적합도를 높이는 한, 집단이 세상을 지배할 것이다. 벌 떼는 커다란 포유류를 제압할 수 있고, 작은 물고기 떼는 산호초 물고기의 잘 방어된 섭식 세력권을 쟁취할 수 있으며, 원시적인 무기와 길든 늑대로 무장한 선조 인간 집단은 크고 사나운 포식자 또는 다른 호모 종 집단을 지배할 수 있었다. 진핵세포는 협력의 결과로 등장했다. 계층구조의 일부가 되어 진핵세포를 형성하기 위해서 원핵세포는 자신의 "독립성"과 이기적인 개별 유전자의 동인을 포기해야만 했다. 그 결과, 경쟁적인 세상에서 생존과 번성에 더욱 적합한, 협력적 조직화를 이룬 복잡한 유기체가 되었다.[3]

문명의 진화

수렵-채집인들로 이루어진 농업 이전의 씨족 집단들은 꾸준히 땅을 관리하고 작물을 심어서 시간과 노력을 미래에 투자했으며, 그렇게 얻은 번영으로 계절에 따라 이동해야 하는 야영지 대신에 사시사철 운영되는 영구적인 농장을 세웠다.[4] 이윽고 유전적인 근연관계에 있는 씨족 집단들이 서로 연합하여 마을이 되었고, 그러면서 농업 기술은 더욱 발전하고 전문화되었다. 초기 농부들은 작물에 물을 대고 가축을 방목하고 숲에 불을 놓아 초원으로 만들어 정착한 땅을 가꾸었다. 영구적인 주거지와 기반시설이 건설되었고, 새로 정착 생활을 시작하는 이들에게는 새로운 기회와 난관이 주어졌다.

가족을 먹여 살리기 위한 경작은 가족 단위로 자급이 가능했다. 그러나 농업으로 인구가 급격히 증가하면서 자원 경쟁이 심해졌으며 확장된 씨족들끼리 자원을 두고 벌이는 치명적인 폭력도 증가했다. 스티븐 핑커가 2012년에 출간한『우리 본성의 선한 천사 : 인간은 폭력성과 어떻게 싸워 왔는가(*The Better Angels of Our Nature : Why Violence Has Declined*)』는「구약성서」와 같은 고대 문헌에 생생하게 묘사된 대학살을 다룬다. 이런 폭력은 농업과 농경 생활의 초기 성공을 이끌었던 인구 증가의 이점을 무효화했다. 우리는 흔히 과거를 장밋빛으로 떠올리고, 경제, 문화적 분열과 불균형이 초래한 폭력이 현재에 와서 유독 극심해졌다고 믿는다. 이 관점은 자크 바전의 2001년 작『새벽에서 황혼까지 1500−2000 : 서양 문화사 500년(*From Dawn to Decadence : 1500 to the Present, 500 Years of Western Cultural Life*)』에서 잘 나타난다. 그러나 핑커는 경험적 증거와 자료를 바탕으로 폭력, 전쟁, 대량 학살, 살인이 모두 극적으로 꾸준히 감소해왔으며 현재 우리는 인류 역사상 가장 폭력적이지 않은 시대에 살고 있다고 주장한다. 여기에서 잠깐 핑커의 연구를 살펴볼 필요가 있다. 핑커의 연구는 이기적 유전자의 선택 속에 닻을 내린 진화적, 사회적 과정으로서의 협력을 강조하기 때문이다.5

핑커가 가장 오래된 문헌인 「구약성서」와 호메로스의 『일리아스(Ilias)』에 묘사된 살인, 폭력, 대량 학살에 초점을 맞춘 것은 서양의 종교가 폭력으로 시작했다는 사실을 잘 알지 못하는 현대인의 무지를 감안할 때에 특히 설득력이 있다. 그는 「구약성서」에 기록된 폭력에 의한 사망자가 적게 잡아도 수백만 명에 달한다는 것을 발견했다. 지배와 통치 조직(즉, 문명의 시작)은 이 무질서로부터 질서를 창조했고, 폭력에 의한 사망의 빈도, 용인의 정도, 파급력을 제한했다. 핑커는 인간성을 향한 이 초기 단계를 "평화화 과정"이라고 불렀고, 이 과정이 인간의 사망률을 몇 자릿수나 감소시켰다고 지적했다. 이후 중세 말기에 중앙 통치 국가가 법과 법규를 더욱 확산시켜서 상업, 사유 재산, 민간인을 보호하면서 인간의 폭력성은 한 단계 더 줄어들었다. 핑커는 이를 "문명화 과정"이라고 일컬었다. 평화화 과정과 문명화 과정 모두 본질적으로 폭력보다는 협력을 통해서 개인이 번식에 성공하고, 살아남아 번성할 자를 하향식으로 결정하는 사회를 선호하는 선택압에 의해서 추진되었을 것이다. 문명화 과정이 제동을 걸기 시작한 이후로 폭력은 민간 거래가 필수적인 무역과 상업을 포함해 폭력과 위험을 최소화하는 문화 규범에 의해서 오늘날까지 계속해서 감소하고 있다.6

이 자료들은 농업혁명에 필수적이었던 높은 인구밀도가 과도한 폭력과 죽음으로 이어졌으므로 폭력이 진화적으로 선택되지 않았음을 암시한다.

다시 말해서 핑커의 자료는 협력이 폭력적, 경쟁적 과거로부터 진화했고, 시간이 지나면서 폭력에 작용하는 선택압에 의해서 문명이 발달했다는 일반적인 가설을 강하게 뒷받침한다. 이는 인간 집단과 인간의 미생물 상리공생자들이 유행병을 일으키는 치명적인 병원균에 대해서 내성을 발달시키는 과정과 유사하다. 치명적인 질병에 선택압이 작용했다는 것은 질병이 발병하고도 살아남은 사람들이 면역을 가지게 되었을 가능성이 크다는 뜻이다.[7]

그후 평화화 과정을 통해서 초기 인간들은 개인의 번영을 극대화하는 협력적 합의를 도출할 수 있었다. 농경은 상호호혜적인 공동 활동이 되었고, 수자원에 대한 관리, 조직, 조정이 필요해지면서 관련 규정이 증가했다. 예를 들면 메소포타미아에서는 땅이 비옥한 충적토였음에도 불구하고 덥고 건조한 여름 기후 때문에 농작물을 1년 내내 키우려면 관개 시설이 필요했다. 석기시대 농부들은 밭에 강물을 범람시켰고, 그다음에는 소금이 축적되는 것을 방지하기 위해서 배수시켰다. 개별 농장뿐만 아니라 대규모 농장에 모두 물을 댈 수 있는 큰 관개로를 건설하고 유지하려면 공동체 전체의 노동력이 필요했다. 원시 도시의 확대된 농업은 협력이 가져오는 집단이익이 어떻게 개별적 압력을 능가하는지를 보여주는 초기 사례의 하나일 뿐이다.

초기 도시들은 도시 차원에서 설계, 관리, 회계를 담당할 노동자들이 필요했고, 도자기(종자, 곡물, 발효 생산물을 저장하기 위해서), 바퀴(처음에는 점토로 항아리를 빚기 위해서, 나중에는 수레를 끌기 위해서), 쟁기(밭에 종자를 심을 고랑을 파기 위해서)와 같은 도구의 혁신이 이루어져야 했다. 인간이 방앗간, 저장 용기, 농기구와 같은 소유물을 발전시키기 시작하면서,

정착 생활은 물질문화의 가능성을 열었다. 식량을 저장하게 되면서 제한된 자원에 대한 경쟁압의 대상이 개인에서 협력 집단으로 옮겨갔는데, 협동하는 집단에서는 시너지 효과가 발생하여 협동하지 않는 개인을 모아놓은 집단보다 더욱 강하고 효율적이었기 때문이다. 새로 등장한 더 큰 규모의 씨족 사회는 인구 증가의 자기촉매적 과정에서 한몫을 담당했다. 그러나 초기의 씨족 농장들은 여전히 포식자와 경쟁자에 취약했고, 작물이 잘 자라지 않을 경우 식량 부족의 위험도 있었다. 따라서 씨족들은 연합하여 농장을 함께 운영함으로써 원시 도시를 더욱 쉽게 방어하고 사냥 동료인 길든 늑대를 더 쉽게 먹이고자 했다.[8]

무엇보다도 농경과 관개는 도시 조직과 관리의 선구체(先驅體)이자 목적이었고, 도시 조직과 관리는 명령하고 통제해야 할 인구의 증가로 이어졌다. 관리하려면 관리자가 있어야 하고 통제하려면 통제관이 필요하다. 초기 원시 도시에서 식량 생산품을 분배하고 규칙을 시행하기 위해서는 계층화된 지도력이 필요했고, 그 결과 기원전 6000년경에 메소포타미아 지방과 중국의 양쯔 강 주변에서 최초의 지도자가 등장했다. 메소포타미아의 예리코는 기록된 최초의 도시로 불리는데, 진흙 벽돌로 둘러싸인 8-10에이커의 거주지역에는 방어용 석탑과 관개용 저수조가 있었고, 약 2,500명을 수용할 수 있었다. 조직화된 통제는 귀족계급과 계층 사회의 탄생으로 곧바로 이어졌고, 사람들은 수렵-채집 생활에서 누렸던 독립성을 잃었다. 부유한 지배자와 가난한 농부 사이에는 엄격한 노동의 분리는 물론이고 부, 소유물, 생활방식에 심한 격차가 발생했다. 지배층은 법을 어기는 자들에게 가혹한 형벌을 내리고 협박을 하는 등 다양한 수단을 통해서 권력을 얻고 유지했다. 그들은 또한 신과의 소통이라는 특권을 주장했고(제8장에서 더 자세히 설명하겠다), 문자와 같은 중요한 지식 수단을 독점했다. 설형문자는 비옥한 초승달 지대에서 점토판 위에 기록을 보존하기 위해서 사용되다가, 5,000년 후인 기원전 2000년경에 얇은 유기물에 쓰인 페니키아 문자와 언어로 대체되었다. 북아프리카와 중국에서 발달한 다른 고대 문자들처럼 농업혁명의 또다른 부산물인 설형문자는 원래 거래를 기록하는 방식이었고, 설형문자를 읽고 쓸 줄 아는 능력은 담당자들이 철저히 독점했다. 지식과 지식에의 접근은 언제나 강자가 약자를 복속시키는 수단으로 이용되었다.[9]

최초의 도시에서 양성 피드백은 인구 증가와 계층 조직을 모두 견고하게 다져나갔다. 인구가 증가할수록 식량을 더욱 많이 생산해야 했고 그러려면 더 큰 조직과 관리가 필요했다(그림 4.1). 점차 전제 군주의 권한과 자격을 부여받은 계층이 권력을 잡았고, 이들은 농장 경영과 자원 통제에서부터 다른 도시국가들과의 초기 무역, 종교, 외교에까지 영향력을 행사했다. 그다음 이 통치자들은 세습되는 귀족 신분을 만들어서 자신들의 가문에 속하는 자와 속하지 않는 자를 구분하고 모두 사회적인 역할 안에 가두었다. 궁극적으로는 통치자들의 이기적 유전자가 최종 승자였는데, 이는 앞으로도 보겠지만 초기 문명의 구조를 꿀벌과 같은 사회적 곤충과 유사하게 만들었다. 이번에도 집단의 번식 성공률은 개인을 넘어섰고 조직의 변화를 자극했다. 이러한 규모의 변화는 생명 조직의 변화 과정, 즉 세균에서 원핵세포로, 원핵세포에서 다세포 동식물 또는 협력적 생물 집단으로 이어지는 주요 변화와도 연관된 것으로 보인다. 원핵성 유전자는 원핵세포에, 원핵세포는 다세포 동식물에, 다세포 동식물은 유기체 집단에 자연선택이 작용하는 결정적인 단위를 내주었다. 이처럼 확장된 진화

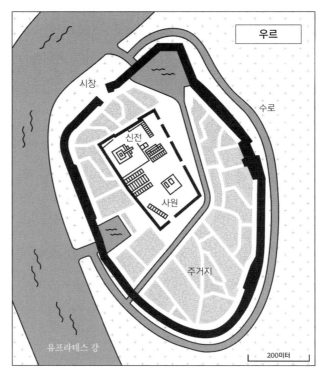

우르

시장

수로

신전

사원

주거지

유프라테스 강

200미터

그림 4.1 고대 메소포타미아 지방에서 수메르인들이 장벽을 쌓아서 세운 도시 우르. 방어, 경작, 종교 활동으로 공간을 나누어 농부와 지배층 사이의 차별을 유지하는 데에 사용된, 초기의 조직적 구조물을 보여준다.
출처 자유 이용 저작물을 바탕으로 직접 그림.

적 관점은 한 종이 다른 종으로 바뀌는 이야기에 조직적인 변화를 덧붙이며, 이것은 지구상에서 생명이 가지는 계층적 질서의 토대가 된다.[10]

도시국가가 우후죽순 생겨나면서 그 지역의 자원을 기반으로 특산품 등장했고, 이어서 농업 기술과 함께 특산품을 전파하는 무역망이 형성되었다. 흑요석, 점토 항아리, 소금, 장신구용 구리, 청동 제작에 필요한 주석과 납, 건축용 목재 등 귀한 물자들은 도시 사이를 오가며 도시 성장에

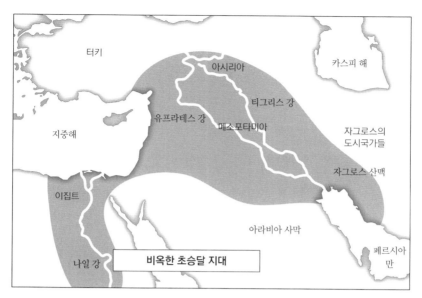

그림 4.2 비옥한 초승달 지대. 농업혁명이 일어난 유적지들 가운데 가장 먼저 발견되었으며 가장 많이 연구되었다.

출처 자유 이용 저작물을 바탕으로 직접 그림.

필수적인 역할을 했다. 예를 들면 비옥한 초승달 지대에서는 농경 활동을 위해서 숲을 모조리 개간했으므로 목재를 수입에 의존했다(그림 4.2). 당나귀로 이동하는 대상(隊商)을 통한 지역 무역은 청동기시대가 시작될 무렵인 기원전 3100년에는 지중해를 따라 광범위한 무역망으로 성장했고, 낙타 대상들을 통해서 아프리카와 그 너머로 확장되었다. 소금, 황금, 상아 등은 팀북투와 같은 아프리카 무역 중심지에서 관리하는 낙타 대상들에 의해서 멀리까지 운송되었다. 결국, 전설적인 실크로드는 이 무역로가 연결하는 사회들에 지속적으로 문화적, 기술적 영향을 미치는 방대한 무역망이 되었고, 동서양 양쪽에서 혁신에 박차를 가했으며, 몽골족이 교역로에서 약탈을 통해서 중앙 아시아를 지배하게 했다.

　이런 방식으로 인간은 인구 성장이 제한되고 계층적 조직이 발달하지 않은 소규모 유목 부족들과는 매우 다른 삶의 형태를 확립했다. 과거 수십 수백만 년간 명맥을 이어온 협력적이고 평등주의적인 씨족 단위의 수렵-채집 생활방식이 불과 수천 년 만에 전복되었다. 집단과 조직이 형성되면서 자원에 대한 경쟁이 이제 씨족 단위를 벗어나 인구 집단과 국가 차원에서 일어날 것을 예견했다.

종교와 괴베클리 테페

농업이 문명을 낳았다는 설명은 하나의 이론일 뿐이다. 최근에는 농업과 도시가 등장하기 이전의 고대에 세워진 대규모 의례 유적지가 발굴되면서 색다른 관점이 제기되었다. 농업이 도시를 낳은 이후에 문명화 과정에서 신화와 종교가 생겨났을까, 아니면 향정신성 식물을 경험하면서 성장한 영적인 신화가 나중에 정착 생활과 도시로 이어졌을까?

　이 두 이론이 아예 양립 불가능하지는 않다. 농업이 인구 성장과 더 강해진 적자(適者)들을 바탕으로 전 세계에 도시화를 확산시켰을 때에 두 과정이 동시에 일어났을 수도 있다. 지금까지 인류 문명의 발달과 확산 과정에 관해서 많은 것이 밝혀졌지만, 그중에서도 2014년에 작고한 독일의 고고학자 클라우스 슈미트가 20년간, 비옥한 초승달 지대가 내려다보이는 시리아와의 접경 지역인 터키의 한 산에서 괴베클리 테페 유적지를 발굴하고 이를 근거로 추론한 이론이 매혹적이다. 커다란 돌기둥이 동심원을 이루는 구조가 특징인 이 거대한 유적지는 어떤 도시와도 연관성이 없고 오직 종교의식에만 사용된 듯하다. 그러나 괴베클리 테페가 특별한 이유는 제작 시기에 있다. 이 유적지는 기원전 1만 년쯤에 사용된 것으로 보이는데, 그 말은 이 유적지가 농업혁명으로 제작된 도자기, 바퀴, 그리고 도시보다 앞선다는 뜻이다. 돌기둥과 유적지의 거대한 규모는 잘 조직된 수백 명의 노동력이 필요한 수준이다.[11] 이것은 정착 생활과 문명이 애초에 종교의식의 중심지에서 시작되었으며, 신성한 의례의 장소 가까이에서 살고 싶다는 열망에 의해서 발전되었다고도 해석할 수 있다. 이 이론에 따르면 맨 처음 사람들은 한 장소에 조직적으로 모여 살게 만든 원동력은 신화였고, 그 이후에 먹고 살기 위해서 농업으로 눈을 돌렸다고 보아야 한다.

그러나 지금까지 이 책에서 설명한 자연사의 규칙은 이 가설에 들어맞지 않는다. 자연사의 관점에서 보면 동식물의 순화는 꽃과 수분 매개자 사이의 공진화적 상리공생의 산물 같은 것이지, 이미 모여 있던 공동체에서 발전한 것으로는 보이지 않기 때문이다. 괴베클리 테페와 같은 농업 이전의 유적지가 아주 없는 것은 아니지만, 신화가 문명을 이끌었다고 보는 시각은 생물들 간의 협력의 중심적인 역할에 관한 우리의 지식과는 맞지 않는다. 농업은 진화의 산물이지, 창조적 대응이 아니기 때문이다.

그렇다면 괴베클리 테페를 어떻게 해석해야 할까? 이 유적지는 향정신성 식물에서 비롯된 초기 무속 문화의 결과물이었을 가능성이 크며, 종교 신화가 처음으로 발현된 표식일 수도 있다. 그렇다면 이는 신화가 식물, 특히 향정신성 식물의 재배와 동시에 발전했다는 뜻으로, 결정론적인 진화론의 틀에 잘 들어맞는다. 더 나아가 종교 의례의 중심지, 원시 종교, 특정 식물의 실험적 섭취 등은 오늘날 우리가 생각하는 것보다 초기 문명에서 훨씬 더 큰 역할을 담당했을 가능성이 있다. 또한 왕과 사제의 지배 가문을 통해서 오랫동안 문명을 지배해온 고도로 계층화된 종교는 향정신성 실험과 문명의 계층적 질서의 결합을 토양으로 하여 발달했을지도 모른다.[12]

비용은 얼마나 되는가

자연선택은 효과적인 도구이지만 근시안적이다. 장기적인 계획이나 미래에 대한 목표 없이 세대에서 세대로 작용한다. 자연선택은 환경이 제기한 문제에 답을 하고 충분한 시간에 걸쳐서 생물과 생태계를 변화시키지만, 그렇다고 해서 선택된 것이 언제나 장기적인 안정과 지속 가능성에 기여하지는 않는다.

농업혁명에서 비롯된 단기적인 번식상의 이익은 폭발적인 인구 증가와 인간의 지구 지배로 이어졌다. 이는 지질학적 시간의 관점에서 볼 때에 인간이 지구에 머문 시간의 1퍼센트, 동물과 식물이 지구를 뒤덮은 시간의 0.001퍼센트도 안 되는 아주 짧은 시간 안에 일어났다. 우리는 문명의 빠른 궤적이 전반적인 인류의 진화와 지구에 얼마나 심각한 영향을 미쳤는지 아직 완전히 파악하지 못했다. 우리가 아는 것은 문명이 예술, 기술, 종교, 과학을 낳았다는 것, 그러나 동시에 지질학적 시간에서 진화의 범위 안에 있는 모든 것들에 대해 오늘날 우리가 여전히 비용을 지불하고 있으며 또 추가적인 비용이 들고 있다는 사실이다.

나는 앞에서 이미 계층적이고 계급화된 문명, 즉 대중을 지배하는 지배 계층과 신화를 확립하는 데에 들어가는 비용을 언급했다. 그것은 집단의 번영과 생존에 구성원 모두가 관여하며 또 구성원 모두를 중요하게 여겼

그림 4.3 기원전 2000년경, 전차를 새긴 아시리아의 부조. 지역의 자원이 줄어들고 결정권이 지배층에 집중되자, 지배층은 증가한 인구의 수요를 충족하기 위해서 하층민을 전쟁터에 자주 내보냈다.
출처 자유 이용 저작물을 바탕으로 직접 그림.

던 생활방식을 희생해서 얻은 것이다. 사회가 점차 계층화된 것은 충분히 그럴 만하다. 초기 농업은 다양한 수준의 중요성과 활용성을 갖춘 공동체 전체를 필요로 했기 때문이다. 시간이 지나면서 이러한 계층은 더욱 견고하고 정교해졌다. 최초의 농부들은 관리자와 관리 대상이 분리된 도시의 계급 구조가 도시 안팎에서 계급 간의 갈등을 조장하여 경제적, 사회적 불균형을 야기할 것이라고는 결코 예상하지 못했을 것이다. 그러나 정착 생활이 자리를 잡자, 농업혁명으로 성장한 인구를 기반으로 종교 지도자와 교육받은 관리자로 이루어진 지배 계층이 집단 의사 결정권을 통제했고, 그러한 도시국가들은 가용한 자원이 줄어들자 서로 전쟁을 벌이기 시작했다(그림 4.3).[13]

이런 의미에서 도시국가는 안으로는 협력적인 초유기체처럼 작동하면서 동시에 다른 집단들과는 같은 땅, 같은 물자, 같은 물을 두고 경쟁했다. 공격적인 전쟁 문화가 확산되면서 예리코와 같은 성곽 도시가 탄생했으며, 지구 역사상 최초로 상비군이 등장했다. 화석 자료를 보면 이 시기에 폭력에 의한 부상이 늘어났음을 알 수 있는데, 이는 공격적이고 적대적인 인간관계가 증가했다는 사실을 뒷받침한다. 이러한 초기 전쟁의 유산은 오늘날까지도 지속된다. 이른바 문명의 요람이라는 곳에 현존하는 국가들이 8,000년이 지난 지금도 계속된 전쟁으로 피폐해지고 있다는 사실은 역사의 잔인한 아이러니가 아닐 수 없다.[14]

다른 지역들도 이러한 압박에 쉽게 노출되었다. 자원을 두고 벌어지는 충돌과 도시 및 신화 사이의 전쟁은 프랜시스 후쿠야마의 2011년 책 『정치 질서의 기원(*The Origins of Political Order*)』에서 논의된 것처럼, 발전하는 문명 사이에 실재하는 규칙이었다. 이러한 문명의 성장통은 중국에서 가장 심해서, 그곳에서는 끝나지 않는 전쟁 문화가 거의 5세기나 이어졌다.

초기 농부들은 또한 새로 건설된 도시를 빠르게 뒤쫓아온 자연과의 충돌을 예상하지 못했을 것이다. 세균이 질병을 일으킨다는 사실을 몰랐던 초기 도시 거주자들이 높은 인구밀도가 삶의 터전을 질병의 온상으로 만들 수 있음을 알 리가 없었다(식량 공급이 증가하면서 비옥한 초승달 지대의 인구밀도는 불과 수천 년 만에 5배나 증가했다). 마찬가지로 20세기의 우리는 살충제 때문에 맹금류의 알 껍데기가 약해져서 매, 독수리 등의 멸종을 초래할 줄은 몰랐고, 건조한 지역에서 이루어진 대규모 농업이 땅을 고갈시키고 염분을 축적하여 사막화를 초래할 줄도 몰랐다. 이것은 나중에 더 상세히 다룰 것이다.[15]

농경 생활은 인간의 건강에도 큰 영향을 미쳤다. 소수의 식량원에 의존한다는 것은 곡물과 탄수화물이 식단의 대부분을 차지하는 단조로운 식사를 한다는 뜻이다. 이것은 치아 문제, 낮은 출산율, 성인의 신장(身長) 감소, 수명 단축을 일으켰다. 정착 생활이 보편화되면서 더 자주 임신을 하게 된 여성이 특히 간접적으로 더 많은 건강 문제를 겪었다. 수렵-채집인으로 보낸 수백만 년의 세월에 맞추어 진화한 대사방식에 그다지 어울리지 않는 식습관을 따른 것이 비만, 당뇨, 글루텐 불내성처럼 현대인이 겪는 많은 건강 문제의 근원으로 여겨진다. 제1차 농업혁명 동안 다양하지 않은 식량원에 의존하게 되면서 초기 인간 집단은 식량 부족, 기근, 동식물 질병 등의 문제에 취약해졌다.[16]

마지막으로, 초기 농부들은 농경과 문명으로 야기된, 대단히 파괴적인 환경 비용을 알지 못했을 것이다(그림 4.4). 도시국가의 인구가 증가하고 식량의 수요가 계속 늘어나면서 서식지 파괴, 사막화, 다른 형태의 환경 저하가 이어졌다. 이것은 생각보다 초기 농부들에게는 대단히 큰 문제였는데, 애초에 인간이 맨 처음 정착한 곳이 지구에서 생산성이 가장 높은 곳은 아니었기 때문이다. 앞에서 언급한 것처럼, 이들에게는 포식자가 숨어 있고 작물의 생장을 방해하는 거대한 숲을 안전하게 개척할 기술이 아직 없었다. 대신 좀더 쉽게 농사를 지을 수 있고 가축을 지켜볼 수 있는 숲의 가장자리를 과도하게 사용했고, 그러면서 이 서식지들은 자원 고갈, 토양 침식, 벌채로 인한 사막화에 취약해졌다. 이 문제는 특히 오늘날의 비옥한 초승달 지대에서 안타까울 정도로 명백하다. 게다가 인구 증가를 촉진하고 그에 따라서 더 많은 자원이 필요해진 장치들은 이제 우리가 알게 된 것처럼, 생태계 바깥으로까지 영향을 미쳤다. 지난 수십 년간 마침

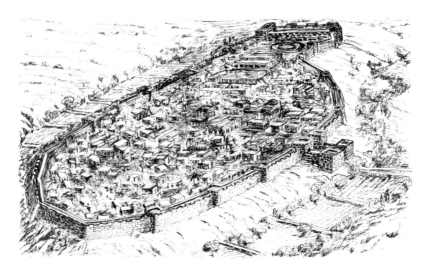

그림 4.4 메소포타미아인이 세운 예루살렘. 세계에서 가장 오래된 도시 가운데 하나로, 그 기원은 1만1,000년 전 이상으로 거슬러 올라간다.
출처 자유 이용 저작물을 바탕으로 직접 그림.

내 우리는 문명이 지구에 아주 큰 영향을 미쳤고, 심지어 지질적 특성까지 바꿔놓았다는 것을 알게 되었다.[17]

우리는 일반적으로 문명을 자연에 대한 인간의 승리이자, 인간이 자연 으로부터 역사를 탈취하고 미래의 주인이 된 사건으로 생각한다. 그러나 호모 사피엔스가 지구에 존재해온 시간의 단 2퍼센트에 불과한 기간에 이 루어진 이 "승리"는 보편적인 인류 복지는커녕 냉혹하고 심각한 결과들을 초래했다. 그 결과들에는 인구 전반에 걸쳐 소수의 지배 계층이 가장 많 은 이익을 얻는 경제적 불균형, 서식지(그리고 지구) 악화, 기근, 질병, 그리 고 인구 증가와 신화체계 간의 경쟁, 자원 고갈이 무섭게 혼합되어 야기된 영구적인 전쟁의 위험 등이 있다. 폭력은 가라앉았지만, 불평등은 그렇지 않다. 우리는 여전히 경쟁과 협력의 압력 사이에서 벌어지는 기본적인 갈등으로 점철된 세상에서 살아가고 있다.

그러나 협력적인 동식물 순화와 문명은 진화의 과정에서 발생한 결과이지, 개인의 선택에 따른 결과가 아니다. 그렇다면 우리는 문명의 이익과 비용을 어떻게 평가해야 할까? 이는 계층적 자기조직화의 피할 수 없는 결과물일까? 이 과정은 인간이라는 종을 자원 고갈, 부양 구조의 붕괴, 그리고 지구적 갈등으로만 몰고 갈까? 진화적 역사 속에서 협력을 통한 집단이익은 이기적이고 경쟁적인 행동을 꾸준히 극복해왔다. 질병이든 폭력이든 부족한 자원이든, 함께 일하는 것이 정답이다. 그러나 이처럼 비목적론적이고 근시안적인 협력의 이점은 우리를 끔찍한 길로 이끌기도 했다. 오늘날의 감당할 수 없이 높은 인구밀도, 식량원의 한계, 종교의 대립, 그리고 우리가 진화해온 공생발생적 세계의 붕괴를 해결할 의도적이고 협력적인 방책이 있을까? 이 질문들이 이 책의 나머지 부분들에 생기를 불어넣을 것이다.

제5장

자원의 이용

자원의 유한함과 이용은 자기복제하는 모든 유기체가 겪는 핵심적인 문제이며, 앞에서 본 것처럼 문명의 비용이자 원동력이다. 세포에서 식물, 무척추동물부터 인간을 포함한 척추동물에 이르기까지 자원의 가용성이 개체군을 제한한다. 그러나 한정된 자원이라는 개념은 종마다, 그리고 서식지마다 다르다. 원래는 농업에서 작물 재배에 적용하기 위해서 18세기에 등장한 리비히의 "최소량의 법칙"으로 이 현상을 설명할 수 있다. 이 법칙은 세월을 거치며 검증되어 현대 생태 이론에 유용한 정보를 제공했다.[1] 리비히의 법칙이란, 개체군의 생장이 전반적인 자원 공급의 수준이 아니라 가장 제한된 한 가지 자원에 의해서 좌우된다는 이론이다. 다시 말해서 개체군은 가장 부족한 자원에 의해서 생장이 제한된다는 뜻이다.

인간이 유목 수렵-채집인이던 시절에 겪었던 한정된 자원의 문제는 정착 생활 이후에 맞닥뜨린 규모에 비해 아주 미미한 수준이었다. 그때는 한군데의 땅에 얽매이지도 않았고 먹여야 할 입도 많지 않았으며 필요에 따라 얼마든지 거주지를 옮길 수도 있었다. 그러나 도시가 발달하면서 자원이 부족해지자 혁신이 이루어졌다. 도구와 무기 제작에 필요한 더 나은 재료, 협력적인 교류망, 탐험을 위해서 더 많은 에너지를 활용하는 방법 등은 모두 우리가 오늘날에도 잘 아는 혁신들이다.

제한된 자원을 관리하기 위한 창의적인 노력의 원인과 결과를 알아보는 데에 초기 페니키아 문명처럼 완벽한 사례는 없다. 사실 페니키아인들이 세상을 지배하는 힘을 얻은 것은 어린 시절 퓨젓 사운드에서 나를 사로잡고 마침내 이 책을 쓰게 한 생물이자, 이 장의 주인공인 고둥 덕분이었다. 페니키아인과 고둥 사이의 문화적 역학관계는 지중해에서 중요한 초기 무역망을 만들어냈고 신기술과 탐험을 비롯하여 많은 발전을 이루었다. 어쩌다가 고둥과 사람이 그렇게 얽히게 되었을까?

군비 경쟁

인구가 증가하고 물자에 대한 수요가 늘어나면서 지역 공동체는 자원을 저장하고 외부로부터 지켜야 했다. 동식물 세계에서와 마찬가지로, 자원 부족은 갈등을 일으키며 결국 협력 또는 단계적 확대, 둘 중 한 가지 방식으로 해결된다. 협력은 다수로 이루어진 방어 및 연합처럼 집단이 가지는 이점에 의존하여 자원 부족의 문제를 해결한다. 우리는 홍합 밭에서 새들의 무리까지, 또 석기시대의 성곽 도시에서 산호초에 의존하며 살아가는 생물들까지, 연합이 불러오는 이점을 어디에서나 볼 수 있다. 협력적 피드백과 다수가 가지는 힘은 개미, 벌, 물고기 떼, 늑대 무리, 개와 함께 사냥하는 인간 집단처럼 먹이사슬 내 포식자들의 번성을 극대화한다. 역으로,

다수에서 비롯된 안전과 이기적인 무리의 습성은 무척추동물(말미잘, 개미, 굴, 달팽이 등)부터 척추동물(새 떼, 무리 지어 다니는 유제류, 협력적인 영장류 등)에 이르기까지 다양한 유기체에서 피식자들이 구사하는 주요 전략이기도 하다. 인간을 포함한 많은 종에서 집단 생활은 가장 뛰어난 공격이자 방어의 무기였고, 구성원들의 기본적인 행동과 자연사의 토대가 되었다.

그러나 단계적인 확대는 군비 경쟁으로 이어졌다. 자원 공급이 줄어들자 서로 이해관계가 얽힌 종들은 각자의 무기를 향상시키는 방식으로 반응했다. 고둥과 고둥의 포식자인 게가 이 방식을 잘 보여주는 사례이다. 나의 지도교수 헤이라트 페르메이는 고둥 껍데기의 형태와 고둥의 포식자인 게와 물고기의 관계를 모형으로 활용하여 포식자와 피식자 사이에서 일어나는 공진화적 전투의 역학관계를 진화적으로 해부한 영향력 있는 연구를 수행해왔다. 단단한 탄산칼슘 껍데기 덕분에 고둥 화석의 오랜 역사는 잘 보존되고 연구되었다. 엘리트 계층을 위해서 또는 그들이 직접 나서서 새로운 고둥 껍데기를 수집하던 18−19세기 탐험의 시대에는 고둥이 부유한 유럽 박물학자들의 열렬한 관심의 대상이 되기도 했다. 페르메이는 오늘날 전 세계 박물관에 보관되어 있는 빅토리아 시대의 고둥 껍데기 수집품과 화석을 연구하여 연체동물의 군비 경쟁 역사를 재구성했다.

이 연구로 밝혀진 이야기는 단순하면서도 견고하며 일반화될 수 있다. 고둥과 고둥의 포식자는 얕은 바다에서 오랫동안 공존했다. 자손을 낳을 때까지 포식자에게 잡아먹히지 않도록 고둥 껍데기의 형태는 방어의 측면에서 다양하게 개선되었다. 이를테면 껍데기가 두꺼워지거나 포식자가 쉽게 붙잡아 공격할 수 없게끔 껍데기의 골과 가시가 구조적으로 강화되었고 고둥의 연조직에 포식자의 손이 닿지 않게 껍데기의 입구가 차단되었

진화적 군비 경쟁

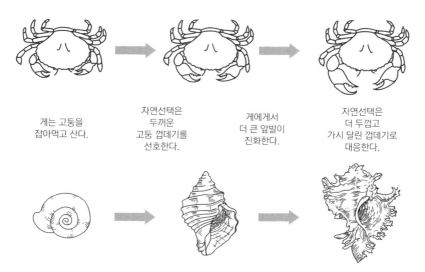

게는 고둥을
잡아먹고 산다.

자연선택은
두꺼운
고둥 껍데기를
선호한다.

게에게서
더 큰 앞발이
진화한다.

자연선택은
더 두껍고
가시 달린 껍데기로
대응한다.

그림 5.1 고둥과 게 사이의 공진화적 군비 경쟁. 고둥은 자연선택을 통해서 껍데기를 두껍게
키우고 가시, 골, 구멍과 같은 형태적 특징을 추가하여 껍데기를 으스러뜨리려는 포식자에
대응한다. 게는 자연선택을 통해서 더 크고 전문화된 앞발을 발달시켜서 고둥의 껍데기 방
어에 대응한다.
출처 자유 이용 저작물을 바탕으로 직접 그림.

다. 역으로, 어떻게 해서든 고둥의 껍데기를 으스러뜨려야 하는 포식자 측
에서도 무기를 진화시켰다. 예를 들면 더 단단하게 석회화된 앞발, 기술적
인 이점을 최대화하는 강력한 근육, 고둥의 연조직에 닿을 수 있게 고둥
껍데기의 입구를 부수거나 깨뜨릴 부위를 단단히 붙잡을 수 있는 앞발의
톱니가 그것이다. 고둥이 점진적으로 향상시킨 방어 장치는 포식자 게로
하여금 좀더 강하고 전문화된 앞발을 진화시키게 했고, 점차 확대되는 진
화적 군비 경쟁의 결과, 오늘날 고둥 껍데기와 게의 앞발에서 볼 수 있는
다양한 형태가 탄생했다(그림 5.1).[2]

진화의 군비 경쟁은 겉으로 드러나는 다양한 형태를 창조하기도 하지만, 한편으로는 눈에 잘 띄지 않는(그러나 결과적으로는 더 강력한) 화학전(化學戰)의 양상을 띠기도 한다. 주로 착생 식물, 균류, 해양 무척추동물이 포식자에 의한 피해를 줄이기 위해서 진화시킨 화학적 방어물질은 오늘날까지 지구의 모든 생명체에 깊고 근본적인 영향을 미쳤다. 인간은 다른 생물의 화학적 방어무기를 빌려서 천적과 질병으로부터 자신을 보호했고 이는 마침내 제약 산업으로 발전했다. 그러나 인간 역시 이 화학전의 표적이 되어, 약물 중독으로 폐인이 되거나 아니면 환각 속에서 새로운 세상을 상상하며 신화를 창조했다. 착생 생물과 포식자 사이의 유기적 화학전이 중독과 신앙이라는, 인간의 문화에 가장 큰 영향을 미친 두 행위를 모두 야기했다는 사실은 인류사의 가장 큰 모순이 아닐 수 없다.

단계적 확대는 도구의 향상도 촉진했다. 기원전 3000년경에 시작된 청동기시대에 인간은 구리에 주석과 납을 섞어서 구리만 사용했을 때보다 내구성이 더 뛰어난 청동을 만들었다. 과거 석기 도구를 만들 때 사용되었던 화산암처럼, 이 금속은 생계에 필요한 자원을 획득하고 방어하는 데에 선호되는 재료가 되었다. 일꾼들은 이 금속을 사용하여 밭을 일구고 작물을 수확, 가공했으며, 혹독한 겨울에는 식량을 저장하는 데에도 썼다. 청동의 출현으로 더 튼튼한 농기구가 제작되었을 뿐만 아니라 인류의 보편적인 법칙이라도 되는 듯이 기술 도약과 늘 함께 등장하는 것, 즉 무기가 만들어졌다.[3] 자원 개발과 인구 성장 사이에서 일어나는 양성 피드백의 전형적인 사례로서 청동의 도입은 농경 기술을 향상시키고 자원 공급을 증가시켰으며, 이로 인해서 인구가 더 늘어나자, 더 많은 자원 공급이 필요해졌다. 또한 돌을 깎아서 만든 창과 화살을 능가하는 새로운 청동 무기가 등장하여 식량과 금속 자원을 두고 경쟁하는 도시국가들 사이의 갈등이 심화되었다. 이 갈등은 가장 근래에 부족해진 자원을 두고 협력적 거래와 경쟁적 통제 사이에서 지속적으로 진행되었다.

청동 합금이 철의 제련으로 이어지면서 철기시대가 도래했다. 철은 기원전 1700년에 아나톨리아 반도에서 가장 먼저 제조되었지만, 철을 벼리는 기술은 기원전 1200년이 될 때까지 일반화되지 않았다. 처음에는 제련 기술 자체가 가장 제한된 자원이었으나, 이 기술은 시간이 지나면서 교역로를 따라서 확산되었다. 잘 부러지는 주철과 깨지지 않고 늘어나는 연철의 발달은 철 광상(鑛床)의 분포는 물론이고, 밀폐된 용광로에서 순수하게 탄소로 이루어진 숯을 사용하여 철광석을 녹이고 제련하고 탄소와 결합시킬 수 있을 만큼 열의 온도를 높이는 기술에 달려 있었다. 철은 청동보다 훨씬 더 단단하고 내구성이 좋은 재료였으므로 철을 다루는 기술을 갖춘 도시국가는 자원 전쟁에서 우세했다. 철 생산과 철기시대는 농경과 전쟁 모두에 필요한 금속 기술 발달에 박차를 가했고, 기원후 13세기에는 더 단단해진 검과 칼은 물론이고 석궁, 총, 대포가 제작되었다.

철은 3,000년 넘게 도구와 무기에 사용된 구조재였다. 극도로 높은 온도에서 불순물을 제거하여 만든 고품질의 탄소강, 즉 "도가니강(crucible steel)"이 일반화된 것은 19세기가 되어서였다(훨씬 이전인 기원후 800-1000년에 바이킹이 도가니강으로 제작한 무기가 발견되었다. 이처럼 향상된 무기로 바이킹은 상대의 검을 구부리거나 부러뜨릴 수 있었다. 그러나 바이킹이 어떻게 그렇게 일찍 이 기술을 개발했는지는 아직 밝혀지지 않았다).[4]

인류사에서 일어난 이러한 군비 경쟁은 단순하고 오래된 자연사의 한 사례이다. 자연계에서 천적과 먹잇감 사이의 경쟁은 수억 년간 서로 주거니 받거니 하면서 공격 무기와 방어 장비를 향상시켜왔고, 인간과의 차이점이라면 단지 인지능력뿐이다. 먹잇감을 정복하기 위해서 장거리 달리기, 협동 사냥, 개와의 동반관계가 진화한 것처럼, 인간은 확장된 두뇌를 이용하여 필요한 자원을 지키고 획득하도록 돕는 도구와 야금술을 개발했다. 이러한 인간의 군비 경쟁은 고둥 껍데기를 으스러뜨리는 게의 앞발, 점점 정교해지는 고둥 껍데기의 방어 전략, 바다달팽이의 독성 등 고대의 진화적 군비 경쟁과 많은 측면에서 다르지 않았다.[5]

이런 관점에서 볼 때, 해저는 수억 년 된 무기 실험장이다. 해저에서 포식자의 이빨을 피하기 위해서 발달한 바다달팽이의 단단한 탄산칼슘 갑옷은 예리코의 장벽과 유사하다. 그리고 말미잘들의 탄산칼슘 외골격과 서로 연결되어 형성된 거대한 수중 산호 군집은 요새나 울타리 같다. 이처럼 석회화된 해초와 산호, 그리고 단단히 무장한 고둥의 포식자들은 향상된 무기로 이것에 대응했다. 석회화된 해초에 맞서기 위해서 단단하고 날카로운 이빨이 발달했고, 산호의 뼈대를 믹서기처럼 분쇄하고 처리하는 소화계가 진화했다(불가사리는 몸 밖으로 위장을 꺼내서 살아 있는 산호의 연조직에 직접 소화 효소를 내뿜어 액화 상태로 만든 다음에 이를 들이킨다). 게와 바닷가재 역시 껍데기를 부수고, 잘 무장된 먹잇감을 제압할 수 있는 강한 앞발과 입을 가지고 있다. 해양생물들 사이에서 일어난 이 진화적 군비 경쟁은 인간의 군비 경쟁과 직접적인 유사성이 있다. 인간은 문명 초기에 창의력을 발휘하여 돌, 청동, 그리고 철을 다루며 무기와 도구를 향상시켰다. 인간은 치아, 손, 피부를 변형하는 대신에 창조적인 도구 기술로 눈을 돌려 진화의 생존 게임에서 경쟁자들과 보조를 맞추거나 한발 앞서 나갔다.

고둥, 항해, 그리고 노예

협력하는 집단 또는 문화 간의 전쟁과 갈등은 자원 이용이 불러온 결과의 하나였지만, 배와 집을 짓기 위해서 나무를 베고, 전 지구 차원에서 피식 종들을 멸종으로 몰아가고, 사치스러운 자원을 발견하고 개발하면서 세계에 퍼져 있는 다양한 자원에 관해서 배우고 익힌 것과 동시에 또다른 결과가 과열되기 시작했다. 교역이다. 교역은 문명의 초창기부터 언제나 중요한 요인이었으며 협력적 합의에 의해서 이루어진다. 가장 주목할 만한 초기 무역상은 비옥한 초승달 지대의 레반트 지역 출신인 페니키아인이었다. 그리스와 로마처럼 대도시로 이루어진 제국을 건설하는 대신, 페니키아인은 자연사에 대한 지식, 자원 활용능력, 대규모 항해 선단을 바탕으로 최초의 상업적 무역망을 형성했다. 그들은 지중해에서 3,000년 동안이나 무역을 지배했다(그림 5.2).

페니키아인은 자신들의 자연사를 충실히 익히고 바위가 노출된 레반트 해안에서 뿔고둥을 수집하면서 단출하게 무역을 시작했다. 뿔고둥은 전 세계적으로 온대 지방의 바위가 많은 얕은 해안에 서식하는 포식자이다. 뿔고둥은 따개비나 홍합의 탄산칼슘 갑옷이나 껍데기에 드릴처럼 정확하게 구멍을 내거나 약산을 분비하여 껍데기를 녹여 부드럽게 만든 다음에 이빨이 달린 혀로 구멍을 뚫는다. 그후에는 자주색 액체 독물이 든 주머니를 주입하여 연조직을 액화시키고, 마치 빨대로 밀크셰이크를 마시듯이 들이마신다. 즉, 뿔고둥은 견고한 방어막을 뚫기 위해서 무기를 날카롭게 연마한, 고도로 발달한 포식자의 매우 좋은 사례이다. 뿔고둥은 엄청나게 큰 번식 집단을 이루고 매년 같은 장소로 이동하여 다닥다닥 붙어 지내며

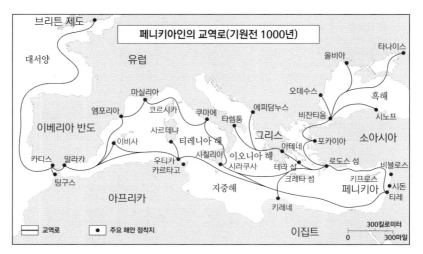

그림 5.2 페니키아인이 형성한 무역망. 이들은 승리를 기념하는 도시를 세우는 대신에 광범위하고 협력적인 무역망을 구축함으로써 지중해와 그 지역의 자원을 지배했다.
출처 자유 이용 저작물을 바탕으로 직접 그림.

알을 낳기 때문에 수확이 쉽다.

퓨젓 사운드의 바위 해안을 탐험하며 성장한 나는 나의 고둥들을 잘 알았다. 나는 언제, 어디에서 고둥의 번식 집단과 고둥의 배아가 들어 있는 반투명한 난낭(egg capsule)을 찾을 수 있는지 알았다. 나는 산란지가 된 바위를 찾아냈고, 고둥을 함부로 주워서 주머니에 넣으면 안 된다는 것을 배웠다. 바지에 자주색 얼룩이 들기 때문에 어머니가 얼룩을 지우기가 어렵다고 잔소리를 하셨기 때문이다. 페니키아인도 기원전 3000년에 이 뿔고둥 군체에 관해서 같은 것을 배웠고, 그래서 이 많은 뿔고둥들을 효과적으로 활용하여 이를 기반으로 최초의 무역 왕국을 출범시킬 수 있었다(그림 5.3).

무역망을 구축하기 위해서 페니키아인은 뿔고둥의 독샘에 든 자줏

문명

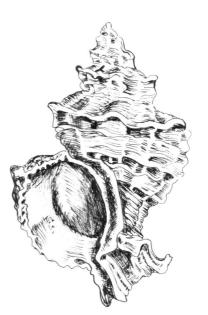

그림 5.3 뿔고둥. 자주색(페니키아 자주색) 염료의 원료로서, 사람들은 수천 마리의 뿔고둥 껍데기를 부수어 독샘을 꺼내 말리고 가루를 내서 만들었다. 고대 지중해에서 "왕족의 자주색"은 황금에 버금가는 가치가 있었고, 이는 페니키아인이 세운 무역 제국의 토대가 되었다. **출처** 자유 이용 저작물을 바탕으로 직접 그림.

빛 액체로 진한 자주색 염료를 생산하는 법을 발견했다(심지어 페니키아[Phoenicia]라는 이름도 고대 그리스어로 "자주색"을 뜻하는 피오니오스[phíonios]에서 유래한다). 19세기에 독일의 화학 회사 바스프가 석탄의 타르에서 인공 염료를 합성하는 혁신을 이루어내며 오직 학문에만 힘을 쏟던 화학 분야를 산업의 원동력으로 바꾸기 전까지는 모든 염료가 동식물의 혼합물로부터 생산되었다. 자주색 염료를 만드는 자원은 대단히 귀했고 비쌌고 쉽게 고갈되었으며 수요가 많았다. 워낙 희귀한 탓에 페니키아 자주색은 특별히 가치가 있었고, 그리스와 로마 등지의 지배층은 권력과 부의 상징으로 이를 탐냈다. 예를 들면 카이사르는 상원의원이 아닌 사람은 누구라도 테두리가 자주색으로 장식된 토가를 입지 못하도록 금하는 사치 규제법을 통과시켜 자주색을 권력의 상징으로서 성문화했다. 다른 곳에서도 자주색 옷을 입는 것은 소수의 특권층 또는 1년 가운데 특별한 며칠로 제한되었다. 이 염료를 만들기 위해서 페니키아인들은 뿔고둥을 수확하여 껍데기를 깨서 열고는 독샘을 꺼내 햇볕에 말린 후에 곱게 갈았다. 수출용으로 약 450그램의 건조된 염료를 생산하는 데에 25만 마리의 뿔고둥이 필요했다. 어느 지역의 뿔고둥 개체군이든 쉽게 씨를 말릴 양이었다. 수천 년에 걸친 남획과 서식지 파괴로 인해서 오늘날 지중해에서 그 정도로 많은 뿔고둥을 수집하려면 몇 개월은 족히 걸릴 것이다. 나는 최근에 이탈리아 사르데냐의 해안가로 거의 6개월간 매일 조사를 나갔지만, 뿔고둥은 한 마리도 보지 못했다. 그러나 티레와 시돈처럼 뿔고둥을 이용하기 위해서 바위 해안가에 세워졌던 고대 페니키아 정착지에서는 뿔고둥들이 수확된 지 수천 년이 지난 지금도 으스러진 뿔고둥 껍데기들로 이루어진 커다란 패총이 발견된다.[6]

페니키아인은 뿔고둥 번식지를 찾아서 해변을 샅샅이 뒤졌을 뿐만 아니라 바닷가재를 낚시할 때에 쓰던 미끼 달린 함정을 사용하여 뿔고둥을 잡았을 것이다. 얕은 물에 서식하는 뿔고둥은 보통 6-7년을 사는데, 그래서 번식지에서 빠르게 절멸되었고 페니키아인은 더 깊은 물속으로 들어가 수확해야 했다. 뿔고둥이 풍부했던 서식지가 고갈될 때마다 페니키아인은 해안을 따라서 지중해 전역과 북아프리카로 이동했고, 뿔고둥을 따라가면서 해양 자원 탐험가로 거듭났다. 페니키아인이 해양 무역을 하기 위해서는 단단한 레바논시다로 건조한 튼튼하고 믿을 수 있는 배가 필요했다. 페니키아인은 뿔고둥과 레바논시다 숲을 과도하게 착취하면서 항해와 원양에 필요한 기술을 발달시켰고, 바다를 장악하여 새로운 자원을 개발함과 동시에 새로운 거래처를 확보했다. 이들은 레바논시다를 대체하기 위해서 북아프리카 해안에서 자라는 시다와 소나무를 수입했다. 레바논시다는 오늘날 소수의 보호 구역에만 제한적으로 분포하며 기후 변화로 멸종 위기에 처해 있다. 페니키아인은 이러한 성공을 바탕으로 지중해 전역에서 해적으로부터 교역로를 보호하기 위한 전함을 포함해 수백 척의 상선으로 운영되는 무역망을 운영했다.[7]

페니키아인들은 아프리카, 스페인, 키프로스, 사르데냐에 이르는 먼 지역까지 무역 기지를 세웠다. 자주색 염료와 더불어 상아, 이국적인 동물 가죽, 심지어 노예까지 무역망을 따라서 이동했다. 상품을 운송하기 위해 새로운 저장 용기가 필요해지면서 유리 제품이 개발되어 와인, 올리브유, 곡물 등의 운반에 쓰였다. 유리는 뜨거운 불로 인해서 탄산칼륨과 모래가 혼합된 것을 우연히 발견하며 처음으로 등장했을 가능성이 크다. 페니키아인은 유리를 물들여 푸른색 용기를 만들었고 이는 그들이 가진 재주와 기량의 상징이 되었다. 무역이 발달하면서 노예 제도도 달라졌다. 과거에 노예는 전쟁의 전리품이었지만, 인구가 급속히 늘어나면서 인구와 함께 증가한 노동 수요를 노예가 채우기 시작했다. 페니키아인은 최초의 노예 상인이었던 듯하다. 이들은 아프리카 부족 간에 벌어진 전쟁의 전리품인 노예를 다른 상품과 거래하고 지중해 전역에 팔았다. 또한 그들은 잘 알려진 2단 갤리선 운항에 120명의 노예를 동력으로 사용했다(그림 5.4). 노예들은 일꾼, 하인, 병사로 동원되었다. 로마 제국의 전성기에는 제국이 제대로 기능하는 데에 50만 명에 가까운 노예가 필요했다.[8]

페니키아인이 노예 제도를 상업화했다면 바이킹은 산업화했다. 그들은 유럽의 해안가나 강가의 마을을 습격하여 물자를 강탈했고 주민들을 납치해서 전 세계에 노예로 팔았다. 중세 초기에 바이킹은 밭에서 작물

그림 5.4 2단 갤리선은 혁신적인 외항선이었다. 페니키아인은 이 배를 타고 아프리카 서부 해안을 따라서 지중해 무역망과 이동 경로를 구축했다.
출처 자유 이용 저작물을 바탕으로 직접 그림.

이 자라는 여름 동안 강을 따라서 동유럽의 마을들을 약탈했으나 점차 좀더 수익성 있는 사업인 노예 무역에 힘을 쏟았다. 노예는 노동력, 목재, 소금 등과 맞바꾸어 거래되었다. 그들은 러시아 남부의 방어가 허술한 시골 지역을 습격하여 "슬라브인(Slav)"을 거래했다. 여기에서 슬라브란, 과거에 동유럽과 페르시아 왕에게 노예(slave)로 팔리던 인종 및 언어 집단 전체를 뜻한다. 노예 제도는 18세기에 제기되기 시작한 윤리적 문제들로 인해서 19세기 중반에 법적으로 폐지되었으나, 한정된 자원의 세계라는 관점에서 보면 오늘날에도 노예가 암시장에서 상품으로 거래되고 있을 가능성이 크다.[9]

육상 무역

페니키아인이 지중해를 가로지르는 해상 무역로를 개척하는 동안, 육지에 기반을 둔 무역망은 상품과 무역상이 모두 이동해야 하는 어려움 때문에 고군분투했다. 이러한 수송의 문제는 궁극적으로 협력, 즉 말과 낙타가 가축화되면서 해결되었다. 이 상호의존적 상리공생은 문명의 발달에서 이 동물들이 차지하는 중요성에도 불구하고 아직 완전히 이해되지 않았다. 아나톨리아 반도의 스텝 지대에서 유목 부족들이 진행한 말의 가축화는 농경보다는 유목, 그리고 고기, 유제품, 가죽, 털의 활용에 기반을 둔 목축 경제활동에 박차를 가했다. 말의 가축화는 기원전 5000년경에 일어났고 유라시아 전역으로 빠르게 확산되어 교통, 무역, 문화, 전쟁의 양상을 바꾸었다. 낙타는 원래 아메리카 대륙에서 진화했지만, 베링 육교를 건너 북아메리카에서 아시아로 넘어왔고 비옥한 초승달 지대에서 말과 비슷한 시기에 길들었다.[10]

낙타는 처음에 고기, 우유, 가죽을 얻기 위해서 사용되었지만, 지중해 근방과 아프리카로 가는 사막에서 교통 수단이자 운송 수단으로서 빠르게 가치를 인정받았다. 혹독한 사막 환경에 대단히 잘 적응한 낙타는 북아프리카의 사하라 사막이나 고비 사막과 같은 지역에서 이상적인 짐꾼이었다. 히말라야 산맥의 그늘에 있는 고비 사막은 약 130만 제곱킬로미터를 차지하는데, 산들이 너무 높아 비구름이 비를 다 뿌리고서야 반대편으로 넘어가므로 건조한 사막이 되었다. 낙타는 콧구멍을 닫을 수 있고, 눈에는 두 줄로 된 긴 속눈썹이, 귀에는 조밀한 털이 나 있어서 모래가 들어가지 않게 막아준다. 두툼한 발바닥과 발가락이 두 개인 큰 발은 설피

그림 5.5 낙타 대상은 고대부터 20세기 초까지 소금을 비롯한 자원과 광물을 아프리카 대륙 안팎으로 실어날랐을 뿐만 아니라 전쟁에도 참여했다.
출처 John D. Whiting, Lewis Larsson, and G. Eric Matson(ca. 1914–1917), *World War I in Palestine and the Sinai,* Papers of John D. Whiting, Library of Congress, Prints and Photographs Division.

(雪皮)처럼 체중을 분산시키고, 무릎을 보호하는 굳은살은 낙타가 뜨거운 모래언덕에서도 앉아서 쉴 수 있게 해준다. 낙타는 체내에서 물을 절약하는 특별한 대사 과정을 갖추었을 뿐만 아니라 소변을 농축해서 배출하고, 콧속의 긴 콧구멍은 호흡으로 나오는 수분을 응축하여 재활용할 수 있으며, 대량의 물을 마시고 저장하는 능력이 있다. 또한 낙타의 상징인 혹에는 지방을 저장할 수 있어서 먹지 않고도 장기간 버틸 수 있고, 가죽질의 입술로는 가시 달린 단단한 사막의 식물을 먹을 수 있다. 약 150년 전 기차를 비롯하여 모터 달린 교통수단이 도래한 비교적 최근까지도 무역상들의 이동에 낙타가 이용되었다는 점은 놀랄 일이 아니다(그림 5.5).

낙타는 우리 조상들이 사막 환경을 정복하게 도운 완벽한 상리공생적 동반자였다.[11]

말의 경우, 한 번에 혹은 여러 차례에 걸쳐서 길든 것인지, 또는 말을 길들이는 지식이 유라시아 전역에 공유, 확산하면서 빈번한 가축화 사례로 이어진 것인지는 오랫동안 논란이 되어왔다. 최근에 밝혀진 유전학, 고고학 증거에 따르면 말은 원래 고기를 얻기 위해서 키웠다. 오늘날의 카자흐스탄과 터키 지역의 초기 유목 부족들은 혹독한 환경에서 살아남기 위해 영양가 높은 겨울철 단백질원으로서 말 고기가 필요했다. 말은 양이나 염소와 달리 스스로 눈을 파고 먹이를 찾을 수 있었다. 시간이 지나면서 말은 짐을 나르는 동물이 되었다. 기원전 3500년경으로 추정되는 말의 유골에서 나온 이빨에는 굴레로 인해서 마모된 흔적이 있었다. 가축화된 말이 유라시아를 통해서 퍼지면서 야생말과 교배하여 더 탐나는 힘센 잡종들이 태어났다. 낙타를 길들인 것처럼 말과의 협력적 상리공생 또는 가축화로 인해서 인간은 유라시아 스텝의 비생산적인 광활한 땅을 지배했고 동시에 대륙 차원에서 이루어지는 육상 무역도 가능해졌다.[12]

그 시점에 말을 이용하여 수레와 병거를 끌고 장거리를 빠르게 이동하는 방식이 채 500년도 되지 않아 터키에서 로마와 중국에까지 급속도로 퍼졌다. 이 빠른 문화적 확산은 그다음으로 형성된 거대한 무역망에 의해서 촉진되었다. 즉, 실크로드이다. 유럽과 중국을 경제 문화적으로 연결한 실크로드는 적어도 16-18세기에 세계적인 스페인 무역 제국이 추가적인 자원 개발을 위해서 대서양으로 진출할 때까지 존재했다. 역사학자들은 보통 기원전 2세기에 중국의 대사가 새로운 자원을 찾아서 중앙 아시아를 방문한 것을 실크로드 무역망의 시작으로 본다. 그전까지 고대 중국

그림 5.6 실크로드는 상품, 기술, 문화적 영향력(그리고 병원균)의 교역을 통해서 유럽과 아시아 세계를 연결했다.
출처 자유 이용 저작물을 바탕으로 직접 그림.

문명은 히말라야 산맥 때문에 지중해로부터 격리(그리고 보호)되었다. 중국인은 특히 길든 말에 관심을 가져서 비단과 거래하여 말을 획득했다.[13]

실크로드의 많은 교역로는 인류 문명을 발전시키고 자원 활용을 극대화하고 독립적으로 발전한 여러 문화와 기술들을 교환하는 데에 매우 중요했다. 선사시대에 도구 제작용 돌을 교환했듯이 실크로드는 대륙에 널리 퍼진 향신료와 차[茶]의 교환 경로로서 미미하게 시작했지만, 마침내 상품, 사상, 질병이 교환되는 강력한 교환 수단이 되었고, 유럽과 아시아 양쪽 모두를 변화시켰다(그림 5.6). 낙타와 말은 수천 년간 육상 무역로를 따라서 상품을 운반했다. 상인을 약탈하는 유목 부족으로부터 교역을 보호하기 위해 오랜 시간에 걸쳐 요새와 중간 기착지를 발달시켰다. 협력적 교역이 주는 이점과 경쟁적 방어가 주는 불이익 사이의 균형은 문명이 발달하는 과정 어디에나 있었다.

6,500킬로미터에 달하는 실크로드 교역로는 기원전 3000년경에 중국인

이 누에를 길들여서 생산한 비단(실크)에서 이름을 땄다. 뿔고둥을 수확하여 화폐화한 페니키아인처럼 중국인은 누에의 가치와 쓰임새를 시장에 내놓았다. 그러나 페니키아인이 자원을 완전히 고갈시킨 반면에 중국인은 현명하게 누에를 길들이고 번식시켜서 누에와 비단 생산을 산업화했다. 이제 야생에서는 누에가 더 이상 발견되지 않는다. 누에는 수천 년간 길들면서 날개를 잃고 스스로 뽕나무를 찾아갈 수 없어서 인간의 손에 의지해서만 살 수 있게 되었기 때문이다. 누에나방은 비단의 대량 생산을 위해서 의도적으로 개량되었고, 더는 아시아 뽕나무에서만 살지 않으며 거의 전 세계에 분포한다. 그러나 인간의 도움이 없이는 멸종할 것이다. 누에는 절대적인 가축화, 또는 상리공생의 한 사례로서, 민들레, 쥐, 진드기처럼 생존을 전적으로 인간에게 의존하는 종이다.

지중해인에게 비단은 너무나 특별하고 마법 같아서 비단의 기원을 두고 나무에서 자란다든지, 나무껍질을 가공한 것이라든지 하는 기이한 신화들이 생겨났다. 비단의 진실은 산업 스파이가 원료의 비밀을 빼내올 때까지 고대 세계에서 엄격하게 지켜진 기밀이었다. 또한 페니키아인의 자주색 염료처럼 비단은 귀족의 옷감으로 쓰이거나 부의 상징으로 기능했다. 비단은 몸의 굴곡을 거침없이 드러냈으므로 로마 제국의 전성기에는 입는 방식과 장소가 정해져 있을 정도로 대단히 값비싼 사치품이자,[14] 최초의 성인(成人) 등급 무역 상품이 되었다. 중국은 비단과 함께 차, 향료, 약물, 카펫, 황금, 유리 같은 혁신적인 기술을 추가로 수출했다. 해적 활동과 세금이 늘어나면서 곳곳에 새로운 경로가 개척되었고, 그 길을 따라서 쉬어가기 위한 중간 기착지가 늘어났다. 로마 제국이 이 무역망을 감독하던 시기에는 특급 우편 서비스도 갖춰져 있었다.

그러나 실크로드를 통한 교역에는 엄청난 부수적 비용이 동반되었다. 바로 질병의 확산이었다. 새로운 교역로로 인해서 사람들은 그들과 함께 진화하지 않은 낯선 미생물과 편리공생체들에 노출되었다. 이 낯선 생명체들은 유럽 문화의 전반적인 사회 구조가 재조정될 정도로 많은 사람들을 죽음으로 몰고 간 전염병을 일으켰다. 기원후 5세기에서 15세기 사이에 발발한 역병은 로마와 실크로드의 무역, 그리고 증가한 인구밀도 때문에 쉽게 확산되었다. 흑사병이라고 불리는 이 질병은 인구를 초토화시켜서 구세계 인구의 3분의 1에 가까운 사람들을 죽였고 도시 전체를 휩쓸었으며, 도시 외에도 인구가 밀집된 중심지를 강타했다. 최근의 분자 증거에 따르면, 흑사병은 중국에서 기원하여 특히 실크로드를 따라서 확산된 것으로 밝혀졌다.[15]

로마의 도로

비용은 나중에 정확히 따져보아야겠지만, 세계가 서로 연결되고 쉽게 횡단할 수 있게 되면서 얻은 이점은 명확했다. 무역이 로마 제국에 얼마나 중요했는지를 생각해보라. 로마 제국은 협력과 전쟁의 승리가 결합하여 크고 중앙화된 도시와 방대한 무역망을 건설하면서 부상했다. 로마 제국은 지중해 유역과 유럽을 7세기 이상 지배했다. 무역은 수도의 번영을 부채질했고, 로마는 내륙과 바다 양쪽으로 영향력을 확장시켰다. 북아프리카에서 브리튼 제도까지, 이베리아 반도에서 알렉산드리아와 안티오크까지 뻗어나간 제국에서 로마 통치자들은 외교적 전략과 군사적 위협을 모두 구사하면서 서구 세계 전체에 도로망과 통치의 기반이 되는 시설들을 구축했다. 이로써 로마 제국은 영토의 가장 멀리 있는 땅까지 통제하여 교역을 하거나 세금을 거둘 수 있었다. 그리고 이러한 통제, 확장, 과세는 모두 수도인 로마의 이익을 위한 것이었다. 기원후 200년 즈음에 로마는 인구 100만 명이 넘는 대도시가 되어 그 지역에서 공급하는 물자로는 감당할 수 없을 정도로 성장했다.

세계에서 가장 번영한 일류 도시에서 사는 이들의 특권적인 삶을 유지하기 위해서는 제국 전체가 중앙으로 향하는 무역망으로 연결되어야 했다(어쨌든 로마는 농민과 노예로 이루어진 농경 집단이 소수의 대단히 부유한 지배 계층을 부양하는 구조로 인해 경제적 불평등이 최고조에 이르렀던 가장 극단적인 초기 사례의 하나였다).[16] 로마는 페르시아 제국과의 전쟁에서 획득한 해상 무역과 이동 경로를 보완하기 위해서 이 무역망에 최초의 도로를 건설했다. 이 도로는 기원전 300년에 로마에서 아드리아 해의 항구 도시인 브린디시까지 건설되었다. 560킬로미터에 달하는 이 도로들은 로마가 페니키아와 벌인 포에니 전쟁에서 쟁취한 페니키아 해상 교역로와 로마를 연결했다.

제국이 팽창하면서 로마 근방에서는 찾을 수 없는 자원, 상품, 그리고 사치품에 대한 욕망이 커져갔다. 로마의 교통로는 이러한 욕망을 충족할 해결책이었고, 그 결과물은 로마 제국보다 훨씬 오래 지속되었다. 44킬로미터 간격으로 여행객이 먹고 쉴 수 있는 중간 기착지가 있었고, 속달 서비스는 하루에 거의 80킬로미터까지 메시지를 전달했다. 특별히 중요한 상업 요충지에서는 거주지, 공공건물, 목욕탕에 대한 격자형 설계가 등장했다. 이 모든 것은 법, 질서, 중앙 지배 체제를 포함한 문명을 혁신 도시 로마와는 거리가 먼 낙후 지역으로까지 확산시켰다(그림 5.7).

그림 5.7 절정기의 로마 제국.
출처 자유 이용 저작물을 바탕으로 직접 그림.

    로마의 도로는 폭 5미터 이상에, 배수가 되는 석조 포장도로가 8만 킬로미터에 육박하는 체계로 성장했다. 오늘날의 인터넷, 또는 과거 수십 년 전의 유선 텔레비전처럼, 이 도로는 제국 전체에 문화(그리고 경제적 평등과 불평등에 대한 인식)를 확산시켰다. 자원의 이용이 문화적, 사회적으로 어떤 결과를 낳았는지 이해하고, 그 과정에서 누가 이득을 보는지를 인식하게 된 것이다. 퓰리처 상을 수상한 작가 토머스 프리드먼은 범세계적인 교통망으로 인해서 부자와 빈자 모두가 소득과 삶의 질에 존재하는 엄청난 격차를 인식하게 되었다고 주장했다. 로마의 도로는 오늘날 스마트폰 정보화 시대에 급증한, 사회 "평탄화"의 초기 사례였다.[17] 피정복민 사이에 뿌려진 분노의 씨앗이 한창 자라던 시기에 지배층의 탐욕 그리고 지배 중심지에서 너무 멀리까지 확장된 제국의 규모가 복합적으로 작용한 결과로 나타난 평탄화가 제국의 쇠락으로 이어졌는지는 논쟁의 여지가 있다.

기원후 5세기에 로마 제국이 붕괴한 후, 비잔틴 제국은 로마 제국의 동쪽 지역에서 성장했고, 적어도 몽골 제국이 세워지기 전까지는 실크로드를 따라서 교역을 통제했다. 그다음에는 말을 길들인 바로 그 스텝의 유목민 후손인 몽골인이 말을 탄 공포의 전사가 되어 유라시아의 실크로드를 지배했다. 초기에 칭기즈 칸이 이끈 몽골 제국은 비옥한 초승달 지대에서 중국까지 이어지는 인류 역사상 가장 큰 육상 무역망을 두 세기 동안 지배했다.[18] 이것은 생태계의 힘을 다룰 줄 알고, 비록 강압적이었을지라도 집단의 힘을 이용할 줄 알았던 몽골인들의 능력과 관련이 있을 것이다. 다른 문명들이 정착 농경 생활에 몰입할 때에 몽골인은 말, 지리, 그리고 열악한 초원 환경을 속속들이 이해하며 살았다. 수천 년 전 페니키아인처럼, 몽골인은 전쟁의 승리를 기념하는 도시를 건설하는 대신 무역에 초점을 맞추었다. 그들은 공포로 다른 문화를 지배했고 천막과 귀중품들을 늘 들고 다녔는데, 이것은 유목 부족으로서의 문화적 뿌리를 반영한다. 그러나 중세 말기에 아시아 시장으로 이어지는 새로운 경로를 찾아나선 탐험적 항해가 본격화되면서 이러한 독점 무역 체제는 무너지기 시작했다.

탐험의 시대

해양 탐험이 세계를 더 활짝 열기 시작했을 때에 가장 인기 있던 아시아 상품은 비단이 아닌 향신료였다. 그 무렵에는 이미 유럽인들이 누에를 길러서 비단을 짜는 기술을 터득했기 때문이다. 향신료는 점점 더 인기를 끌었고, 많은 향신료들이 황금에 맞먹는 가치가 있었다. 향신료는 식품 보존과 요리, 질병 치료와 건강 관리에 두루 쓰였다. 후추에서 계피, 마늘에 이르기까지 이 식물들은 모두 초식동물과 질병으로부터 스스로를 지킬 방법을 모색했다. 이 화합물들은 인간에게도 이로웠으므로 인간 식단의 필수적인 공생 요소가 되었다(이후에 좀더 자세히 설명하겠다).[19]

향신료 무역을 장악하고 새로운 향신료를 발견하려는 희망으로 자극을 받은 탐험의 시대가 열렸다. 그 과정에서 네덜란드, 스페인, 포르투갈 등 몇몇 소국들은 예상치 못한 힘을 얻었는데, 이들은 바다에 관한 전문 지식이 있었고 대서양으로 바로 진출할 수 있는 지리적 위치를 점유했을 뿐만 아니라 숙련되고 협력적인 무역상과 침략자들이 있었기 때문이다. 일찍이 페니키아인이 뿔고둥과 레바논시다를 따라 지중해 전역을 누비며 교역을 하여 인류 문명을 바꿔놓은 것처럼, 유럽의 향신료 탐험가들은 지구 문명의 중심을 대서양으로 옮길 만한 엄청난 자원을 발견했다. 신대륙이다.

신대륙 발견은 상업뿐만 아니라 세계의 생물 다양성과 생물지리학에도 변화를 가져왔다. 유럽 국가들은 신대륙을 자신의 땅이라고 주장하고 식민지를 건설하면서 새로운 질병을 도입하고, 문화적, 종교적 차이를 빌미로 폭력을 행사함으로써 토착 부족을 초토화했다. 신대륙의 토착 문화는 유럽 문화 못지않게 발전했지만, 유럽인들과 다른 신, 다른 언어, 다른 문화적 전통을 가지고 있다는 이유만으로 야만적인 것으로 전락했다. 나는 40년 전에 파푸아 뉴기니의 해안을 탐험하면서 이러한 혐오스러운 민족 중심적 행위를 몸소 체험했다. 연구선의 선원들은 우리가 만난 토착민들 (이들 대부분이 서양인을 본 적이 없었다)이 영어를 말하지 못한다는 이유로 그들을 미련하고 어리석다고 비웃었다. 신대륙 원주민들 역시 유럽 탐험가들과 침입자들을 양립할 수 없는 문화적 가치와 치명적인 무기를 가진, 더럽고 이에 감염된 자들로 보았다.

　유럽 탐험가들과 신대륙 원주민들은 거의 1만 년간이나 독자적으로 서로 다른 문화를 발전시켜왔으므로 소통이나 협력을 하기가 극도로 어려웠다. 북아메리카인들보다 더 오래되고 더 발달한 군비 경쟁을 경험한 유럽인들은 자신들의 "우월한" 문화와 농경 생활을 아메리카 대륙에 도입했고, 그 과정에서 의도적이었든 그렇지 않았든 토착 문화에 폭력을 가하고 질병을 퍼트렸다. 서로 비교조차 불가능한 두 문명의 무기 수준과 엄청난 문화적 차이 때문에 경쟁은 협력을 압도했다. 이것은 친숙한 이웃 간의 상호작용이 아니라, 방대한 거리와 차이에 의해서 완벽하게 분리된 인간들 사이의 상호작용이었다.

　두 문화의 충돌은 이내 토착 문화의 대대적인 파괴로 이어졌다. 유럽 탐험가들은 새롭고 치명적인 미생물성 질병을 면역이 전혀 없는 북아메리카, 남아메리카, 그리고 태평양 섬의 원주민들에게 투척했다. 또한 예상할 수 있듯이 유럽 탐험가들과 식민주의자들은 자신들의 민족 중심적인 문화적 정체성과 영적 믿음을 상대 문화권에 강요했다. 그 문화권 역시 오랫동안 확립된 자신들만의 문명과 영적 신화를 가지고 있다는 사실은 무시한 채 말이다. 유럽인은 토착 문화의 영적인 전통을 기록한 문헌과 구술 기록을 모조리 파괴하여 공격적이고 의도적으로 이 민족들의 영적인 역사를 말살했다.[20] 결과적으로 아즈텍과 마야에서 독자적으로 발달한 영적 전통과 믿음, 신화는 다른 태평양 섬 문화들과 마찬가지로 대개는 영원히 소실되었고, 그렇게 문화 지배와 병리학으로 인해서 피해를 입은 또다른 안타까운 역사적 희생자가 되었다.

탐험의 시대가 가져온 또다른 부수적이고 새로운 결과는 외래 종의 도입이었다. 이 낯선 종들이 우연히 또는 의도적으로 전 세계로 운반되면서 지역의 토착종들은 그들과 함께 진화하지 않은 동식물들과 마구 뒤섞였는데, 이 현상은 오늘날까지도 지속되고 있다. 잡초성 식물과 환경 적응력이 뛰어난 동물, 기회 감염성 질병은 토종 동식물의 다양성을 희생시키며 지구를 장악했다. 예컨대 대륙 간 항해에 밀항한 쥐에 공생 또는 기생하는 곤충은 몸에 병원균을 싣고 다니며 새로운 지역에 침입했다. 16-18세기에는 선박 자체도 의도치 않게 해양생물들을 항구에서 항구로 실어날랐다. 이 배들은 외해에서의 안정된 항해를 위해서 해변의 바위 자갈 등의 무거운 밸러스트(ballast : 배의 바닥에 싣는 중량물)를 선체에 싣고 다녔다. 배의 무게를 줄이기 위해서 이 밸러스트를 배 밖으로 버릴 때에, 이 밸러스트에 묻어 있던 작은 토종 생물들이 새로운 영역으로 침입했다. 설상가상으로 따개비, 해초, 배좀벌레들은 이들 선박의 목재에 단단히 들러붙어 있거나 구멍을 파고 들어가서 살았는데, 그 결과 선박 자체가 바다에 떠다니는 외래 생물권의 섬이 되어버렸다.[21] 이런 식으로 잡초성 해양 종들은 자주 운행되는 항로와 동일한 경로를 따라서 수백 년간 세계를 횡단했다.

상업용 선박을 타고 의도하지 않게 이곳저곳으로 운반된 생물들 못지 않게 인간이 작정하고 도입한 종들도 침입종으로 활약했다. 유럽인 정착민들은 종종 익숙한 고향의 동식물을 들여와서 자신들의 새로운 터전을 "자연스럽게" 조성하려고 했는데, 이것이 자연사에서 가장 악명 높은 재앙들을 초래했다. 예를 들면 찌르레기는 셰익스피어의 작품에 언급된 모든 종들을 미국으로 들여오려는 터무니없는 시도로서 뉴욕의 센트럴파크에 도입되었다. 10년의 노력 끝에 찌르레기는 그곳에 정착했고, 엄청나게 번식하여 오늘날 미국에서 대단히 심각한 유해 조류이자 질병의 매개체가 되었다. 이와 비슷하게 오스트레일리아 정착민들은 향수를 달래기 위해서 사냥용 토끼를 도입했는데, 천적이 없는 상태에서 토끼들은 이 새로운 이웃에 대응할 진화적 장비를 갖추지 못한 식물들의 잎을 모조리 따먹는 해로운 동물이 되고 말았다.[22] 인간이 주도한 종의 혼합이 오늘날까지 이어지면서 세계는 균질화된 잡초성 식물에 지배당하고 말았는데, 이는 쇼핑 센터의 세계적인 확산에 버금가는 생물학적 현상이었다. 이것은 인간이 지구 전역에 정착하면서 미친, 두 번째로 큰 세계적 영향이다. (참고로 첫 번째는 제2장에서 설명한 것처럼, 인간이 고향인 아프리카를 떠나 남극을 제외한 모든 큰 땅덩어리로 이주하면서 많은 포식자와 거대동물들을 멸종시킨 것이다.)

새로운 자원의 획득은 과학과 탐험, 문화와 창조로 이어지면서 인간사 전반에 걸쳐 중요한 역할을 했다. 그러나 전쟁 비용, 교역로 주변 생태계의 오용과 남용, 그리고 인간이 미치는 영향력의 규모와 강도가 너무 커져버려서 다른 생물 개체군들과 함께 진화하는 능력을 넘어섰을 때에 인간과 동식물 개체군이 받을 부정적인 영향은 명확하지 않다. 오만하게도 인간은 협력적인 농업 덕분에 자연을 통제할 수 있게 되었지만, 인구 성장, 가속화된 자원 이용과 고갈, 질병 확산, 서식지 악화, 그리고 경쟁으로 이어지는 자연사의 기본 규칙은 바뀌지 않았다. 현대 문명이 직면한 가장 큰 난제인 문화적 분열은 그 분열을 바라보는 우리의 관점에 해결책이 있을 것이다.

제6장

기근과 질병

중세와 중세 이전의 아동 유기는 식량 공급이 부족하던 시기에 일어났다. 당시 기독교 지배 계층은 믿지 않는 자들의 짓이라며 부정했지만, 기근의 시기에 생명 경시 풍조가 만연하고 사회 각계각층에서 아동 유기가 행해진 것은 사실이다. 기근은 폭력과 갈등을 조장했고 기근의 시기에는 모든 생명의 가치가 무시되었지만, 그중에서도 아동은 단연코 불필요한 존재였고 농가의 가족 계획은 누구보다 여성과 장애가 있는 아동에게 가장 큰 타격을 주었다. 이런 행태에 대한 증거는 찾기 쉽지 않고 또 쉽게 받아들여지지도 않지만, 중세 당시의 문헌은 유럽 전역에서 강과 야외 변소에 버려진 아이들의 울음소리가 들렸다고 묘사했다. 또한 기근과 경제적으로 어려운 시기에는 영아 살해를 심각하게 여기지 않았던 듯하다. 이는 인구 통계를 보면 가장 분명하게 알 수 있다. 중세 유럽에서는 평균적으로, 부유한 가정은 5.1명, 중산층은 2.9명, 빈곤층은 1.8명을 낳았는데, 이는 빈곤층이 자녀의 절반 이상을 유기하거나 처분했다는 뜻이다. 역사 문헌에

그림 6.1 그림 형제의 유명한 동화 속 헨젤과 그레텔. 이 독일인 남매는 기근이 들자 숲속에 버려졌지만 사탕으로 만든 집에 사는 마녀로부터 영웅적으로 탈출한다.
출처 19세기 자유 이용 저작물의 삽화를 바탕으로 직접 그림.

따르면, 영아 살해와 아동 유기는 그리스, 로마에서 페르시아, 중국, 그리고 현대에 이르기까지 모든 문화권에서 아이들을 원치 않거나 돌볼 수 없을 때에 일어났다.[1]

아동 유기가 만연했다는 사실은 이에 관한 이야기가 전설이나 설화에 자주 등장하는 것으로도 증명된다. 이런 이야기는 버려진 아이들이 어떻게든 더 나은 삶을 살게 된다는 내용으로 재구성된다. 모세, 오이디푸스, 헨젤과 그레텔, 백설공주 모두 버려진 아이들이었다(그림 6.1). 엄지손가락 톰과 백설공주의 난쟁이들은 기근이 닥쳤을 때에 부모가 숲속에 버린 장애 아동(오이디푸스처럼)이었다.[2] 역경에도 불구하고 이 아이들은 보물을 찾거나 높은 지위를 얻었고, 이런 결말은 아이들을 버린 현실 속 부모의 죄책감을 덜어주었다.

교회는 이러한 관행에서 복잡한 역할을 맡았다. 종교 지도자들은 장애가 있는 신생아를 신이 내린 벌이라고 여겼으며 미혼모를 혹독하게 비난하고 육체적인 순결에 대한 기준을 지정했는데, 이는 부모에게 낙인을 찍는 아이를 기르는 것보다 차라리 버리는 쪽이 더 용인되고 환영받도록 만들었다. 그러나 동시에 교회를 비롯한 종교기관은 부모에게서 버림받은 아이들을 수시로 데려다가 키웠다. 교회는 부모가 원하지 않는 아이들을 고아원과 보육원으로 데려갔고, 수녀원과 수도원에서는 때때로 상류층 가문에서 버려진 아이들을 맡았다. 유럽의 법은 버려진 아이를 맡아서 기르는 사람이 아이에게 일을 시키는 것을 허용했는데, 이는 사실상 노예를 허락한 것이나 마찬가지였다.[3]

이것은 끔찍한 관행이었지만 전적으로 인간만의 특징은 아니다. 유아 살해는 모든 동식물의 자연사에서 나타나는 일종의 법칙으로, 자원을 둘러싼 경쟁에서 더욱 튼튼한 자손이 번식에 성공할 가능성을 극대화한다. 예를 들면 식물이 꽃을 피우고 수정한 다음에 생성되는 생존 가능한 종자의 수는 일반적으로 자원 공급량에 맞춰 조절되는 배주(밑씨)의 자발적인 유산(流産)에 의해서 조정된다. 식물의 세계에서는 자손 유기가 예외라기보다는 법칙에 가깝다. 또한 해안가에서 나의 관심을 끌었던, 그리고 페니키아인들을 부유하게 해준 뿔고둥의 경우, 난낭에서 맨 처음 부화한 어린 뿔고둥은 주머니에서 나오기 전에 부화하지 않은 다른 알들을 먹고 양분을 섭취한다. 그런 다음에는 다른 난낭에 있는 배아들까지 먹어 치운다. 이처럼 자식을 죽이거나 형제를 잡아먹는 행위는 먹이가 넉넉지 않은 때를 대비한 일종의 보험이다. 이 보험은 맨 처음 부화한 새끼에게 보상을 줌으로써 뿔고둥의 번식 성공과 유전적 적합도를 극대화한다. 이와 비슷한 가족 계획이 단세포 원생동물에서부터 영장류 조상에 이르기까지 많은 종들에서 진화했다. 그렇다고는 해도 이런 사실이 인간의 아동 유기 행각에 괴로워하는 이들에게 위로를 주지는 못한다. 더 많은 자식을 낳기 위해서 온갖 방법을 동원하여 공동체의 식량원을 늘려온 종에게 아동 유기와 영아 살해를 강요한 것은 무엇이었을까?[4]

이 장에서 우리는 자연사의 모든 문제들 중에서도 가장 기본적인 두 가지 문제들을 살펴볼 것이다. 먹이사슬에서의 위치나 인지능력에 상관없이 모든 종의 개체군을 괴롭히는 문제, 바로 기근과 질병이다.

너무나도 부족한 식량

우리는 가속화된 인구 증가와 그 증가의 규모가 어떻게 호황과 불황, 그리고 농업혁명에서 노동력의 필요를 동반했는지를 살펴보았다. 인구 폭발로 파괴적인 기근이 빈번하게 일어났는데, 이는 인간이 소수의 작물과 가축화된 동물이 제공하는 이득에 취한 나머지, 달걀을 한 바구니에 담았을 때에 발생하는 유전 및 질병의 위험을 깨닫지 못하고 가축과 작물의 다양성을 희생시켰기 때문이다. 극한의 날씨, 적은 강수량, 작물과 가축의 질병은 이내 피할 수 없는 기근으로 이어졌다. 최초로 길든 동물과 식물은 유전적 다양성이 낮아서 질병이 발병하면 넓은 지역으로 빠르고 쉽게 퍼질 수 있었고, 그래서 더욱 위험했다. 문명 초기에는 곡물과 고기를 보존하는 방법이 미흡했으므로 저장할 수 있는 양은 제한적이었고, 또 쉽게 부패하여 기근을 악화시켰다(마침내 이 문제를 해결하는 데에는 몇 세기가 걸렸다).

빈번한 식량 부족과 기근은 인간이 초기 농경 생활의 근거지였던 강둑을 벗어나 거주지를 확장하면서 새로운 농경 환경에 애써 적응하는 과정에서도 일어났다. 강가에 살던 신석기 농부들은 정기적인 범람 덕분에 토양에 축적되었던 염분을 씻어내고 전년 농사로 고갈된 양분을 보충할 수 있었지만, 새로운 환경에서는 이를 보완하기 위해서 작물에 물을 대고 토양을 비옥하게 만드는 기술을 실험해야 했다. 혹독한 겨울과 흉년 그리고 새로운 자원을 탐색하러 떠난 원정에서 살아남기 위해서 초기 인류는 식량 저장법을 알아내야 했고, 질병에 강한 작물을 선택해야 했다. 여러 실험들을 거쳐서 마침내 강둑으로부터 멀리 떨어진 지역에서 경작할 수 있게 되었지만, 농업혁명 전후의 자료에 따르면 혁명 이후에 증가한 기근을 방지하지는 못했다.[5]

문서에 기록된 최초의 기근은 기원전 441년 고대 로마에서 일어났다. 과거 신석기시대의 개척가들은 정착 생활로 인해 과잉 경작되고 자원이 고갈된 땅에서 사냥과 채집을 하면서 농사짓는 법을 터득했다. 로마 공화국 형성기에 이르자 불규칙한 기후, 음식의 변질, 그리고 식량 분배 문제 때문에 기근이 빈번하게 발생했다. 기원전 426년에는 굶주린 로마인 수천 명이 테베레 강에서 목숨을 버렸다. 통치자가 형벌을 내리고 순종을 강요하면서 곡물을 틀어쥐고 내놓지 않았기 때문이다. 이 무렵의 중국 농부들도 정부의 통제, 인구 증가, 식량을 보존하고 적절히 분배하기에는 턱없이 부족한 사회 기반시설과 기술 때문에 기근을 겪었다. 청동기시대에 중국인들은 "안녕하십니까" 또는 "좋은 아침입니다"라고 인사하는 대신에 "식사하셨습니까"라고 인사했다. 이 인사는 중국에서 초기 농경 시대의 문화적 잔재로서 여전히 흔하게 쓰인다.[6]

기근은 현대까지 계속되며 비슷한 재앙을 낳았다. 19세기에는 멕시코와 미국에서 처음 등장한 감자역병균이 치명적인 돌연변이체가 되어 전 세계로 전파되었다. 이 악성 변종은 1840년대에 유럽을 거쳐 아일랜드에까지 도달하여 경제를 황폐화시켰는데, 작물로 개량된 종들은 유전적 다양성이 부족했기 때문이다. 아일랜드 감자 기근으로 더 잘 알려진 아일랜드 대기근은 상업과 무역을 통해 균일화된 작물과 가축에 새로운 질병과 미생물이 어떻게 지속적으로 문제를 일으키는지를 날카롭게 조명한다.[7]

기근은 오늘날까지도 인간의 건강에 영향을 미치는 진화적 유산을 물려준 것으로 보인다. 현대 서구 문화에 만연한 당뇨와 비만의 기저에는 농업이 발전하는 동안 빈번하게 일어났던 흉년이 그 원인일 수도 있다. 신석기시대에 수시로 찾아온 흉년으로 인해서 우리 몸은 기근이 닥치더라도 버틸 수 있도록 먹을 수 있을 때에 음식, 특히 고에너지 음식을 과하게 먹고 충분히 지방을 저장하도록 진화했다. 과잉 탐닉과 폭식이라는 진화적 대응은 한때는 가치 있는 적응법이었을지 모르지만, 고열량 식품을 언제, 어디에서든 쉽게 접할 수 있는 현재의 선진국에서는 비만, 심장병, 당뇨와 같은 건강 문제의 원인이 되었다.[8]

인류 역사에서 기근으로 인한 사망자 규모는 어떤 기준으로 보아도 충격적이다.[9] 기원후 800-1000년에는 가뭄과 흉년으로 수백만 명이 죽었고, 18세기에 인도에서는 거의 2,500만 명이, 그리고 19세기의 중국에서는 1억 명이, 그리고 소련에서는 1932-1933년에 일어난 기근으로 1,000만 명이 사망했다. 또한 기근은 오랫동안 전쟁의 도구로서 기능했다. 요새화된 삼엄한 도시를 상대로 성 안의 병사들을 굶어 죽게 하는 것이 목표인 포위 전술이 있었다. 지배 계층과 귀한 식량원을 보호하기 위해서 성벽을 쌓았던 도시의 지도자들은 농민들을 성벽 바깥에 남겨두어서 폭력에 노출시켰다. 기근의 시대 또는 인구 성장의 시대에는 농부와 아이들을 죽이고 농부의 아내와 딸들을 납치하고 지배 계층과 그들의 인적 자원을 굶겨 죽이는 방식으로 도시를 공격했다. 포위전은 문명의 여명기부터 중세까지 흔했는데, 이는 야심 찬 지배 계층과 그들을 따르는 이들 간에 자원을 두고 벌어진 경쟁의 결과였다.

기근은 오늘날에도 위협적이다. 인도네시아에서 화산이 폭발하여 유럽, 캐나다 동부, 미국 북동부에까지 한랭한 날씨를 야기하여 흉작을 일으켰던 1815년의 "여름 없는 해"와 같은 자연재해를 생각해보라. 전쟁 또한 기근의 원인이 된다. 콩고에서는 2010년대에 급증한 정치적 충돌의 여파로 380만 명이 굶주렸다. 아프리카에서는 걷잡을 수 없는 인구 증가, 예상치 못한 기후 변화, 복종을 위한 정치적인 수단이 되어버린 식량 때문에 심각한 기근이 더욱 보편적으로 지속되고 있다. 세계보건기구의 통계에 따르면, 세계적으로 매년 1,000만 명이 빈곤으로 인한 기아로 사망하며, 특히 아이들과 여성이 가장 고통받는다.[10] 아일랜드의 사례에서 볼 수 있듯이 기근은 정착 생활과 도시화의 주요 결과일 뿐만 아니라, 농업혁명에서 비롯된 또 하나의 예상치 못한 이유로부터 야기된다. 바로 질병이다.

생명을 위협하는 생명

농업과 무역에 필요한 노동력을 충족시키기 위해서 인구가 크게 늘어났다는 것은 결국 사람들이 서로 가깝게 살기 시작했다는 뜻이다. 그러면서 들쥐, 진드기, 벼룩처럼 편리공생하는 생물들을 끌어들였는데, 이들은 모두 질병의 매개체로서 포유류와 진화의 역사를 공유한다. 열악한 위생 환경은 질병이 번성하기에 완벽한 서식지를 제공했다. 여기에 인간과 동물의 접촉이 극적으로 증가한 것이 질병 발생의 가장 큰 원인이 되었다. 탄저균, 역병, 독감, 황열병, 라임병, 말라리아, 그리고 결핵은 인류를 헤집고 지나간 "동물원성(動物原性)" 질병(동물에서 처음 진화한 질병)의 일부일 뿐이다. 병을 일으키는 미생물이 진화적으로 우리의 가장 큰 적임이 증명되었다. 이 병원균들은 인간의 몸 자체와 기침, 구토, 설사를 무기로 삼도록 진화하여 숙주에서 숙주로 옮겨 다녔다. 인간 그리고 인간과 공생하거나 기생하는 생물 사이에서 일어나는 질병의 확산과 진화는 도시화가 가져온, 의도하지 않았으나 강력하고도 위협적인 결과가 되었다.

오늘날 우리는 많은 질병들이 기생충과 병원균에서 비롯된다는 사실을 알고 있다. 이 생물들은 우리와 동일한 유전자 언어를 가지고 숙주와 공진화한 자기복제성 유기체이다. 인류사(그리고 그 이전)에서 인간의 질병은 그 원인이 세균성이든 기생충성이든 바이러스성이든 간에 숙주에서 숙주로 더 효율적으로 이동하기 위해서 이, 모기, 벼룩, 들쥐와 같은 매개체와 함께 진화해왔다. 이를테면 사람을 무는 곤충의 몸속에 들어 있던 병원균이 숙주의 혈액계를 감염시키거나 사람들 간에 기침이나 재채기 같은 증상으로 질병이 퍼지는 것은 우연이 아니다. 고대 이집트와 그리스에서는 질병, 도시화, 그리고 위생 사이의 연관성을 일찌감치 의심하여 통치자들은 벌레에 물리지 않으려고 모기장을 치고 자거나 질병 매개체가 번식하는 습지 등의 "나쁜 공기"로부터 멀찍이 떨어져서 지냈다. 그러나 이런 지식이 언제나 모두에게 알려지지는 않았다. 공공 보건을 위한 초기의 의학적인 노력은 모두 시행착오를 겪으며 깨우친 연관성에 주목하면서 점차적으로 이루어졌다.

교역은 고도로 공진화한 질병의 위험을 증가시켰다. 위험한 미생물이 생물학적으로 미처 맞설 준비가 되어 있지 않은 개체군에 전달될 수 있었기 때문이다. 이는 장거리 이동 자체를 위험하게 만들었다. 게다가 미생물은 인간과 비교도 할 수 없을 정도로 빠른 속도로 번식하기 때문에, 천천히 번식하는 인간보다 새로운 조건에 적응하는 데에 훨씬 더 유리하다. 만약 인간의 한 세대를 평균 25년으로 잡는다면, 현생인류는 지금까지 8,000세대를 거쳐온 것에 불과하지만, 인간과 연관된 전형적인 미생물은 길게 잡아서 한 세대가 1주일(어떤 미생물은 시간 단위로 한 세대가 바뀐다)이라고 치더라도 지금까지 1,050만 세대를 거친 셈이다. 즉, 질병을 일으키는 미생물은 지역의 개체군에 훨씬 더 빠르게 적응하고 반응한다. 이런 이유로 작년에 만들어진 독감 예방 주사가 1년도 지나지 않아 쓸모없어지는 것이다.

과거에 유전이나 환경을 발병 원인으로 여겼던 질병들(암, 심장병, 알츠하이머, 조현병 같은 정신 질환이나 기타 만성 질병들)이 최근 들어서 태곳적에 벌였던 미생물과의 전쟁과 연결고리가 있음이 밝혀지고 있다. 오래 전 원시 수프에서 생명이 시작될 무렵에 우리와 갈라진 미생물 친척들은 생명을 통제하기 위해서 여전히 고대의 전투를 벌이고 있다. 진화생물학자 폴 이월드는 2000년에 출간한 『전염병 시대(Plague Time)』에서 인간 질병에 관한 지식이 미생물과 인간의 자연사를 포함하며 확장될 것이라고 예견했다.

극악무도한 미생물과의 싸움이 매우 버거워 보이지만, 인간은 제 편에 선 유익한 미생물과도 관계를 맺고 있음을 기억해야 한다. 제1장에서 논의한 것처럼, 질병에 대항하는 최고의 방어책 중에는 우리와 함께 진화하고 새로운 위협에 인간보다 더 빨리 대응하는 공생 미생물을 활용하는 방법이 있다.[11] 인간의 결장에 머무는 100조 개의 미생물 세포들은 인간 세포와 협력하고 상호작용하면서 외부 미생물의 공격으로부터 우리를 보호한다. 이들이 아니었다면 인간의 삶은 도시 생활을 시작하자마자 진작에 마감했을지도 모른다. 즉, 미생물은 진화 과정에서 협력의 영향력과 비목적론적인 속성을 증명한다. 결국 인간을 위협하는 것도 미생물과 다른 편리공생체와의 협력이고, 인간을 보호하는 것도 미생물과 인간의 협력이다. 여기에서 중요한 것은 어떤 유기체도 진공 상태에서 진화하지 않으며, 주위의 생물과 환경에 반응하고 영향을 미치면서 살아간다는 점이다. 문명은 이 과정에서 무엇을 했을까? 우리가 창조한 새로운 조직과 환경(그 자체로 협력적인 관계의 결과물) 때문에 원래는 스스로 조절하는 훌륭한 시스템이었을 지구의 생명이 자기 파괴의 나락으로 떨어진 것은 아닐까?

우아하게 진화된 문제들

병원균이 우리와 같은 족보상에 있음을 인정하고 싶지 않을 만큼, 상종 못 할 친척이라고 생각하는 것은 자연스럽지만, 사실 이 미생물들은 공진화의 놀라운 결과물이다. 그것들이 우리를 끼닛거리로 여기게 된 것이 안타깝기는 해도, 병원균 역시 우리와 다를 바 없는 이기적 유전자와 협력의 우아한 산물이다. 많은 병원균들이 육지에 생명이 살기 시작하고 미생물 간의 협력이 경쟁을 보완하기 이전, 즉 경쟁하는 자기복제성 미생물들이 바다를 지배하던 생명의 여명기에 탄생한 살아 있는 화석이다. 상리공생하는 미생물의 도움으로 다세포 동식물이 진화한 때와 대략 비슷한 시기에, 일부 미생물들은 어둠의 세계로 떠났다. 자기복제라는 동일한 과제 앞에서 이 미생물들은 악의를 품고, 나쁜 룸메이트처럼 다른 것들에 기생하기를 택한 것이다. 동물과 식물이 진화하자 이 미생물들은 거기에 무임승차하면서 공짜로 끼니를 해결하는 편리공생체를 자신의 생태적 지위로 삼았다. 그들은 다세포 숙주에 교묘하게 올라탄 공짜 승객이 되어 운송수단이자 식량원인 숙주에 잘 들러붙어 있도록 정교하게 동기화되고 조정된 생활사를 진화시켰다.

이와 빈대는 이 수치스러운 친척들이 어쩌다가 우리의 저녁식사 자리에까지 동석하는 흔한 해충이 되었는지를 확실하게 보여주는 사례이다(그림 6.2). 이와 빈대는 농업혁명으로 발생한 기생충 노다지와 인간 숙주들이 높은 밀도로 사는 도시 환경을 잘 이용했다. 현대에 빈대는 전염의 가능성이 제한된 시골보다는 뉴욕 시와 같은 대도시의 밀집된 아파트 건물에서 더욱 많이 출몰한다.[12]

인간의 유적지에서 가장 흔하게 발견되는 도구들 중의 하나가 참빗(서캐를 골라내는 촘촘한 빗)인 것을 보면, 인구가 밀집한 공동체에는 이 생물들이 아주 흔했음을 알 수 있다. 서캐를 잡는 행위는 아주 오래 전부터 시작된 따분한 일이었다. 오늘날 함께 일하는 동료를 "서캐 잡는 사람"이라고 부르게 된 것은 중세 때부터이다. 당시에 몸니는 건강 악화나 질병과 직결되는 긴급한 문제였다. 위생상의 문제를 넘어서 인간의 이는 발진티푸스, 회귀열, 참호열과 같은 치명적인 질병을 옮길 수 있었다.[13]

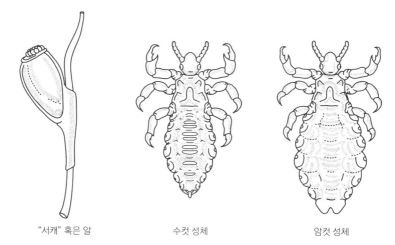

| "서캐" 혹은 알 | 수컷 성체 | 암컷 성체 |

그림 6.2 호미니드 선조들로부터 처음 물려받은 머릿니, 사면발니, 몸니는 인간을 가렵게 하고 병을 옮긴다. 이의 알인 "서캐"는 모낭의 기부에 부착되고, 성체가 되면 갈고리 같은 부속물로 인간의 몸에 끈덕지게 붙는다.

출처 Jon Stafford, *The Lice Capades*, Daily Kos, November 10, 2011를 바탕으로 다시 그림.

인간은 머릿니, 사면발니, 몸니, 이렇게 세 종류의 이의 숙주이다. 각 종의 DNA 염기서열을 분석해보면 그 진화의 역사가 유인원 조상까지 올라간다. 머릿니는 550만 년 전에 침팬지로부터 왔고, 사면발니는 300만 년 전에 고릴라로부터 왔다. 앞에서 설명한 것처럼, 사람의 옷에 알을 낳고 사는 몸니의 DNA를 분석한 결과, 인간은 4만 년 전부터 옷을 입기 시작한 것으로 드러났다.[14]

빈대는 인간이 정착하고 가까이 모여 살면서 번성한 인간의 또다른 체외 기생충이다. 인간의 조상과 박쥐가 거주하던 동굴에서 기원한 빈대는 피를 빨아먹는 해충이지만 심각한 질병 매개자는 아니다. 빈대는 기원전 1세기에 그리스인들이 처음으로 기록했고, 온혈동물을 숙주로 하는 유사한 체외 기생성 생물과는 근연관계에 있다. 빈대는 1억4,500만−1억6,500

만 년 전에 진화하여 인간이 동굴에서 잠자기 시작하던 홍적세에 박쥐로부터 인간 숙주로 옮겨갔다. 중세에는 사람들이 북적대는 도시에 빈대가 매우 흔했다. 사람들은 빈대를 쫓기 위해서 토탄 연기로 잠자리를 소독했고, 바닥에 나뭇잎을 깔아 그 안에 빈대를 가두고는 매일 잎을 갈면서 박멸했다. 대부분의 사람들이 편안한 수면을 위해서 수시로 밧줄을 조여야 하는 로프 베드(rope bed : 밧줄을 엮어서 그 위에 매트리스를 올리는 침대/옮긴이)에서 잤던 18−19세기에는 빈대가 만연한 사회 문제였는데, 이때 시작된 "잘 자라, 푹 자고, 빈대에 물리지 말고"라는 잠자리 인사는 오늘날에도 흔하게 쓰인다.[15]

빈대는 침대에서 살면서 먹잇감이 올 때까지 기다렸다가 피를 빨아먹는 기생충이다. 숙주 사이를 옮겨 다닐 기회가 많은 도시, 호텔, 대학 기숙사, 공동 숙식 장소에 흔하며, 숙주에 오래 머물지 않고 다른 곳에 숨어서 천천히 피를 소화하기 때문에 물리고 나서도 발견하기가 어렵다. 빈대에 물린 희생자의 반응에는 개인차가 있다. 이내 알아차리는 사람이 있는가 하면 며칠 혹은 몇 주일이 지날 때까지 반응이 없어서 빈대와 잠자리 친구가 되는 이들도 있다. 빈대는 거머리처럼 숙주가 물릴 때에 통증을 느끼지 못하도록 마취제를, 그리고 피가 더 잘 흘러나오도록 항응고제를 주입한다.

빈대는 광범위한 DDT 사용으로 해충이 전반적으로 감소한 20세기 초에 주요 해충 목록에서 사라졌다. 그러나 DDT가 맹금류에게 미치는 피해가 알려지면서 대부분의 선진국에서 사용을 금지하자 최근 수십 년간 대도시를 중심으로 다시 발생하는 추세이다. 빈대는 절대적 상리공생체인 세균, 볼바키아(Wolbachia)의 친절한 숙주이기도 하다. 이 협력적인 미생물은 빈대에게 대사와 생식에 필요한 비타민 B를 제공하고, 빈대는 이 내부

공생자의 숙주가 되어 대사 부산물을 제공한다.[16]

빈대나 이가 인간과 공진화해온 것은 명백한 사실이지만, 질병 매개체로서의 잠재력에도 불구하고 이들은 인류 전체의 생존까지 위협할 능력은 없는 일개 해충일 뿐이다. 역사를 뒤바꾼 좀더 위험한 생물을 설명하려면 현미경의 배율을 높여서 우리의 오랜 친구이자 적인, 지구상에서 가장 작은 생물들을 살펴보아야 한다. 그중 첫 번째가 말라리아를 일으키는 말라리아원충, 플라스모디움(*Plasmodium*)이다.

말라리아는 기원전 3000년에 고대 이집트에서 최초로 기술되었고, 인류 역사에서 가장 치명적인 질병 중의 하나이다. 전 세계에서 40초마다 어린이 1명이 말라리아로 세상을 떠나고, 하루에 2,000명의 젊은 생명이, 그리고 1년에 100만−300만 명이 목숨을 잃는다. 말라리아를 근절하기 위해서 고대부터 엄청난 노력을 기울였지만 아직까지 완전히 해결하지 못한 채 심각한 문제로 남아 있다. 특히 기온이 따뜻하여 말라리아의 세대 번식이 빠른 지역에서는 더욱 치명적이다. 말라리아의 예방이 가능해지기 전까지 역사 속 많은 열대 문명들이 말라리아 때문에 절름발이가 되었다.[17]

말라리아와 인간의 관계는 기록된 역사를 훨씬 앞선다. 원생동물인 플라스모디움은 포유류, 조류와 함께 진화했다. 이 기생충의 생활사는 모기에서 척추동물로 이어지는 두 단계로 일어난다. 플라스모디움은 각 숙주에서 무성생식으로 수를 불리고, 모기에게 물린 척추동물로 또는 그 반대로 옮겨가면서 수만 개의 감염성 세포로 증식한다. 이 원생동물은 모기가 피를 빨 때에 침샘으로 이동해서 척추동물을 감염시키고 간에서 증식하며 잠복기가 지나면 혈류로 들어간다. 이 번식 과정이 인체에서는 고열을 일으키며, 혈류 내 플라스모디움의 농도가 높아지면 혈액 순환이 느려지다가 결국 순환을 멈추게 된다.

100여 종에 달하는 플라스모디움 기생충들 가운데 인간 숙주를 선호하는 종은 4종인데 그중 2종이 극도로 독성이 강하다. 이 기생충들은 1만–2만 년 전에 침팬지를 감염시켰던 말라리아 플라스모디움 팔시파룸(*Plasmodium falciparum*)으로부터 분지했다. 더 먼저 진화한 플라스모디움 비박스(*Plasmodium vivax*)라는 또다른 변종은 감염된 마카크원숭이에게서 호모 에렉투스로 옮겨진 것으로 보인다.[18] 기원전 2000년 무렵 인간 개체군에서는 낫모양적혈구와 같은 말라리아 방어책이 진화했다. 이 세포는 사르데냐, 아프리카, 중국에서 독립적으로 진화했는데, 이는 이들 지역에서 말라리아가 치명적인 질병이었음을 증명한다. 낫모양적혈구가 어떻게 말라리아로부터 사람을 보호하는지는 확실히 밝혀지지 않았지만, 이 적혈구의 작은 크기와 모양이 말라리아 감염의 강도를 약화시키는 듯하다.[19]

맨 처음 아프리카에서 진화한 유행성 인간 말라리아는 농업혁명 시기에 시작된 것처럼 보인다. 마침 이때 농부들은 모기의 번식지로도 최적인 담수원 근처에서 대단위로 정착하여 살았다. 최초의 말라리아 기록에 따르면, 우리는 기원전 4000–기원전 3000년에 이집트와 중국에서 시작된 말라리아와 함께 살고 있다. 그리스의 역사가 헤로도토스는 이집트 피라미드를 건설할 당시 지배계급이 노동자들에게 말라리아를 예방한다고 알려진 마늘을 다량 먹었다고 썼다. 기원전 3000년의 파라오 스네프루부터 기원전 1세기의 클레오파트라 7세까지 파라오들은 모기장을 치고 잤다. 말라리아는 로마의 그 유명한 도로와 송수로를 따라서 퍼졌고, 중세에는 "습지열"이라는 이름으로 영국 남부와 이탈리아 해안 지역을 황폐화시켰다. 프랑스인들이 황열병과 말라리아 때문에 파나마 운하 건설을 중단하고 철수한 일은 유명하다. 파나마 운하는 모기가 말라리아의 매개체임이 밝혀지고 두 질병의 확산과 감염을 통제하기 위한 조치가 등장한 후에야 미국인들에 의해서 건설되었다. 다이너마이트나 인간의 노동이 아닌, 말라리아 문제가 파나마 운하 건설의 핵심이었던 것이다.[20]

말라리아는 지구 전역에 광범위하게 퍼져서 인간 문명에 지속적으로 지대한 영향을 미친 질병이지만, 모기-플라스모디움-척추동물의 생활 주기의 자연사가 밝혀지면서 그 영향력이 최소화되었다. 고대 이집트인들이 말라리아 늪과 병충해 사이의 상관관계를 의심하기는 했지만, 1880년에 와서야 프랑스의 의사 샤를 라브랑이 말라리아와 그 밖의 열대 질병을 일으키는 기생성 원생동물들을 처음으로 식별했다. 1897년에 로널드 로스는 원생동물과 인간을 연결하는 매개체가 모기임을 밝혀냈고 라브랑과 로스 둘 다 말라리아 연구로 노벨상을 받았다. 오늘날 말라리아는 모기 번식지인 고여 있는 물을 제한함으로써 통제되는데, 파나마 운하의 건설 중에도 이 방식이 사용되었다.[21]

이러한 조치에도 불구하고 인간은 치명적인 질병과의 전쟁에서 승기를 잡지 못하고 있다. 현대의 에이즈와 스페인 독감, 그리고 치료법에 저항하며 진화하는 질병들을 상대로 학자들은 여전히 고군분투한다. 아프리카 대륙의 대부분 지역에서 연간 100만 명 이상이 사망하는 에이즈는 오늘날에도 잘 알려져 있지만, 불과 1세기 전에 3년에 걸쳐 수천만 명의 목숨을 앗아간 스페인 독감은 대부분 잊혔다.

1918년에 시작된 스페인 독감은 역사에 기록된 가장 치명적인 전염병으로, 제1차 세계대전이 끝날 무렵에 폭발적으로 발병하여 전쟁보다 더 많은 사람들을 죽였다. 스페인이 다른 나라보다 더 큰 타격을 입은 것은 아니지만, 종전을 축하하는 세계적인 축제 분위기 속에서 중립국이었던 스페인만 이 소식을 보도했고 또 스페인 국왕이 이 독감으로 사망하면서 스페인 독감이라는 이름이 굳어졌다. 전쟁 종식이라는 큰 뉴스에 가려졌지만 스페인 독감은 그 유명한 흑사병보다도 더 많은 사람들의 목숨을 빼앗았다. 또한 감염된 사람이 단기간에 사망에 이르렀고, 특히 건강한 20-30대 성인의 사망률이 높았다는 점에서 이례적인 질병이었다. 스페인 독감의 사회적 파장은 이제 우리의 집단 기억에서 완전히 지워졌다. 우리는 대공황 시기의 경제적 어려움은 기억하지만, 그보다 10년 전 독감으로 인한 이동 제한은 기억하지 못한다.[22]

실제로 스페인 독감으로 목숨을 잃은 사람이 더 많을지는 몰라도, 흑사병(페스트 또는 간단히 역병)은 인류 역사상 가장 극적이고 영향력이 컸던 질병이었다. 14세기 중반에 유럽을 초토화한 흑사병은 지구 전체 인구의 3분의 1에 가까운 사람들을 무차별적으로 죽임으로써 유라시아의 문명과 역사를 재구성했다. 흑사병은 청동기시대인 기원전 2500-700년 사이에 그리고 그전에도 일어났던 것으로 최근에 밝혀졌으나, 중세의 흑사병처럼 전염성이 높거나 치명적이지는 않았던 것 같다. 이 병은 인구 증가, 오염된 도시, 그리고 실크로드 무역망을 따라서 발생한 변종 등이 끔찍한 시너지를 일으키며 촉발되었다(그림 6.3). 당시 2만5,000-10만 명 정도의 인구가 거주하던 런던, 파리, 베네치아, 제노바, 밀라노와 같은 도시에는 대부분 적절한 위생 시설이 갖추어지지 않았다.[23] 좁은 비포장 도로에 사람들은 온갖 쓰레기를 버렸다. 새로운 질병은 무역품과 함께 은밀히 들어와서는 더 멀리 퍼지는 방법을 찾아내며 기존의 질병에 골칫거리를 추가했다. 무역선 또한 머나먼 대륙으로부터 들쥐들을 잔뜩 들여왔다. 들쥐

그림 6.3 미하엘 볼게무트의 "죽음의 춤"(1493). 흑사병의 시대에 삶의 허무함을 보여준다.
출처 Hartmann Schedel, *Nuremberg Chronicle*(1493), Wikimedia Commons.

는 페스트의 가장 직접적인 원인이었다. 페스트는 세균 예르시니아 페스티스(*Yersinia pestis*)에 의해서 전염되는데, 이 세균은 들쥐의 고유한 동물원성 병원균으로, 들쥐의 몸에 붙어서 사는 진드기와 벼룩을 통해서 인간에게 병을 옮긴다. 감염된 쥐는 죽기 직전까지 증상이 없다가 세균이 빠르게 증식하면 담관이 막히고 부풀어 올라서 죽는다. 그러면 쥐에서 살던 벼룩은 숙주를 떠나 가장 가까이에 있는 다른 온혈 동물을 찾아 간다.

사람이 물린 지 1일에서 6일이 지나면 겨드랑이와 사타구니의 림프샘에 통증이 느껴지면서 그 부위가 부풀어 올라 가래톳이 되는데, 이 부분이 터지면 악취가 나는 고름이 나온다. 감염된 사람은 보통 정신이 혼미해지고 착란을 일으키며 사지와 등에 통증을 느끼고 구토를 하며 고열이 난다. 환자의 열이 떨어진다는 것은 면역계가 강해져서 병원균을 파괴하고 내쫓을 수 있다는 뜻이다. 그러나 차도가 없으면 감염은 혈액으로 퍼져 패혈증을 일으키고 환자는 사망한다. 패혈성 페스트는 피부 아래 혈관이 파괴되어 피가 마르면서 어두운 발진이 생겨서 흑사병이라고 불렸다. 감염 후 3-7일이 지나면 내부 출혈과 다발성 장기 부전으로 사망한다. 치료하지 않은 가래톳 페스트의 사망률은 50-70퍼센트이고, 패혈성 페스트의 사망률은 100퍼센트이다.[24] 페스트는 환자가 기침할 때에 피가 섞인 점액 거품이 나오는, 독성이 더 강한 폐렴 형태로 변형될 수 있으며, 비말(飛沫)을 통해서 전파될 수 있다. 폐렴성 페스트의 사망률도 100퍼센트이며 증상이 발현되고 몇 시간 만에 사망할 수도 있다.

흑사병은 지중해와 유럽으로 퍼지면서 유럽 인구의 30-60퍼센트를 몰살했다고 추정되는데, 그로 인해서 세계 인구는 4억5,000만에서 3억5,000만-3억7,500만으로 감소했다. 이 병의 여파로 발생한 심각한 종교적, 사회적, 경제적 격변이 유럽과 유라시아 문명의 진로에 엄청난 영향을 미쳤고, 유럽 경제가 회복하는 데에 거의 100년이, 인구가 회복하기까지는 150년 이상이 걸렸다(스칸디나비아 지역에서는 2배 이상 걸렸다). 유럽에서는 흑사병을 나환자, 집시, 유대인의 탓으로 돌리는 현상이 일어났고 종교 및 정치 지도자들의 권위가 추락했으며 많은 귀족들이 발병의 중심지에서 벗어나고자 시골로 이동하면서 귀족계급이 한층 더 분열되었다. 흑사병이 지나간 뒤에 도시를 재건하는 데에는 시간이 오래 걸렸다. 중세 도시들이 엄청난 인명 손실과 함께 문화는 물론이고 사회 질서까지 잃었기 때문이다.[25]

흑사병 이후 그리고 스페인 독감과 같은 대유행병 이전에 질병은 유럽인들의 광범위한 항해와 탐험 때문에 훨씬 더 먼 거리를 이동하기 시작했다. 16세기에 북아메리카를 식민지화하려는 유럽의 시도는 토착 민족과의 충돌과 협력의 부족으로 실패했으나, 1620년에 뉴잉글랜드에 도착한 초기의 이주자들은 유행병이 토착민들을 휩쓸어버린 현장을 보았다. 인디언들의 정착지는 폐허가 되었고 매사추세츠 해안가에는 여기저기 새로 만들어진 무덤이 널려 있었다. 아메리카 원주민들은 진화적 경험이 없는 질병에 걸려 초토화되었지만, 정작 유럽 보균자들은 면역을 키운 탓에 문제가 없었다. 새로운 병원균이 신대륙 전역으로 퍼지면서 천연두, 독감, 그리고 기타 질병으로 인해서 북아메리카 원주민의 50−80퍼센트가 사망한 것으로 추정된다. 물론, 같은 수준이라고 말할 수는 없어도 질병이 일방적으로 전파된 것은 아니었다. 신대륙에서 건너온 미생물들은 15세기 유럽인들의 강간과 약탈적 사고방식에 복수할 준비를 마친 상태였다.[26]

콜럼버스가 최초로 아메리카 땅을 밟고 돌아온 지 불과 3년 만인 1495년에 나폴리에서는 성병인 매독이 발병했는데, 콜럼버스 원정대의 감염된 선원들에 의해서 퍼진 것으로 보인다.[27] 매독은 유럽 전역으로 급속히 퍼졌고, 이후 10년 동안 무려 500만 명을 죽였다. 유럽의 새로운 질병이 된 매독은 유난히 치명적이어서 감염되면, 농포가 온몸을 뒤덮고, 살점이 떨어져나가고, 뼈에 기형이 생기면서 3개월 안에 사망했다. 성병이라는 특징과 흉칙해진 외모 때문에 매독 환자에게는 강한 사회적 낙인이 찍혔다. 네덜란드인들은 매독을 스페인 병이라고 불렀고 이탈리아, 폴란드, 독일에서는 프랑스 병이라고 부른 반면, 프랑스는 이탈리아 병 또는 스페인 병이라고 불렀다. 터키인들은 기독교 병이라고 불렀고, 타히티 섬 사람들은 영국 병이라고 불렀다. 이들에게 매독은 적이 퍼트린 병이 틀림없었다.

매독은 르네상스를 거쳐 20세기까지 유럽에서 유행했다. 20세기에 치료법이 발견될 때까지 사람들은 수은이나 비소와 같은 독성 화합물로 매독을 치료했고(현대의 암 치료법과 다르지 않다), 부작용에 따른 기형은 보철 코를 만들어 관리하면서 최초의 성형 수술이 탄생했다.[28] 마침내 매독은 항생제, 정확히 말하면 페니실린으로 치료되었는데, 이는 미생물의 자연사를 깊이 이해하기 시작하면서 가능해진 일이었다.

방어하기

앞에서 나는 이미 우리 몸에 공생하는 장내 미생물이 수행하는 방어 활동을 언급한 바 있다. 장내 미생물은 우리를 외부 미생물로부터 지켜주며, 사람들이 새로운 지역에 가면 물갈이를 하는 이유를 설명한다(예컨대 체내에서 적절한 미생물 환경을 발달시킬 때까지). 그러나 질병의 치료에 관해서는 세균과 바이러스의 생활사에 좀더 의식적으로 접근할 필요가 있다. 인간이 질병의 세균론을 터득하기 전에는 시행착오를 거쳐 발견한 항생 효과를 이용해서 세균성 질병을 치료했다. 예를 들면 그리스와 인도에서는 곰팡이를 활용했고, 러시아 사람들은 따뜻한 흙을, 수메르 의사들은 환자에게 거북이 등딱지와 뱀 껍질을 섞은 맥주 수프를 주었고, 바빌로니아인들은 눈의 감염을 사워밀크(sour milk)로 치료했다. 이 모든 처치법에는 천연 항생제(병원성 미생물과 싸우기 위해서 곰팡이 또는 기타 빠르게 번식하는 생물들이 진화시킨 방어 수단)가 들어 있었으므로 어느 정도는 효과가 있었다. 또한 초기 의사들은 감염을 예방하기 위해서 상처나 절단된

팔다리를 불로 지지거나 알코올로 소독해야 한다는 것도 알고 있었다.[29]

20세기 초에 페니실린이 발견된 이후에 매독과 같은 세균성 전염병이 종식되면서 인간 질병의 양상은 달라졌다. 페니실린은 1920년대 말에 알렉산더 플레밍이 당시에는 새로운 분야였던 세균학을 연구하던 중에 배양된 세균에서 단순한 자연사 현상을 관찰하다가 발견되었다. 플레밍은 세균을 키우던 페트리 접시에서 곰팡이가 증식하는 것을 보았다. 아마 공중에 떠다니는 흔한 곰팡이 포자에서 왔을 것이다. 그러나 그의 주의를 끈 것은 페트리 접시에서 키우던 세균이 곰팡이에 닿으면 죽는 현상이었다. 플레밍은 그 곰팡이를 따로 배양액에 키웠고 이 곰팡이가 인간에게 질병을 일으킨다고 알려진 세균을 죽인다는 것을 발견했다. 곧 항균제로서 페니실린의 효과가 인정받아 실험실에서 대량 합성되었다.

페니실린을 비롯한 대부분의 항생제는 인체의 다른 세포에는 해를 끼치지 않고 병원균에만 특이적으로 작용한다. 이는 인간이 미생물과의 전쟁에서 상대 미생물의 진화의 역사를 활용한 덕분에 가능해진 것이다. 다시 말해서 항생제의 진가는 이 물질이 곰팡이와 세균 사이에서 일어난 진화적 군비 경쟁을 통해서 생성된 무기라는 점이다. 항생제는 대사에는 필요하지 않지만 세균으로부터 곰팡이를 방어하도록 진화한 2차 대사물질을 우리가 빌려와서 인공적으로 합성한 것이다. 페니실린이 구한 목숨이 얼마나 많은지는 헤아릴 수도 없다. 한 추정에 따르면, 2억 명에 달한다고 한다.[30]

동시에 인간은 치명적인 세균과의 전쟁에서 새로운 도전에 직면해 있다. 항생제의 남용은 약물에 대한 세균의 내성을 증가시킨다. 이는 세균이 항생제의 효과를 저지하기 위해서 진화적인 행동에 착수하기 때문이다.

지난 30년 동안 100가지 이상의 새로운 항생제가 발견되어 합성되고 또 남용되었다. 보통은 심각한 병증이 아닌 단순한 감염을 치료하기 위해서 사용된 것이다. 게다가 대규모 농업에서 대량으로 사용되는 항생제는 음식과 상수원을 통해서 인체에 유입된다. 그 결과 항생제에 내성이 있는 병원균이 진화하면서 효력이 점점 떨어지고 있다. 병원성 세균과 인간이 찾아낸 새로운 항생제 사이의 이 진화적 경쟁에서 다행히 아직까지는 인간이 우세하지만, 전 세계 연구소에서 전쟁은 계속되고 있다.[31]

항생제로 치료가 가능한 세균성 질병과 달리 바이러스와 기생충에 의한 질병에는 완전히 다른 해결책이 필요했다. 바이러스성 질병은 치료하기가 어렵다. 바이러스는 다른 세포 안에서 번식하는, 크기가 대단히 작은 DNA 또는 RNA 가닥에 불과하기 때문이다. 바이러스는 자체적으로 생화학 기제를 진화시키는 대신에 인간의 체계를 빌려서 자신을 복제한다. 이는 면역계 또는 항미생물 화합물이 치료의 표적으로 삼을 부분이 마땅치 않다는 뜻이다. 바이러스는 지구에서 가장 흔한 생명의 형태이지만, 17세기에 안톤 판 레이우엔훅이 현미경을 이용해서 최초로 세균을 볼 수 있게 된 뒤에도 200년 동안이나 발견되지 않았다.[32] 이렇게 바이러스는 눈에 보이지 않을뿐더러 공기, 토양, 물 등 문자 그대로 어디에서든 나타나기 때문에 특별히 까다로운 문제가 된다.

비세균성 질병을 예방하기 위한 최초의 성공적인 처치는 10세기 중국에서 일어났다. 중국에서는 천연두 바이러스를 상대하기 위해서 자연사에 대한 이해를 활용했다. 세균성 감염에 대한 곰팡이의 효능을 발견한 초기 의학과 유사하게, 바이러스 감염에 대한 초기의 치료는 자연사 관찰의 직접적인 영향력을 보여준다. 의사들은 천연두 환자들 중에서 일부가 살아남은 것을 보고 천연두 증상이 심하지 않은 환자에게서 채취한 마른 천연두 딱지를 건강한 사람에게 접종했다. 이 딱지를 가루로 분쇄해서 건강한 사람의 코에 불어넣으면 그는 약하게 병을 앓다가 나았다. 이 "비강 흡입법"은 아프리카와 중동으로 퍼졌고 17세기 말까지 시행되었다(이 치료법을 비과학적인 민간요법으로 치부한 유럽이나 북아메리카에서는 사용되지 않았다). 영국과 미국에서는 18세기가 되어서야 천연두 접종이 시작되었다. 천연두가 창궐한 시기에도 멀쩡해 보이는 우유 짜는 아낙네들을 관찰한 결과를 바탕으로 우두(牛痘)를 천연두에 대한 백신으로 사용했고, 이는 성공적이었다. 영국의 의사 에드워드 제너는 우두에 감염된 소에서 채취한 천연두 백신을 최초로 실험했다. 이 백신은 이후에 널리 쓰이면서 마침내 천연두를 박멸했을 뿐만 아니라 다른 바이러스성 질병을 예방하기 위한 예방접종 개발에 박차를 가했다.[33]

백신은 면역계를 자극하여 실제로는 병을 일으키지 않으면서 그 질병에 맞서는 항체를 생산한다. 예방접종의 효과는 인간 면역계에 대해서 그리고 면역계가 병원균을 다루는 방식에 대해서 많은 것을 알려주었다. 예방접종은 탄저병, 홍역, 콜레라, 독감, 디프테리아, 볼거리, 파상풍, A형 및 B형 간염, 결핵, 장티푸스, 소아마비, 광견병, 천연두, 대상포진, 황열병, 자궁경부암, 직장암, 음경암, 편도암을 성공적으로 예방해왔다. 만약 백신이 개발도상국에 널리 보급된다면 향후 10년 동안에만 유아 650만 명의 목숨을 구하고 수조 달러를 절약할 수 있을 것이다.[34]

바이러스성 및 세균성 질병의 지속적인 위협에 대응하는 가장 간과된, 그러나 만연한 방어 전략은 성(性)이다. "붉은 여왕 가설(Red Queen Hypothesis)"은 성이 자손의 유전 변이를 증가시키기 위해서 진화했고, 따라서 감염에서 벗어날 가능성이 있는 자손의 생산을 극대화한다고 제시한다("붉은 여왕"이라는 말은 루이스 캐럴의 『거울 나라의 앨리스[*Through the Looking Glass*]』에서 따온 것인데, 이 책에서 붉은 여왕은 앨리스에게 "이제 여기, 보이지, 제자리에 있고 싶다면 너는 죽어라고 뛰어야 해"라고 말한다). 붉은 여왕 가설은 바이러스 같은 절대성 병원체(숙주가 없으면 살 수 없는 병원체/옮긴이)의 경우 되도록 많은 숙주를 감염시켜야 한다는 선택압을 늘 받고 있기 때문에, 이런 병원체에 제압되지 않으려면 숙주 역시 끊임없이 진화해야 한다는 사실을 반영한다(그림 6.4).

1949년에 유전학의 창시자이자 진화생물학을 현대적으로 통합한 J. B. S. 홀데인은 농업혁명 이후로 감염성 질병이 인간에 대한 자연선택의 주요 행위자로 작용했다고 지적했다. 새로운 질병에 처음 노출된 개체군은 초토화되고 전멸하다시피 하지만, 시간이 지나면서 면역 반응과 무관하게 그 질병에 유전적으로 적응한다. 이것은 천연두, 독감, 역병, 성병을 포함하여 대부분의 질병에 적용되는 일반적인 규칙이다. 따라서 인간과 다른 동식물에서 나타나는, 아직 설명되지 않은 유전적 변이의 상당 부분이 성과 성의 유전적 결과일 가능성이 크다. 인간 게놈은 30억 개의 DNA 염기쌍으로 구성되어 있는데, 인간 개개인의 DNA는 서로 0.1퍼센트도 채 다르지 않고, 침팬지와는 불과 4퍼센트만큼 다르다. 말라리아 같은 소수의 예외를 제외하면, 이러한 면역의 실제적인 유전적 기초는 알려져 있지 않다. 어쩌면 인간 게놈의 상당 부분이 우리를 병원균으로부터 방어하기 위해서 진화한 역사의 흔적일지도 모른다.[35]

인간이 일부일처제로 진화한 이유도 질병 때문일 가능성이 있다. 영장류 조상들은 수렵과 채집을 하며 살았고 대개는 일부다처였다. 농업혁명

그림 6.4 루이스 캐럴의 『거울 나라의 앨리스』에서 붉은 여왕과 앨리스가 "제자리에 머물러 있기 위해서" 달리고 있다. 진화생물학에서 붉은 여왕 가설은 공진화적인 경쟁, 특히 어디에나 존재하고 진화 속도가 빠른 병원체와의 경쟁에서 앞서기 위해서 유성생식이 진화했다고 지적한다.
출처 자유 이용 저작물을 바탕으로 직접 그림.

으로 인구가 폭발적으로 늘어나면서 인간은 협동적인 집단이익에 의존하는 도시(매독이나 임질 같은 성병의 확산에는 완벽한 장소)에서 밀집해 살았고, 새로운 환경에서 번식의 성공을 최대화하도록 진화했다. 일부일처는 전염의 가능성을 배우자 하나로 제한하여 성병의 확산을 억제하는 방법이었다. 일부일처는 밀집된 집단을 이루고 사는 다른 종에서도 발견된다. 그러나 홀로 생활하는 종에서는 드물다. 사람들이 일부일처제의 옳고 그름을 따지는 동안, 성병은 감정(죄책감), 제도(결혼), 산업(콘돔)의 발전으로 이어졌다.[36]

질병과 치료법 사이에서 벌어지는 현재의 전투는 생명이 탄생한 순간부터 시작된 진화적 전쟁의 일부이지만 협동, 혼잡한 도시, 자원 무역망으로 인해서 그 규모가 커졌다. 우리는 먹이사슬에서는 벗어났을지 모르지만 미생물, 그리고 보이지 않는 생물체와의 원시적인 전투에서는 아직 빠져나오지 못했다. 그러나 우리의 공생적 미생물 동지들과 더불어, 인간은 질병과 싸우는 나름의 도구와 뚜렷한 문명의 결과를 갖추게 되었다. 바로 우리를 둘러싼 자연사를 이해하고 풀어내는 능력이다. 우리는 30억 년 전부터 시작된 원시적 전투가 여전히 진행 중인 경기장 안에 머물고 있지만, 계속해서 환경에 대응하고 환경을 활용하는 방법을 배우면서 우리의 진화를 조작하고 있다. 그러나 우리의 이야기는 성공 스토리가 아니다. 문명은 개인과 공동체가 번영할 수 있는 능력을 감소시킨, 새로운 종류의 이기적 유전자의 행동을 이끌어냈다.

제7장

지배 대 협력

이토록 강력하고 계층화된 문명이 도래하기 전, 인류는 소규모의 협력적인 대가족을 이루어 수렵과 채집을 하며 살았다.[1] 영장류 조상들의 경우 갈등, 폭력, 지배가 집단과 집단 사이에서는 법칙이나 다름없이 흔한 현상이었지만 근연관계에 있는 집단 내부에서는 심하지 않았는데, 이는 집단의 구성원들끼리는 잠재적으로 다음 세대에 전달될 수 있는 공통의 이기적 유전자를 공유했기 때문이다. 농경 이전의 문화에서는 무리의 모든 구성원들이 일상에서 필요한 역할을 평등하게 담당했다. 그러나 농업혁명으로 과거의 생활양식은 가족, 문화, 민족 집단 사이의 갈등을 겪으며 극적인 변화를 맞이했다(캐나다의 아북극, 오스트레일리아의 아웃백, 아프리카의 사바나처럼 농업으로 인한 인구 폭발을 경험하지 않은 불모지는 현대에 관광명소로 탈바꿈되기 전까지는 대가족 집단 문화가 명맥을 유지했다). 집단 간의 갈등은 새로운 도시 조직과 점점 계층화되는 사회에 내재한 협력과 충돌했다.

종의 안팎에서 지배관계가 진화하는 방식은 환경은 물론이고 광범위한 종에도 영향을 미치는 불변의 과정을 따른다. 가장 기본적인 수준에서는 유전자를 보존하고 다음 세대까지 최대로 전달하기 위한 수단으로 지배가 선택된다. 시간이 지나면서 지배에 대한 선택은 대단히 중요한 생명의 과정이 되었다. 유인원에서 개미에 이르기까지 공동생활을 하는 종에서는 집단이 개체를 지배하면서 진화적으로 개체의 유전적 번식을 최대화할 수 있는 집단행동을 선택한다. "서론"에서 처음 언급했던 주장으로 돌아가보자. 진화적 성공을 이끌어내는 자기조직화의 원리는 두 종류의 조직에서 비롯된다. 벌이나 인간 같은 일부 사회적 종들은 유전적 근연관계에 있는 개체들이 수직으로 조직되어 집단이 선택과 지배의 운영 단위가 된다. 반면, 홍합이나 굴, 숲의 나무 집단은 서로 무관한 개체들 사이에서 수평으로 조직된다. 근연관계가 깊지 않은 집합체 안에서 협력 집단을 이루고 사는 개체는 다른 개체와의 친족관계 여부와 상관없이 좀더 오래 살고 성공적으로 번식할 확률이 높다. 그 안에서는 여전히 개체가 선택의 단위이지만 적, 경쟁, 물리적 스트레스로부터 개체를 보호하는 집단행동은 개체의 지배를 능가한다. 이 두 가지 경우 모두 협력의 이점이 개체 혼자일 때보다 크다.[2]

인간의 경우, 먹이사슬과 자연선택을 지배하게 되면서 현재의 상황을 초래한 또다른 결과가 나타났다. 바로, 세계에 광범위하게 퍼진 불평등이다. 앞으로 살펴보겠지만, 이것은 단순히 힘을 가진 자들이 사회에 대한 통제권을 획득하는 이야기가 아니라 협력이라는 전체적이고 조직적인 수단이 문명에 의해서 과열되는 과정의 이야기이다. 이것은 개인이 아닌 조직의 문제이다. 그리고 여전히 진행 중이다. 현대에 일어난 변화가 인류의 지배 구조에 균열을 일으켰다.

사회 지배 구조의 규칙

지금까지 일관되게 설명해왔듯이, 인간이 다른 종과 다른 인간을 지배하게 된 것은 동물과 식물의 세계에서 계층이 형성되는 것과 동일한 과정의 결과이다. 이 과정은 "사회 지배 이론(social dominance theory)"으로 설명된다. 우리는 이 이론으로 동물과 식물, 인간 개체군 내의 지배 구조의 발달과 유지 과정을 이해할 수 있다. 하버드 대학교의 사회학자 제임스 시대니어스와 펠리시아 프라토가 인간의 사회 조직을 설명하기 위해서 세운 사회 지배 이론은 동식물 개체군에서 유사하게 나타나는 보편적인 계층 조직에도 적용할 수 있다. 이 이론에 따르면 집단이나 개체의 불평등은 집단 내 또는 개체 사이에서 세 가지 행동으로 유지된다. 첫째, 제도적 차별 또는 "우열을 나누는 규칙", 둘째, 이 규칙에 따른 지속적 차별, 셋째, 확립된 차별과 우열의 규칙을 강화하는 비대칭적 행동의 보급이다. 비대칭적 행동이란 지배 집단에 속한 구성원들이 종속 집단보다는 자신과 같은 지배 집단에 속한 동료들에게 더 호의적인 것을 말한다. 비대칭적 행동은 종속 집단의 구성원들이 다른 집단의 구성원들에게 공격성을 드러내는 것 또는 낮은 기대치로 인해서 수행능력이 떨어지는 일종의 "자기실현적 예언"에 따른 행동을 말하기도 한다. 이렇게 형성된 위계 구조는 지배 집단의 구성원들이 공동체 위계의 밑바탕이 된 신화를 유지하는 데에 앞장서면서 강화된다. 인간 문명에서는 지배 가문 또는 경찰과 같은 직업군에 속한 사람들이 위계질서를 유지하는 권한을 가진다. 반면 동물 개체군에서는 보통 알파 수컷이 무리를 지배하는데, 홍합, 따개비, 해초와 같은 해안의 해양생물 군집에서는 단순히 몸집이 크거나 성장률이 빠른 개체에게

지배의 힘이 있다.[3]

　사회 지배 이론은 폭넓게 공유되는 문화적 가치나 우열의 규칙들(몸집, 혈연, 나이와 같은 형질 포함)이 사회의 지배 구조를 형성, 유지하고 위계 조직으로 이어지는 집단 간 행동에 정당성을 부여한다는 가설을 낳았다. 동식물에서도 비슷한 패턴이 발견되는 것은 유사한 집합 규칙을 식물에서부터 영장류에 이르기까지 전 계통분류군에 적용할 수 있음을 암시한다. 따라서 사회학자들과 생태학자들은 집단 내, 집단 간의 불평등이라는 동일한 문제에 관심을 두고 있으며, 심지어 이 문제를 이해하기 위해서 비슷한 원리를 적용한다고 볼 수 있다.[4]

　우열의 규칙은 아프리카 흰개미 군체에서부터 해안가의 따개비와 홍합 무리, 인간의 거주지 개발에 이르기까지 군집의 위치와 공간을 결정하면서 문자 그대로 환경의 구조를 형성한다. 예를 들면 흰개미는 군집성 동물인데, 모든 자손이 그들의 유전적 클론인 여왕개미를 둘러싸고 각 군체가 생성, 조직된다. 이러한 유전적 유사성의 결과, 무리의 모든 흰개미 개체들은 다세포 생물의 개별 세포처럼 협동한다. 흰개미 군체는 다른 군체와 자원을 두고 서로 경쟁하기 때문에, 협력과 경쟁의 균형을 통해서 공간적으로 명확하게 자기조직화한 군체가 아프리카 사바나 전역에 형성된다(그림 7.1).

　지배 구조, 그리고 지배와 협력의 힘 사이의 균형을 반영하는 비슷한 공간 구조는 유전적 근연관계가 없는 개체군 내에서 또 개체군 사이에서도 나타난다. 이런 구조는 특히 움직이지 않는 고착 생물에서 쉽게 관찰된다. 예를 들면 단일 식물 경작지, 홍합 밭, 따개비로 뒤덮인 해안선은 균일화된 표면이 발달하고, 경쟁에서 우세한 개체들이 열세한 개체들에 둘러싸

그림 7.1 아프리카 사바나에서 흰개미집이 만든 요정의 반지. 흰개미집 사이의 규칙적인 간격은 먹이와 기타 자원을 두고 경쟁하는 군체들 간의 공격과 협력의 균형을 반영한다. 출처 Huang Jenhung/Shutterstock.

여 있다. 이렇게 대칭적이고 자기조직적이며 규칙적인 간격을 이루는 모습은 자연스럽게 형성된다. 이러한 공간 구조는 마치 계획적으로 개발된 주거 지역처럼 조직적이고 대칭적이지만, 사실은 개체군의 성장에 따라 확대된 비대칭적 우열관계의 부산물이다(그림 7.2). 예를 들면 개별 따개비나 식물은 다른 개체보다 먼저 정착하고 싹을 틔우거나 조금이라도 더 나은 서식지를 선택함으로써 경쟁 초기에 우위를 확보할 수 있다. 이런 유리한 출발이 이웃의 성장을 억제하며 우세한 개체와 열세한 개체 사이에 일정한 간격을 조장한다. 유럽, 아나톨리아, 중국 전역에 형성되었던 초기 신석기시대의 도시, 도시국가, 그리고 중세 봉건시대의 인구 밀집 주거지들에서도 지배계급과 종속계급의 관계가 반영된 유사한 자기조직적 배열을

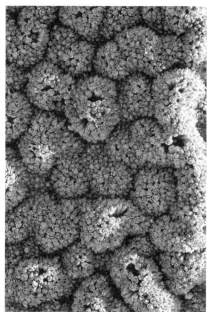

그림 7.2 따개비와 인간 개체군에서 보이는 유사한 공간 구조. 해안가에 흔하게 나타나는 북방따개비 무리(왼쪽)와 뉴욕 레빗타운의 주택 단지(위). 따개비 군집에서 덩어리 사이의 규칙적인 간격은 구조적 지지벽과 저장된 물을 공유함으로써 집단이 얻을 수 있는 이익을 반영하며, 공간 및 먹이를 두고 일어나는 경쟁과는 균형을 이룬다. 레빗타운의 항공사진은 집들의 일정한 간격을 보여주는데, 공간에 대한 이웃 간의 경쟁과 주택 소유자들의 집단이익을 나타낸다.

출처 따개비 사진은 저자. 레빗타운 사진은 Ewing Galloway/Alamy Stock Photo.

볼 수 있다. 지구 밖의 외계인이라면 자기조직화된 따개비 무더기와 미국 레빗타운의 전형적인 주택 단지를 똑같이 경쟁적 우열과 협력 사이의 균형을 나타내는 표지라고 확신할 것이다. 해안선을 따라 형성된 도시 경관과 해양생물의 공간 구조는 소름이 돋을 정도로 비슷하다(그림 7.3).[5]

게다가 군집생태학과 사회학은 인간 행동에 관한 발상들을 생태학적 환경이라는 단일 무대에서 시험한다는 측면에서 서로 유사하다. 이러한 연관성은 1975년 에드워드 O. 윌슨의 독창적인 저서 『사회생물학(Sociobiology)』에서 명쾌하게 도출되었다. 이 책은 자연사와 진화적 추론을 인간을 포함한 모든 동물의 행동에 적용함으로써 인간 행동에 관한 혁명적 사고를 일으켰다. 협력에서 공격까지 사회적 행동을 진화의 논리로 추론한 것은 당시 근간을 흔드는 발상의 전환으로서, 진화생태학과 동물행동학 분야에 실로 지대한 영향을 주었다. 뱀에 대한 보편적인 공포는 정말로 나무에서 살았던 과거로부터 전해내려온 고대의 형질인가? 수컷의 난잡함은 개체의 적합도를 최대로 키우기 위한 진화적 산물인가? 성별 간 노동의 분리는 고대의 원시적 형질인가? 우리 인간은 자신의 기본적인 행동과 태도가 개미, 새, 그 밖의 영장류에게 영향을 준 것과 동일한 자연선택 과정에 의해서 형성되었다는 생각에 익숙하지도 편하지도 않다. 윌슨의 책은 과학적 선구자들 사이에서도 뜨겁게 논의되었다.[6]

인류의 시대

환경을 제어하는 자연선택의 단순하고 강력한 법칙을 파악할 만큼 똑똑해진 호모 사피엔스는 이 법칙을 자신의 이익에 맞게 수정하여 하나의 도

그림 7.3 해안에 형성된 인간의 도시와 해양생물의 군집이 보여주는 유사한 분포 형태. 현대 맨해튼의 로어 이스트 사이드의 해안가(위)에서 사람들이 공간을 두고 벌이는 경쟁과 협동의 힘은 미국 뉴잉글랜드의 바위투성이 해안(아래)에서 해양생물들이 벌이는 경쟁 및 협동의 힘과 동일하다.
출처 뉴욕 도시의 사진은 Melpomenem/Dreamstime.com. 뉴잉글랜드 해안가의 사진은 Courtesy of Catherine Matassa.

구로 만들었다. 인간은 30억 년 이상 생명의 진화를 지배했던 규칙을 복잡하게 만들고 변형하면서 "인위선택", 즉 품종 개량의 시대를 선언했다. 우리는 앞에서도 인간이 야생 배추, 밀, 개 등 순화한 동식물을 야생에서의 번식능력과 관계없이 털의 색깔, 기질, 크기, 고기, 젖의 생산, 영양 가치 등 인간이 선호하는 특성을 골라서 선별적으로 번식시킨 초기의 인위선택을 살펴보았다.

원래는 적응력이 높지 않았으나 어쩌다 인간의 눈에 들어서 조작된 식물들을 보면, 어떤 생물이 인간과의 공진화적 상리공생을 거쳐서 진화적으로 번성한 이유가 자연선택 때문이 아니라 인간이 자신의 이익을 도모하고자 그 생물에 직접 손을 대어 재창조했기 때문임을 알 수 있다. 예를 들면 자연세계에서 꽃과 꽃가루 매개자 사이의 상리공생은 현화식물(꽃이 있고 열매를 맺으며 씨로 번식하는 식물/옮긴이)과 곤충 모두 다양해지고 우점하게 만들었다. 이와 비슷하게 인간은 지구를 장악하는 과정에 자연적, 인공적으로 함께 진화한 동식물상 및 미생물을 "동반했다." 이 생물들과 인간의 관계는 공생 또는 기생에 가까운데, 잡초가 밀로, 야생 배추가 흔한 채소로 변형된 것처럼 들쥐, 바퀴벌레, 민들레, 바랭이 같은 무임승차자 또는 편리공생체 역시 인간이 지구를 지배한 덕분에 덩달아 우점하게 되었기 때문이다.

가축화와 인구 성장 사이의 양성 피드백 고리로 인해서 인간은 먹이사슬을 제어하고 새로운 영토로 뻗어나가는 지배적인 종이 되었고, 동시에 협력적 공동생활로 포식자와 경쟁자로부터 자신을 보호했다. 성공적인 정착 생활을 위해서는 새로운 차원의 협력이 필요했다. 이 협력은 개인의 자유를 축소하고 묵직한 계층적 위계 구조가 되었다. 자원의 양이 많아질

수록 관리도 더 많이 필요했고, 늘어나는 노동자와 농부계급을 보호할 필요도 증가했다. 종합하면, 이는 소수의 지도자가 권력을 얻는 과정이자 도시국가라는 계층 조직이 도시 구조의 표준이 되는 과정이었다. 공간적으로 보았을 때에 중앙화된 또는 핵화된 지배 계층 주위에 농부들이 자기 조직화하는 형태가 도시국가의 표준이 되었다.[7]

문명 초창기부터 지속된 지배 계층은 형벌을 비롯해 엄격한 사회 지배 구조를 활용하여 소수의 통치계급이 전체 인구의 90퍼센트 이상을 차지하는 농부와 노예를 억압하는 데에 성공했다. 고대 이집트, 비옥한 초승달 지대, 아시아에서 통치자를 떠받들거나 심지어 신격화하기 위해서 수천 명을 동원하여 건설한 대규모 건축물에서 이를 볼 수 있다. 이 초기의 계층 구조가 아프리카, 유럽, 아시아 전체를 수천 년간 다스렸다. 이 계층 구조는 군집의 구성원들이 통제 속에서 하나의 유기체처럼 작동하는 개미 군집이나 벌 떼의 사회 조직을 닮았다. 오늘날의 근로 빈곤층과는 달리 소작농의 신분은 평생 고정된 것이었다. 그리고 흰개미 군체나 침팬지 무리에서처럼 이웃한 도시국가나 종 사이의 폭력적인 충돌은 법칙과도 같았던 반면, 벌 떼, 홍합 밭, 켈프 숲(바닷속의 다시마 숲)에서처럼 도시국가 내부에서는 사회 조직과 협동이 더 흔했다.[8]

비옥한 초승달 지대에서 시작한 농업 시대부터 중세에 이르기까지, 지배 계층은 대중을 엄격하게 다스리고 통제하기 위한 방식으로서 공개적인 위협과 폭력을 활용했다. 신체 고문을 동반하는 공개 처형은 지배층이 대중을 다스리는 흔한 방법이었다. 스티븐 핑커는 도둑질하거나 순종하지 않거나 심지어 아주 작은 규칙만 어겨도 공개적으로 모욕하고 인간으로 취급하지 않고 극심한 고통을 가했던 오랜 세월을 요약했다.[9] 손, 팔,

코와 같은 신체 부위를 공개적으로 절단하는 것은 사소한 범죄에 대한 흔한 형벌이었고, 음식을 훔치거나 무단침입한 아이들에게도 적용되었다. 사지를 찢거나 말뚝이나 십자가에 매다는 등 느린 고문의 장면을 보여주는 잔인하고 가학적인 처형은 이를 지켜보는 많은 사람들에게 심각한 범죄를 저지르면 어떻게 되는지를 경고했다. 여기에서 심각한 범죄란 어떤 방식으로든 통치자를 모욕하는 행위(눈을 똑바로 쳐다본다든지, 그들의 노예와 어울린다든지, 공용지에서 땔감용 나무를 베든지 등)를 포함한다. 고통스럽게 굶어 죽어가는 모습을 모두가 볼 수 있도록 범법자들을 런던 타워에 높이 매달았던 창살 감옥은 이런 잔인한 처형방식의 유물이다. 중세를 거치는 동안 공개 고문과 처형의 방식은 나날이 잔혹해졌고 참수용 단두대의 도입이 차라리 더 인간적으로 보였다. 그러나 단두대 처형 역시 공개적으로 행해졌는데 대중을 통제하고 통치자들의 지배력을 유지하는 데에는 형벌이 처해지는 광경이 형벌 자체만큼이나 중요했기 때문이다.

이 사회적 계층 사다리에서 노예가 가장 낮은 위치에 있었다. 인간의 노예 제도는 적어도 농업혁명 이후 문명이 시작되었을 때부터 이미 계층 조직의 일부로서 존재했다. 사람을 전쟁의 전리품으로 삼거나 또는 빚이나 비용을 갚지 못한 채무자를 노예로 삼으면서 시작된 노예 제도는 넓은 영지를 관리하기 위해서 많은 노동력을 확보해야 했던 지배층 귀족 가문의 필요를 채웠다. 고대 그리스 로마 문명에서는 인구의 3분의 1이 노예였다. 이후 서양에서는 노예 제도가 차츰 사라졌는데, 노예 제도는 농부에게 소작을 주고 공물을 바치게 하는 것보다 수익이 적고 유지도 어려웠기 때문이다.[10]

인류사의 가장 큰 아이러니 중에 하나는 아랫사람들을 고문하고 자신들을 신격화해온 지배 가문이 오늘날에도 지구상에서 실질적 또는 상징적으로 여전히 한 나라를 지배하는 왕실의 혈통이라는 사실이다. 백성을 절대적으로 예속시키고자 공포에 몰아넣고 인간성을 말살하고 함부로 죽였던 바로 그 가문이 대개는 백성의 숭배를 받았다. 통치자의 혈통을 모조리 죽여 없앤 러시아 혁명처럼 지배 가문에 대한 반란이나 혁명도 여러 차례 일어났지만, 피비린내 나는 과거를 가지고도 흠숭받는 왕족들은 아직도 전 세계에 흔하다.

노예를 통제하고 사회적 우열관계를 강화하기 위해서 인간이 택한 방식 중의 하나가 거세이다. 전쟁에서 이겼을 때, 승자의 지배력을 보여주기 위해서 죽었든 살았든 적들을 궁형에 처한 것은 말할 것도 없고 많은 문화권에서 남성 필경사와 지략이 뛰어난 책사들도 거세를 당했는데, 이는 그들이 모시는 군주에게 온전히 집중하게 하는 것은 물론이고 그들을 덜 야심 차고 덜 위협적이고 덜 공격적이게 만들기 위해서였다. 위협이 되는 남성을 거세하는 관습은 고대 그리스에서 비잔틴 제국까지 행해졌다. 페르시아에서는 슬라브 국가들과 아프리카에서 온 남성 노예들을 좀더 온순하게 만들기 위해서 거세를 시행했다. 가축 중에서 공격적이고 강한 수컷을 거세하여 길들이는 방식 역시 놀랍지 않다.[11]

거세처럼 상징적인 행위는 온전한 인간의 문화라는 인상을 줄 수도 있지만 사실 여기에도 인간이 그저 따르고 있을 뿐인 풍부한 진화의 역사가 있다. 예를 들면 많은 종류의 기생체가 숙주를 거세하여, 숙주 자신의 자손보다 이 영리한 기생체의 자손을 생산하는 커다란 암컷으로 만든다. 이와 비슷하게 일부 사회적 곤충의 수컷은 호르몬을 통해서 중성화되어 말 잘 듣는 헌신적인 일꾼이 된다. 인간과 동식물 모두 거세라는 행위 이면에는 동일한 진화적 동기가 있다. 거세당한 자의 호르몬을 조작하여 거세한 자의 생식적 생산량 또는 적합도를 증진하려는 것이다.[12]

척추동물 중에 성적 조작을 통해서 사회를 통제하는 가장 극단적인 사례는 산호초에서 하렘을 이루고 사는 앵무고기와 그 친척인 양놀래깃과 물고기들이다. 양놀래깃과 물고기들은 성별이 사회적 환경에 따라 제어되도록 진화했다. 앵무고기 하렘에는 우두머리 수컷 한 마리를 암컷들이 둘러싸고 있고 나머지 작은 수컷들은 발을 붙이지 못하고 쫓겨난다. 알파 수컷이 죽으면(또는 연구자가 인위적으로 제거하면) 몸집이 가장 큰 암컷이 호르몬에 의한 성 변화를 일으키며 며칠 만에 알파 수컷이 된다. 이런 식으로 경쟁에서 가장 우세한, 즉 가장 몸집이 큰 물고기가 자신의 유전자를 다음 세대로 전달한다.[13]

그러나 동물의 세계에서 지배권이 오로지 수컷에게만 있는 것은 아니다. 암컷이 지배하면서 성별 변화가 사회적으로 통제되는 사례도 있다. 미국 뉴잉글랜드 해변에서 조개를 줍는 사람들에게 친숙한 해양동물 중에 스웨덴의 식물학자 칼 폰 린네가 '아치 모양의 작은 신발'이라는 뜻으로 장난스럽게 크레피둘라 포르니카타(Crepidula fornicata)라고 이름을 붙인 짚신고둥이 있다. 크레피둘라는 파도가 잘 들이치지 않는 해안가에서 몸집이 큰 놈이 가장 밑에 자리를 잡고 위로 갈수록 작은 놈들이 업힌 모양새로 층을 이룬다. 맨 밑에 있는 가장 큰 개체가 유일한 암컷이고 나머지 작은 개체들은 모두 수컷이다. 앵무고기와는 반대로 암컷을 제거하면 가장 큰 수컷이 성을 바꾼다. 이렇게 암수의 차이가 생기는 이유는 크레피둘라의 경우 몸집이 큰 암컷이 더 많은 생식적 결과를 낳는 반면, 앵무고기에서는 큰 수컷이 작은 암컷들로 이루어진 하렘을 통제하기 때문이다. 따라서 짚신고둥과 앵무고기 모두 가장 몸집이 큰 개체의 유전자가 선택되는 것이다.

거세는 한때 인간이 통제와 지배의 수단으로 시행하던 관행이었지만, 결국에는 지배계급의 권력을 뒷받침하고 확장시키는 다른 체계로 대체되었다. 인간 지배 구조의 가장 놀라운 결과는 아마도 평화화와 문명을 향한 경향일 텐데, 이 두 과정이 인간의 공격성과 폭력성을 감소시켰다.[14] 앞에서 본 것처럼 이런 성향은 청동기시대부터 오늘날까지 살인율을 몇 자릿수나 낮추었고, 협력에 대한 압력을 증가시켰으며, 상호 이익을 주는 교역망 발달에서 비롯된 문화적이고 사회적인 힘을 북돋아주었다. 이 과정은 심지어 대중의 사회적인 행동과 언어까지 부드럽게 이끌었고, 계층적 우열관계로 이어지는 비대칭적 상호작용을 제한하는 데에도 도움이 되었다. 그러나 지배와 통제의 가장 본질적인 기제는 정신적인 힘이며 후대에 통치권을 물려주려는 욕망이다. 평화화, 문명과 함께 이 원리들은 인간의 사고와 삶을 통제하면서 개체의 생존과 번식의 성공을 증가시켰다.

가족과 신

귀족들은 일반적으로 대를 이어 토지, 자원, 사람을 물려주었다. 대부분 가문의 장자에게 모든 것이 돌아갔는데 이 장자상속 관행은 창세기에서 최초로 언급된다. 장자상속은 종종 피비린내 나는 골육상쟁과 격렬한 가족 내 경쟁으로 이어졌지만, 대개는 유전적으로 근연관계에 있고 엄격하게 통제된 소수에게로 한정되었다. (형제를 죽일 생각이 없는) 나이가 어린 아들들은 결국 기사나 사제가 되었는데, 읽고 쓰기를 배우면서 기사나 사제가 되는 훈련을 받을 수 있는 것은 상류 지주 계층뿐이었기 때문이다. 이 "차선책" 때문에 정보와 병권은 통치 가문이 독점하게 되었다. 귀족 가문은 새로운 땅과 자원을 정복하고 다른 가문의 영지를 복속시키는 기사의 능력뿐만 아니라 종교를 통해서도 영향력을 확장했다. 지배 가문은 회유와 협박을 번갈아 사용하는 좋은 형사, 나쁜 형사 전략으로 대중을 지배했다. 통치자는 순응하지 않는 자에게 가혹한 형벌을 내림으로써 명령과 규칙을 강화했다. 그러나 한편으로는 자신에게 주어진 자리를 받아들이고 기쁘게 고통을 감내하면 미래에 보상이 주어질 것이라고 약속하는 종교적 신화를 창조하고 전파함으로써 사람들에게 위로와 희망, 그리고 행복한 결말을 제시했다. 이러한 전략은 힘 있는 자들의 지위를 유지해주는 완벽한 원투펀치였다.[15]

대부분의 초기 문화권에서 여성은 주로 상품으로 또는 유전자 흥정의 자산으로 취급되었고, 청동기시대부터 중세까지는 전쟁의 전리품으로 끌려다녔다. 봉건 시대의 유럽 등에서 여성은 정치적 볼모로서 힘 있는 가문과 유전적 동맹을 맺기 위해서 혼인해야 했고, 우세한 가문의 권력을 확장시키고 공고히 하려는 문화 구조의 일부가 되었다.

유럽, 중동, 아시아 전역에서 인간 사회는 일정한 거리를 두고 반(半)자율적으로 지배되는 가문의 사유지로 조직되었다. 큰 왕국의 경우 방어가 삼엄한 성 주위에 농장들이 둘러서 있었다. 생태적 수준에서 보면 이러한 구조는 근본적으로 산호초, 바위 해안, 습지에서 서식하는 식물이나 해양 고착 생물의 결정론적 공간 구조와 닮았다. 인간은 지구를 지배했지만 생명 자체의 근본적인 과정이나 형태에서는 벗어날 수 없었던 것이다. 이를테면 경쟁에서 우세한 개체 주위를 열세한 개체들이 둘러싸는 자기조직

화가 그러하다. 그 생물이 바닷가의 따개비든, 중세 유럽의 인간이든 간에 다를 바가 없다.[16]

그러나 인간 사회의 지배 구조는 따개비와는 분명히 다르다. 인간의 지배 구조는 개체의 크기나 능력뿐만 아니라 문화적 신화에 의해서도 확립되기 때문이다. 신화에 대한 인간의 취약성은 실질적으로 모든 문명에서 어떻게 지배 계층이 "역사는 승자가 쓴다"라는 주장에 힘을 실어주며 사회 지배 신화를 통해서 수동적으로 대중을 통제할 수 있었는지 설명한다. 오늘날 감소한 종교의 역할은 종교가 사회의 지배 구조를 유지하는 신화 창조의 힘을 포기했다는 뜻으로도 해석될 수 있다. 지금은 대개 부(富)가 인간의 행동을 통제하는 통화나 언어로서 종교적 신화를 대체한다.[17]

이러한 변화 이전에, 종교 지도자와 귀족은 힘을 합쳐서 지구에 존재하는 인간의 대다수를 복속시켰다. 유럽에서 이러한 예속을 뒷받침한 이데올로기를 존재의 대사슬(Great Chain of Being)이라고 부른다. 이 위계 구조에 따르면, 신은 모든 인간과 삼라만상에 목적과 의도를 채웠을 뿐만 아니라, 한 사람이 타고난 사회적, 경제적 역할이야말로 곧 신이 그에게 부여한 목적이었다(그림 7.4). 즉, 따개비, 자고새, 노예, 농노, 성직자, 지배자로 태어났다면 주어진 모습대로 살면서 제자리를 지켜야 한다는 뜻이다. 사회적 이동의 가능성은 없었다. 이 이데올로기는 중세 유럽의 위계 구조를 굳건히 다졌고, 그 기본적인 요소들이 전 세계에 복제되어 사회를 계층화하는 카스트 체제를 만들었다. 존재의 대사슬과 유사한 관념을 가진 사회 구조가 아프리카의 문화적 틀과 인도와 중국의 문화에서도 계층적 통제를 확실히 자리매김하게 했다. 신화와 통치자가 각각 좋은 형사와 나쁜 형사의 역할을 맡은 것이다.

그림 7.4 존재의 대사슬을 그린 중세의 삽화. 모든 생명체는 적절한 자리에서 태어나며 수직적 이동의 가능성은 없다는 이데올로기로, 권력을 유지하려는 귀족과 교회가 만든 교리이다.

출처 Public domain image from Rhetorica christiana by Fray Diego de Valadés(1579).

교회나 유사한 기관들은 신화를 통해서 적극적으로 대중을 달래고 통제했다. 이들은 사람들을 문맹에서 벗어나지 못하게 했고 기근, 질병, 전쟁이 신의 형벌이라고 가르치면서 사람들을 두려움에 떨게 했다. 그리고 무엇을 먹으면 안 되는지, 무엇을 입어야 하는지, 언제 어떻게 성관계를 해야 하는지를 모두 성문화했다. 종교기관은 어부들과 이해관계를 맺어 그들의 후원을 받았고(원래는 이교도와 맺었던 관계였다), 대신 금식일을 지정하여 그날에는 생선만 먹어야 한다는 규율(기독교 성전에는 전혀 나와 있지 않은 관례)을 정해서 어부들을 도왔다. 또한 교회는 종교 전쟁에서도 중요한 역할을 했다. 지배층은 전쟁을 통해서 권력을 확장했고 교회는 이념적 동기를 정치적, 경제적 행동으로 옮기는 역할을 했다. 안타깝지만 이는 오늘날에도 여전히 활용되는 도구이다.[18]

앞에서 논의한 것처럼 14-15세기의 유행병과 기근은 사람들의 목을 조이던 종교와 귀족 체제를 무너뜨리는 데에 크게 일조했다. 치명적인 질병은 인간의 위계 구조에 개의치 않았고, 사회 계층을 가리지 않고 덮치면서 엄청나게 많은 사람들의 목숨을 앗아갔다. 오랜 지배와 속박의 시대가 불안정해지자, 건드린 벌집처럼 스페인, 포르투갈, 네덜란드, 영국과 같은 소국들이 여기저기로 뛰쳐나와 해상 무역을 장악했고, 세계를 탐험하고 식민지 제국을 건설하면서 에너지를 발산했다. 우리는 인류사의 이 시기를 르네상스와 계몽의 시대라고 부르지만, 한편으로 이 현상은 인간이 고갈된 자원의 기반으로부터 벗어나 확산을 시도한 것으로서, 자연사에서 개체군 과밀과 제한된 자원에 대한 보편적인 반응, 다시 말해서 질병이나 기근 같은 사건의 원인이자 결과였다. 이 시기에도 종교와 신화는 식민주의자들에게 마야 문명을 비롯해서 북아메리카와 남아메리카, 그리고 태평양 섬들의 토착 문화처럼 새롭게 만난 문명들을 지배하고 노예화하고 파괴하는 권한을 부여하면서 여전히 중요한 역할을 했다.[19]

극심했던 종교 지배의 마지막 고통의 시기였던 1215년에 유럽 귀족들은 가장 큰 타격을 받았다. 왕의 신성한 권리를 뒤집은 마그나 카르타(대헌장)가 체결되면서 귀족과 종교의 결탁에 금이 간 것이다.[20] 대헌장의 정신은 광범위하게 해석되었고 농민들 사이에서는 존재의 대사슬에 대한 불신이 전염되기 시작했다. 이 발전은 사회의 위계 구조에 좀더 심각한 위협의 씨앗을 뿌렸고, 전 세계에 지적인 유행병처럼 퍼져나간 프랑스와 미국의 혁명과 함께 18세기 계몽 시대를 열었다. 그러나 이러한 고전적 형태의 위계 구조가 해체될 때에 사회는 여전히 변화와 발전을 주도하지 않았다. 대신 자연사의 제약이 사회와 조직의 변화에 박차를 가해 새로운 힘과 지배권에 자리를 내주었다. 이 새로운 힘의 하나가 과학이다.

정보의 힘

과학 자체는 인류만큼이나 오래되었다. 우리의 가장 먼 조상들조차 살아남으려면 주위 환경의 복잡한 자연사를 이해해야 했기 때문이다(오늘날 우리에게는 거의 불가능했을 일이다). 자연사를 다루는 박물학은 생물학과 지질학, 물리학을 포괄한 최초의 과학이었다. 많은 문명이 태동할 때부터 배움의 터전이 주는 이점을 잘 알았다. 예를 들면 현존하는 세계에서 가장 오래된 대학은 기원후 859년에 모로코의 도시 페스에 설립된 카라윈 대학이고, 5세기에 이란에 설립된 준디샤푸르 아카데미처럼 더 오래된 학교들도 존재했다. 중국도 오랜 과학과 기술의 역사를 가지고 있지만, 엄격한 신권 통치 시절에 중국과 페르시아 제국의 통치자들이 과학과 철학을 금하여 오래된 초기 대학들 중에서 일부를 폐쇄했다.[21] 과학은 언제나 사회적 행위자들의 권력에 좌지우지되었고, 과학을 홀대하는 관습은 문명 그 자체만큼이나 오래되었다.

시간을 한참 뛰어넘어 18–19세기의 산업혁명 시기에는 권력이 과학과 기술에 다시 힘을 실었을 뿐만 아니라 새로운 기술을 사용해서 적극적으로 사업을 확장한 부유한 상인 계층의 출현을 야기했다. 앞선 농업혁명과 마찬가지로 산업혁명은 대중의 집단이익을 활용하여 협력이 없었다면 불가능했을 목표를 성취했다. 가속화된 인구 성장과 양성 피드백에 의해서 강화된 산업혁명은 대중에게 새로운 기회를 부여함으로써 귀족과 교회에 도전하여 세계를 재편성하고 계층을 재조직하는 협력의 힘을 다시 한번 보여주었다. 산업혁명을 발판으로 삼은 상인 계층의 도전은 존재의 대사슬이 가진 한계를 증명했는데, 사슬의 밑바닥을 차지했던 노동자가 사업을 하면서 관리자와 우두머리의 역할까지 해낼 수 있었던 것이다. 한 사람의 인생에서 사회적 지위는 더는 고정된 구성요소가 아니었다.

게다가 과학과 기술은 종교가 지키지 못한 약속까지 지킬 수 있었다. 더 나은 삶에 대한 약속 말이다. 질병 치료에서부터 산업 발전에 이르기까지 과학은 종교가 (특히, 대역병의 시기에) 하지 못한 방식으로 살아 있는 사람들의 삶을 향상시켰다. 인류 문화가 점차 세속화되자 교회는 과학을 적으로 둠으로써 상황을 타개하려고 했다. 그것은 갈릴레오가 지구가 아닌 태양이 우주의 중심이라고 가르쳤다는 이유로 가택 연금 선고를 받은 이후에 사용된 전술이다. 나는 1987년에 영국 플리머스에서 방문한 작은 지역 자연사 박물관에서 이 방어적 행동의 결과를 보았다. 그 박물관에는

1800년대에 현지 농부들이 발견한 인상적인 공룡의 뼈가 전시되어 있었다. 땅속에서 발견된 정체를 알 수 없는 동물의 거대한 뼈가 당시에는 꽤 장한 수수께끼였는데, 교회가 지구의 나이는 고작 6,800년밖에 되지 않았다고 가르쳤기 때문이다. 교회는 감당할 수 없을 정도로 많은 양이 발굴될 때까지 공룡의 뼈를 지하실에 숨겨왔다.

비슷한 시기에, 독학한 박물학자인 메리 애닝은 자신의 고향인 영국 도르셋의 침식된 해양 절벽에서 화석을 찾고 연구하기 시작했다(그림 7.5). 애닝은 쥐라기로 거슬러 올라가는 1억4,500만–2억 년 된 화석을 발견하면서 지질학적 시간이라는 개념에 대한 증거를 최초로 제공한 고생물학자가 되었다. 지역 주민들은 해안가를 따라서 침식된 사암 절벽에서 그녀가 찾아낸 공룡 화석을 용의 화석이라고 생각했다. 여성이라 정식 교육을 받지 못했고 낮은 신분이었던 애닝은 자신의 발견을 공식적으로 발표하지는 못했지만, 현재는 가장 영향력 있는 고생물학자로 인정받는다.[22]

20세기 중반, 인류 문명의 다음 변혁이 시작되었다. 정보화 시대가 도래한 것이다. 산업에서 정보로의 전환은 문화적 변화를 극적으로 가속했다. 다만, 정보는 문명이 시작된 이래로 언제나 대중을 통제하고 권력을 공고히 하는 데에 쓰였다는 사실을 기억해야 한다. 신들의 대리인으로 자처한 메소포타미아 통치자들, 거래를 기록하기 위해서 자신들과 필경사들만이 읽을 수 있는 상형문자를 사용한 이집트 지배 가문, 필경사를 거세하여 지식이 권력으로 이용되는 것을 막은 중국인에 이르기까지, 교육받은 지배 계층은 대중을 정보로부터 소외시켰다. 종교도 정보가 일반 교구민에게 전해지는 것을 막는 데에 한몫했다. 특히 여성과 노예가 문맹이었는데, 세계 일부 지역에서는 이 관행이 여전하다. 예를 들면 가톨릭에서는 아주

그림 7.5 선구적인 "아마추어" 화석 수집가이자 고생물학자인 메리 애닝. 멸종한 거대 바다 괴물인 "어룡" 익티오사우루스의 화석 유해를 찾은 것으로 유명하다. 그녀의 발견은 19세기 고생물학에 도전했고 일반 대중을 매료시켰다.

출처 메리 애닝의 사진은 The History Collection/Alamy Stock Photo. 화석 그림은 Ichthyo-saurus skull discovered by Joseph Anning, published in *Philosophical Transactions of the Royal Society of London* 104 (1814)를 참조함.

최근까지도 라틴어로만 예배를 집전하여 평신도에게 신의 말씀을 숨겼다. 10대 때에 나는 친구를 따라서 가톨릭 미사를 드리러 갔다가 몹시 주눅이 들었던 기억이 난다.[23]

정보화 시대는 이러한 과거의 수직적 위계 구조를 아직 밝혀지지 않은 방식으로 평탄하게 만들어, 새로운 가능성과 함께 문화적 차이와 불평등을 전 세계에 노출시켰다. 1990년에 발리 근처의 한 섬으로 다른 과학자들과 다이빙을 하러 간 적이 있다. 그곳에서는 토착민들이 여전히 해초 수확과 바구니 짜기 같은 전통적인 경제활동을 하고 있었다. 우리는 당나귀 수레를 타고 이동하면서 햇볕에 그을린 여성들이 천으로 만든 치마를 입고 바닷가에서 해초를 체로 거르는 장면을 보았다. 그 광경을 보면서 나는 마치 시간을 거슬러 여행하는 듯한 기분이 들었다. 배로 돌아가는 길에 해변 뒤편의 언덕을 지나칠 때까지 말이다. 그곳에는 초가지붕 아래 흙바닥에 아이들이 잔뜩 모여 앉아 있었는데, 가까이 가서 보니 만화가 방영되는 작은 텔레비전을 뚫어져라 보고 있었다. 그곳은 원시적이고 오염되지 않은 오지가 아니라, 지구촌 세계의 일부에 불과했던 것이다.

역사의 가르침을 받아들인다면, 최근의 정보 기술 발전은 문명에 곧 격변이 일어날 것을 알리는 신호로 보아야 한다. 과거에 문명의 역사에서 일어났던 영속적인 변화는 모두 정보 또는 협력적인 돌파구에 의해서 이루어졌다. 이런 돌파구는 초기에는 문화적 혼란을 야기했지만, 지식의 확산을 늘리고 문화 간의 장벽을 낮추고 지배의 위계 질서를 교란함으로써 지구의 유효 크기를 축소했다. 불, 협동 사냥, 농업, 육지와 해양에서의 무역, 세계 탐험, 산업혁명이 모두 판을 바꾼 결정적인 사건이었다. 처음에는 모두 폭력과 권력 싸움 등 어느 정도의 혼란을 일으켰지만 시간이 지나면서 지식과 정보의 확산이 중재한 질서와 협력이 이를 개선했다. 지식은 권력과 동등하다. 지배층과 영적 지도자들이 지식을 이용하여 새로운 땅에서 사람들을 복속시켰을 때에 처음에는 대중을 지배했지만, 점점 더 넓은 영역으로 지식이 확산되자 질서와 협력이 발달했다. 그러나 이는 애초에 발달을 일으켰던 자연사 안에서의 협력적 행위가 아닌, 의지적이고 목적론적인 협력의 예시이다. 다시 말해서 시민들이 힘을 얻어 평탄해진 세계는 맹목적이고 앞으로 밀어붙이기만 하는 진화에 도전하는 협력을 선택한다는 뜻이다. 실크로드와 철도의 발달, 그리고 인터넷을 그 예로 들 수 있다. 각각 다른 시대에 다른 시간의 규모로 작동하면서 처음에는 격렬한 경쟁을 수반했고 초기에는 계층적 통제가 증가했지만, 시간이 지나고 정보가 광범위하게 확산하면서 마침내 교류와 신화를 통한 의지적 협력이 증가했다.

만약 오늘날 세계적으로 확산된 정보가 기회와 자원 분배의 격차를 전례없이 증가시키고 더불어 인구 증가, 자원 감소 및 환경 오염이 동반된다면, 이제 세상에는 어떤 일들이 일어날까?

과거에 지구에서 일어났던 생명 현상의 큰 전환점들은 전체가 부분의 합보다 크게 인식되는 총체적이고 협력적인 해결책들을 조우해왔다. 마찬가지로 지구의 생태계와 그 생태계가 제공하는 서비스들은 이 책에서 지금까지 논의한 협력적 상리공생으로 뒷받침되었다. 그러나 인구 증가가 자원 공급을 초과하는 지점에 도달한다면, 우리 문명을 위한 해결책은 무엇일까? 협력적으로 추진된 인구 증가가 생존을 위해서 공진화한 군비 경쟁과 교차한다면 어떤 일이 일어날까? 생태계의 협력적 요소가 손상되어 모두가 공유하는 환경의 치유가 어려워진다면 우리는 어떻게 해야 할까?

제3부

운명

우리는 어디로 가는가

자신 외에 다른 누구도 자신을 구원할 수 없다.

그럴 수도, 그러기를 바랄 수도 없다.

— 석가모니

제8장

영적인 우주

17세기 프랑스의 철학자 르네 데카르트는 "나는 생각한다, 고로 나는 존재한다(Cogito, ergo sum)"라고 선언하며 인간이 다른 생명체보다 우월하다는 통념을 표현했다. 우리는 개나 고양이 같은 반려동물을 사랑하지만, 이 동물들이 자신이 어디에서 왔고 자신이 누구이며 죽으면 어디로 갈지를 깊이 고민하는 사상가라고 생각하는 사람은 없을 것이다. 열렬한 동물 애호가라도 개 신화를 옹호하거나 반려동물의 천국을 생각하지는 않는다. 그렇다면 흔히 문화의 정점이라고 하는 종교를 인간과 자연세계를 분리하는 지점으로 볼 수도 있을 것이다. 화로에서 고기를 요리(같은 음식에서 더 큰 에너지를 얻고, 뇌를 성장시키고, 의사소통, 협력, 언어, 문제 해결 능력을 이끌고, 이어서 더 높은 차원의 두뇌 계발을 이끈 행위)하는 동안 발생한 신화와 종교, 신념이야말로 가장 인간다운 부분이 아닐까?

인간의 의식을 만들어낸 뇌의 생화학이 아직 완전히 이해되지는 않았지만, 고기능 인지능력의 결과는 분명하다. 이 능력은 우리로 하여금 삶의 의미에 대해서, 우리가 지금 무엇을 하고 있는지, 그리고 앞으로 무엇을 할 것인지에 대하여 의문을 품게 했다.[1] 이 능력은 심리학, 사회학, 과학, 종교를 만들고, 바흐, 밥 딜런, 비틀스, 문명을 창조했다. 또한 우리가 매일 무엇을 먹고 살아야 할지 고민하는 대신에 다른 일을 할 수 있게 한다. 그 덕분에 독자가 이 책을 읽을 수 있는 것이다.

다시 말해서 우리는 인류가 그 안에서 (인간 중심적인) 의미를 찾아 헤매온 종교, 철학, 예술이라는 무대가 인간과 다른 모든 종을 본질적으로 구별한다고 믿고 싶은 유혹을 느낀다. 그리고 아리스토텔레스가 말한 "생각하는 동물"이 되기 위해서 인간은 사고하는 능력을 실제로 인간과 다른 종들을 구별하는 기준으로 사용한다. 동물은 동물이고, 인간은 인간인 것이다.

그러나 자연사의 관점은 다르다. 신화를 창조하는 능력을 가진 것은 인류가 유일할지 모르지만, 그런 능력조차 무(無)에서 생겨나지는 않았다. 이 능력은 인간이 지구를 지배하게 만든 것과 동일한 공생발생적 협력 과정에서 왔다. 타인에게 사회적 권력을 휘두르기 위한 필수적인 도구가 된 종교의 밑바탕에 깔려 있는 신화에도 자연사에서 일어난 협력적인 진화로 설명할 수 있는 가장 이상하고도 가장 창의적인 이론과 가설이 있다. 즉, 식물의 화학에 대한 지속적인 관심과 이해가 신화와 연관된다는 뜻이다. 그러나 나중에 설명하겠지만 이 관계는 단지 의학적인 목적에서 비롯한 것이 아니라, 다양한 식물이 가진 환각과 향정신성 속성에서도 유래했다. 그중에는 추측일 뿐인 가설도 있지만, 결국 모두 지적하는 것은 인간의 협력적인 사회 구조와 식물의 방어 화학이 서로 밀접한 관계에 있다는 사실이다.

운명

소마와 삶의 의미

힌두교는 현존하는 종교 가운데 가장 오래된 종교 관례의 기록이 남아 있는 종교이다. 힌두교 경전들 중에서 가장 오래된 것은 무려 6,000년 전으로 추정되는 『리그베다(*Rigveda*)』로, 고대 인도-이란 문자인 산스크리트어로 쓰였다. 이 경전에는 사제들이 신과 소통하고 신과 숭배자들 사이의 통로 역할을 하게 해주는 소마(Soma)라는 음료를 제조하고 마시는 방법이 기술되어 있다. 소마는 수천 년 후에 올더스 헉슬리의 디스토피아 소설 『멋진 신세계(*Brave New World*)』에서 정부가 대중 통제를 위해서 사용한 향정신성 약물로 다시 등장한다. 이 소설에서 소마는 그것을 복용하는 사람에게 "기독교와 술의 장점만을 제공할 뿐, 문제라고는 하나도 없는" 이상적인 쾌락의 약물로 묘사된다.[2] 실제로 소마는 종교전쟁을 일으킨 적이 없고 도덕적 죄의식을 강요하지도 않았다. 삶에 실존적 의미가 있어야 한다는 교의(敎義)에서 비롯된 고뇌로부터 위로와 편안함을 주었을 뿐이었다.

그러나 소마와 종교 사이의 연관성은 여기에서 그치지 않는다. 『멋진 신세계』를 출간하고 20여 년 뒤에 헉슬리는 『지각의 문(*The Doors of Perception*)』이라는 도발적인 책에서 더 높은 차원의 의식으로 가는 관문으로서 향정신성 식물 화합물의 역할을 탐구했다.[3] 그러나 그의 탐구 주제는 "소마" 안에 이미 존재했다. 오랫동안 미지에 싸여 있던 소마의 원료가 마침내 아마니타 무스카리아(*Amanita muscaria*), 즉 광대버섯을 가공한 물질이라는 사실이 밝혀진 것이다. 최근에 연구자들이 『리그베다』에 나온 대로 소마를 제조해보았더니, 이 제조법은 광대버섯의 치명적인 2차 생산물을 중화시키고 복용자에게 비정상적인 의식 상태를 경험하게 하는 향정신성 효과를 증진시켰다.

이 비정상적인 의식 상태가 이른바 "영적 경험"일 가능성이 매우 높다. 광대버섯처럼 이런 종류의 의식을 자극하는 물질을 "영신제(迎神劑)"라고 부르는데, 인간이 이 물질과 오랜 진화적 역사를 공유한다는 사실은 놀랍지 않다. 사람들을 위로하고 마음을 움직이고 전쟁을 부추기고 인간의 문화적 삶에 구석구석 영향을 미친 신화와 종교에도 자연사가 있을까? 우리가 종교의 밑바닥까지 파고든다면 인간이 가지는 신념체계와 신화의 뿌리가 바로 그 식물의 '뿌리'였음을 알게 되지는 않을까?

공통점을 가지고 충돌하는 신화들

그러나 종교의 물리적 기반을 논하기 전에 전 세계의 신화가 상징적, 이념적으로 공유하는 특징을 살펴보는 것이 좋겠다. 유사 신화들에는 이미 공통적인 출처가 있다. 실제로 신화학자들은 다양한 문화의 창조 이야기에서 발견되는 반향과 반복에 오랫동안 관심을 두었다. 예를 들면 동정녀의 출산은 기독교의 예수, 아즈텍의 케찰코아틀, 중국의 농업의 신(神) 후직 등 많은 종교적 전통에서 흔히 나타난다.[4]

특히 기독교는 여러 곳에서 모티브를 빌려왔는데, 일례로 고대 이집트 신화는 기독교보다 3,000년을 앞서서 에덴 동산, 원죄, 창조신, 천국과 지옥이 있는 사후세계를 그렸다. 19세기 초 퀘이커교 폐지론자인 커시 그레이브스는 종교가 진실을 과장하며 예수는 고대의 신화적 구술 역사에서 나온 가공의 인물이라고 생각했고, 기독교와 고대 이집트 신화 사이의 이러한 연관성과 모순에 관해서 폭넓게 다루었다. 1875년에 그는 『십자가에 매달린 16명의 구세주들 : 예수 이전의 기독교(*The World's Sixteen Crucified Saviors : Christianity Before Christ*)』에서 이러한 관점을 제시했는데, 이 책은 종교계에서는 혹평을, 학계에서는 창조적이라는 호평을 동시에 받았다. 이 책에서 그레이브스는 순결한 잉태, 탄생을 암시하는 별, 심지어 현자나 왕이 출산 과정에 참석한 상황 등의 사례를 언급했다. 이번에도 이집트 신화는 호루스라는 인물을 통해서 기독교와 비교되는데, 그 내용이 묘하게 일치한다. 호루스는 12사도를 거느린 신인데, 별이 그의 탄생을 알린 이후 처녀의 몸에서 태어났다. 예수처럼 그는 30세에 세례를 받았으며, 죽은 자를 일어나게 하거나 물 위를 걷는 등의 기적을 행했다. 그 역시 십자가에 못 박혀 무덤에 묻혔다가 부활하여 승천했다. 불교의 석가모니나 힌두교의 크리슈나 역시 놀라울 정도로 예수와 닮았다. 모방하지 않기에는 너무 매력적인 이야기였던 모양이다.5

고대 신화를 동시대의 신앙으로 통합, 동화, 변형시키는 행위에는 대중을 무언(無言)의 형태로 관리하고 응집시키는 것 이상의 실용적이고 정치적인 동기가 있었다. 역사 속에는 막 정복한 영토에서 평화를 유지하기 위해서 현지의 관습과 신앙을 받아들인 성공적인 정복자(알렉산드로스 대왕이나 칭기즈 칸 등)의 사례가 많다. 중세 초기에 샤를마뉴와 같은 황제의 부인들이 기독교로 개종한 이후로 기독교는 이단에서 국교로 바뀌었고, 백성 전체가 순탄하게 개종하도록 과거의 관습에 맞추어 개정되었다. 예컨대 고대에 12월의 동지와 3월의 춘분은 한 해의 때를 알리는 가장 중요한 이정표였는데, 기독교의 기념일은 이를 활용했다. 그래서 오늘날 크리스마스는 동지, 부활절은 춘분에 맞추어져 있는 것이다. 아마도 원래는 이교도들이 생명의 부활을 축하한 시기였을 것이다. 기독교의 상징에도 이처럼 빌려온 것들이 있다. 예를 들면 처형할 때에 관습적으로 쓰던 말뚝 대신 이교도의 십자가를 사용한 것이 그러하다. 이교도에게 십자가는 어머니 여신의 중요한 상징이었다. 또한 오늘날에도 어디에서나 볼 수 있는 기독교의 물고기 문양 역시 원래는 이교도에서 탄생과 다산의 신을 상징했다. 심지어 기독교의 성전은 종종 고대의 성지 위에 세워졌다. 말 그대로 하나의 전통을 다른 전통 위에 덧씌운 셈이었다.[6]

정치 지도자와 정복자는 사회화와 공동체 구축 작업에 종교를 활용했지만, 통치자의 목적 달성을 위해서 이용된 종교는 필연적으로 갈등을 초래했다. 각 종교의 교리에는 신의 뜻을 신성하게 전달한다는 권위가 있었고, 따라서 전 세계의 종교들은 양립할 수 없이 충돌하게 되었다. 그리고 이는 현재에도 여전히 진행 중인 성전(聖戰)의 유행으로 이어졌다. 새뮤얼 헌팅턴의 영향력 있고 논란이 된 책 『문명의 충돌(*The Clash of Civilizations and the Remaking of World Order*)』은 세계 인구가 계속 늘어나면서 문명 간에 종교적이고 문화적인 충돌이 증가할 것이라고 예측한다.[7]

공통의 신화, 전통, 신념체계는 문화를 통합시켰다. 이것은 큰 뇌를 가진 인간에게 의미 있는 사회적 접착제였다. 역사 속에서 경쟁관계에 있거나 새로 등장한 신화는 기존 문화의 정체성을 위협했으므로 같은 문화 안에서는 밀접한 협력을, 다른 문화에 대해서는 적개심을 야기했다. 신화와 서로 다른 신념체계들은 이미 자원을 두고 경쟁하는 집단들 사이에 전선(戰線)을 그었다. 집단 사이의 경쟁과 협력의 관계는 종교 노선에 따라서 연결되거나 단절되었다. 이미 진행 중이던 생물학적, 사회학적 협력, 경쟁 과정에 영적인 영역까지 추가된 것이다. 게다가 종교는 통치자나 지도자들이 기하급수적으로 늘어난 인구를 통제하기 위해서 동원한 또다른 도구였다.

신화를 둘러싼 투쟁과 결속은 기계론적으로는 다를지 몰라도 표면적으로는 미생물과의 공진화를 통해서 인간 문명을 형성해온 지배와 협력 사이의 전투와 비슷하다. 신화들 간의 조직, 상호작용, 지배관계를 좌우하는 문화 집단의 규칙은 사회 구조가 어떻게 사회 지배 이론을 따르고 이에 따라서 강화되는지를 보여주는 완벽한 사례이다. 문화적, 신화적 정체성과 신념체계는, 심지어 왕국의 백성들이나 신화의 추종자들에게 강제로 주입되었을 때조차 문화의 충돌을 초래할 만큼 강력한 협력적 정체성을 만들어낸다. 중세 말기의 십자군 전쟁과 고대의 비옥한 초승달 지대에서 현재까지 진행 중인 충돌은 신화적 차이로 인해서 벌어진 전쟁의 사례이다. 반면, 두 번의 세계대전은 문화적 우위를 두고 싸운 것이었다.

약물과 신성한 버섯

이동하고 변형되고 통합되는 종교와 신화의 유연성은 틀림없이 그 자체로도 굉장히 매력적이다. 그렇다면 최초의 신화는 어떻게 생겨났을까? 오늘날 종교를 이토록 활발한 문화적 형태로 자라고 꽃피우게 한 그 초기 씨앗은 무엇이었을까? 종교적 사고의 발달 과정을 논하는 가장 창의적인 이론들 가운데 하나는 인간이 수천 년간, 심지어 농업과 문명 이전부터, 인지능력을 높이고 창의성을 자극하는 식물성 화합물을 섭취해왔다고 주장한다. 실제로 터키의 유적지 괴베클리 테페에서 발견된 새로운 사료들은 종교적 사고의 기원이 농업을 앞설 수도 있음을 제시했고, 구석기 매장지에서는 양귀비가 발견되어 당시 아편성 물질의 중요성과 사후세계와의 연관성을 암시했다. 종교적 사고의 자연사적 기원은 향정신성 화합물인 영신제의 발견 및 사용과 연관이 있지 않을까? 아편성 양귀비가 동시에 인간의 영성과 약물 중독의 기원이 된 것은 단지 우연의 일치일까?[8]

종교와 향정신성 화합물의 상관관계를 제시하는 연구 결과가 늘고 있다. 지난 30년간 조사한 영장류의 야생 식단에는 영양보다는 약물로서의 가치가 있는 식물도 포함되어 있었다.[9] 이는 영장류 선조들이 스스로 약물을 섭취하는 행위를 진화시켰다는 뜻이다. 대개는 기생충이나 미생물을 제거하고 몸을 보호하기 위해서였다. 이 행위는 자연선택을 통해서 간단히 진화되었다. 약용식물이나 발효된 열매를 먹은 영장류가 감염에 덜 걸리고 새끼를 더 많이 낳았기 때문이다.

인지혁명이 일어나는 동안 인간은 신체 및 인지능력에 영향을 주는 음식이나 식물과 밀접한 관계를 형성했다. 이는 카페인, 알코올, 예르바 마테, 니코틴, 코카인뿐만 아니라 식물에서 추출하여 항생제, 항균제, 곤충 퇴치제와 같은 약물을 만드는 화합물들과의 공진화로 이어졌다. 노스웨스턴 대학교 약리학자 리처드 밀러가 『약에 취하다 : 향정신성 약물 뒤의 과학과 문화(*Drugged : The Science and Culture behind Psychotropic Drugs*)』에서 주장했듯이, 이러한 연관성은 오랫동안 인간과 다른 생물 종들의 삶에 일부가 되었다. 예를 들면 카페인은 식물이 초식동물에게 먹히거나 질병에 걸리지 않게 하며, 벌의 기억력을 자극해서 꽃가루를 전달하게 한다. 인간의 경우, 이러한 관계는 마침내 제약 산업으로 이어졌다(제9장에서 더 자세히 살펴보자).[10]

인간과 식물의 공진화를 말할 때에 향정신성 물질의 원료가 된 식물은 잘 언급되지 않는다. 이러한 향정신성 화학물질들은 영적인 경험의 기원인지도 모른다. 다시 말해서, 신이나 다른 차원의 세계는 사실 자연사적 실험에 의해서 우리의 현실 감각이 변화한 것에 불과한지도 모른다. 향정 신성 효과를 일으키는 식물과 곰팡이에 도전하는 것은 위험한 일이었지 만, 이러한 시행착오를 통해서 초기 인류 문명의 무속 문화가 탄생했을 것이다.[11] 이는 분명 논쟁의 여지가 있는 발상이지만 예전만큼 그렇게 믿기 어렵지만은 않다. 인간과 향정신성 화학물질, 그리고 영성을 연결하는 증거는 많다. 또한 영성과 관련된 최초의 식물 일부가 현대 사회의 가장 큰 약물 문제의 근원이라는 사실 역시 부인할 수 없다.

이 책의 제3장에서 언급한 진화생물학자 로버트 더들리의 연구를 생각 해보자. 그는 알코올의 사용과 남용이 잘 익은 과일의 화려한 꽃과 달콤한 향기에 이끌렸던 영장류 선조로부터 비롯되었다고 주장했다. 농익은 열매의 진한 당분은 미생물들에게도 유혹적이어서 곧 발효로 이어졌다. 더들리는 충분히 익고 당분과 에너지가 풍부한 열매를 찾아다니는 행위가 진화적으로 선택되었고 그 과정에서 영장류가 발효의 최종 산물인 알코올에 노출되었을 것이라고 제시했다. 그후에 알코올 대사 효소가 진화하고 잘 익은 열매를 찾아 먹는 행동이 선호되면서 정신에 영향을 주는 천연 화학물질에도 노출되었을 것이다. 영장류들은 잘 익은 열매를 찾으면 생식의 성공이라는 보상을 받았겠지만(그런 과일들은 상대적으로 귀했다), 설탕과 알코올을 손쉽게 구할 수 있는 현대 문화에서 당분 높은 과일과 그 발효 산물의 과잉 섭취는 만연한 비만과 당뇨, 그리고 알코올 중독으로 이어진다. 알코올 섭취로 인한 정신적인 희열은 오래 전부터 종교의 식과도 연관되었고, 알코올 음료의 증거는 구석기시대 매장지에서도 흔히 발견된다. 더들리는 이 행동이 진화적으로 선택되었으며 종교적인 의

식과 약물 중독의 기반이 되었다는 가설을 세웠다. 일부 학자들은 영장류와 인간이 향정신성 속성을 가진 것이라면 무엇이든 끌렸을 것이라면서 이러한 진화적 연관성을 무시한다. 그럼에도 알코올과 영적 사건, 영성과의 연관성은 적어도 5,000년은 된 것으로 기록되었으며, 이 연관성은 문화의 경계를 가로지르는 공통의 다리가 되었다.[12]

이와 유사하게, 초식동물의 신경계에 영향을 주기 위해서 식물들이 진화적으로 선택하여 생산한 천연 흥분제인 마황은 현재 이라크 지역에 자리한 네안데르탈인의 6만 년 된 무덤에서도 발견되었다. 한편, 아편의 원료인 양귀비는 8,000년 전에 처음 개량되고 재배된 향정신성 식물의 하나이다. 우리는 그 시대의 고분을 통해서 양귀비 재배가 기원전 6000년경 비옥한 초승달 지대에서 북서 유럽으로 퍼졌다는 사실을 알 수 있다. 대마초의 원료인 삼 역시 구석기시대로 거슬러오르는 오랜 역사가 있다. 당시의 삼은 영적인 의식, 의례, 매장지와 연관이 있었을 것이다.

이 식물들이 생산하는 천연물들은 모두 두 가지 공통점이 있다. 첫째, 이 천연물들은 동물에게 먹히지 않기 위한 화학적 방어 수단으로 자연선택을 통해서 기원했다. 둘째, 인간이 이 천연물들을 적당히 복용하면 정신적, 육체적 자극에서부터 희열과 환각까지 다양한 의식의 변화를 일으킨다. 인간이 이 식물들의 화학 작용을 이용한 것인지, 아니면 식물이 인간의 행동을 조종해서 종자 산포의 도구로 사용한 것인지, 혹은 둘 다인지는 확실하지 않지만, 오늘날 만연한 중독의 문제를 보면 이 공생관계의 지배자가 식물임은 분명하다.[13]

그러나 종교와 식물의 자연사에서 진정한 주인공은 아마 광대버섯일 것이다.

더 많은 버섯과 신화

앞에서 『리그베다』를 논의할 때에 처음으로 광대버섯 이야기가 등장했다. 광대버섯은 크고 빨간 갓에 흰 반점이 있는 버섯으로 어디에서나 흔히 볼 수 있다. 슈퍼 마리오 비디오게임 속 세계에서부터 루이스 캐럴의 『이상한 나라의 앨리스(Alice in Wonderland)』 속 물담배를 피우는 애벌레가 앉은 자리에 이르기까지 만화와 대중문화에서도 자주 등장한다. 광대버섯은 날 것으로 먹으면 치명적이지만 『리그베다』에 나온 대로 가공하면 향정신성 효과는 유지되면서 독성은 제거된다. 광대버섯으로 만든 물약은 힌두교 외부에서도 사용되었다. 예를 들면 토착 시베리아 문화권에서는 더 높은 정신과 교감하는 데에 사용되었는데, 전통적으로 동짓날에는 광대버섯의 빨간 갓을 본떠서 붉은 의상을 입은 무속인이 사람들에게 광대버섯 물약을 나누어주었다(누군가는 선물을 나누어주는 이 붉은 옷의 인물이 산타클로스의 모태라고 믿는다).[14]

1970년에 존 마르코 알레그로는 자신의 책 『거룩한 버섯과 십자가(The Sacred Mushroom and the Cross)』에서 광대버섯과 관련된 매우 창조적이고 매혹적인 이론을 제시했다.[15] 최근 새삼 재평가되기 시작한 이 작품은 당시에 꽤나 악명이 높았는데, 광대버섯이 만들어낸 환상과 연관된 신화에 기독교의 뿌리가 있다고 주장했기 때문이다. 알레그로는 초기 기독교 예술과 언어의 기원을 근거로 하여 기독교가 원래는 영적 경험을 유발하는 버섯을 추종하던 집단이었다는 가설을 내세우면서 예수가 아닌 버섯의 신화로서 「신약성서」를 재해석해야 한다고 말했다. 알레그로는 광대버섯을 그린 것이 분명한 중세 초기의 기독교 예술 가운데 프레스코와 모자이크를 그 근거로 들었다. 이 그림에서는 에덴 동산 속 생명의 나무와 지식의 나무를 버섯의 이미지로 표현했고, 이브가 아담에게 버섯을 건네고 있다는 것이다(그림 8.1). 그에게 전적으로 동의하지는 못하더라도, 전 세계의 유사한 사례들이 이를 뒷받침하고 있어서 그 연관성을 부정하기는 어렵다. 예를 들면 아프리카와 유럽의 원시 동굴 벽화(기원전 1만-기원전 7000년)에는 무당이 버섯과 함께 버섯 주위에서 춤추는 모습이 그려져 있다(그림 8.2).

한편, 북아메리카에서는 마야인과 아즈텍인, 그리고 메소아메리카인 등 토착 부족들이 역사적으로 환각버섯속 버섯을 종교적인 의식에 사용했다. 이곳에 발을 디딘 스페인 기독교인들은 이런 의식을 금지했을 뿐만 아니라 눈부시게 발달한 마야 문화의 문헌과 기록된 역사 대부분을 파괴했다. 마야인이 이룬 혁신적인 기술에는 고도로 정확한 달력, 일식을 예측할 정도로 진보한 별과 행성에 관한 지식, 옥수수, 콩, 호박의 품종 개량, 서구 문화보다 3,000년이나 먼저 사용한 가황(경화) 고무, 그리고 정교한 언어와 문자체계 등이 있었다. 학자들이 고대 마야의 문자언어를 해독하고, 온전히 보존된 소수의 문헌과 마야 지배자들의 업적을 기록한 석비(石碑)를 바탕으로 마야 문화를 재구성하는 데에만 3세기가 넘게 걸렸다. 스페인 정복자들은 무엇을 두려워했을까? 그들은 왜 마야 문명을 뿌리 뽑으려고 했을까? 마야인들이 버섯을 영적 활동에 사용했다는 사실을 고려한다면(동굴에서 버섯 모양의 마야 석상이 발견되었다), 이는 교회가 자신의 기원을 위협할지도 모르는 과거를 은폐하려고 했던 또다른 시도는 아닐까?[16]

20세기 초에는 뜻밖의 한 우상 파괴자가 영적 목적으로 사용된 환각버섯과 기타 천연 향정신성 물질의 역사 및 역할에 관해서 광범위한 기록을 남겼다(그림 8.3). 그 인물은 바로, 성공한 미국인 사업가이자 아마추어 인

그림 8.1 독일 힐데스하임의 성 미하엘 성모 마리아 대성당을 장식하는 12세기의 프레스코. 광대버섯을 배경으로 에덴 동산에서 생명의 나무에서 버섯을 따는 아담과 이브를 그렸다.
출처 Azoor Photo/Alamy Stock Photo.

그림 8.2 춤추며 참석자들에게 버섯을 나누어주고 있는 버섯 머리 무당을 그린 아프리카 동굴 벽화(기원전 7000년경).
출처 자유 이용 저작물을 바탕으로 다시 그림.

그림 8.3 마야의 버섯 머리 조각상. 스페인 가톨릭 정복자들은 마야의 영적 신앙을 기록한 다른 문헌들과 함께 이러한 유물들을 역사에서 거의 뿌리째 뽑아버렸다.
출처 리처드 로즈의 자유 이용 저작물 사진을 바탕으로 그림.

류학자인 고든 와슨이었다. 그는 북아메리카 대륙의 남서부 사막에서 자라는 페요테선인장(*Lophophora williamsii*) 등의 식물 종에 대해서 기록했다. 이 선인장은 사람들이 현지에서 4,000년 넘게 사용해온 식물이었다.[17] 와슨의 연구는 대중과 학계의 큰 관심을 끌었지만, 19세기에 등장한 그레이브스의 흥미로운 연구처럼 이단으로 취급되어 잊히고 말았다.

윤리학자 테런스 매케나가 1992년에 쓴 『신들의 음식(*Food of the Gods*)』은 인류 진화에서 영신제가 한 역할을 명확히 표현하고 있다. 이 책은 비교적 최근에 발표되었으나 여전히 극단적으로 여겨진다. 매케나는 호미니드와 식물 및 버섯의 관계를, 호미니드들이 시험 삼아 먹어보았다가 다른 차원의 의식을 경험하게 만든 공진화적 공생으로 해석한다. 이 이론은 향정신성 물질의 발견과 사용이야말로 창조성, 예술, 언어, 종교의 발전을 이끌고 부추겨 호미니드의 생식적 적합도를 향상시킨 주요 요인이라고 본다. 역으로, 인류는 이런 물질을 공급하는 식물들을 귀하게 여겨서 다른 천적들로부터 보호했으며 인간의 손으로 널리 확산시켰다. 그러나 사회와 문명이 발전하면서 차츰 이 종교 신화와 식물의 연관성을 의식하지 못하게 되었다는 것이다.

그러다가 화학이 하나의 학문 분야로 등장하고 자연선택이 세상 곳곳에 미치는 힘을 이해하기 시작하면서 인간은 이 감춰진 연관성을 서서히 바로잡을 수 있었다. 한때는 무시되던 별난 연구들을 되짚어보면서 과학은 종교의 바탕이 영신제라는 발상을 진지하게 받아들이기 시작했다. 그토록 많은 종교의 기원에 영적 경험을 불러오는 식물들이 연관되어 있다는 "우연"을 다시 생각하기 시작한 것이다. 종교와 영성은 가장 최근에 협동적 진화의 관점에서 해석되기 시작한 영역이다. 우리는 종교가 어떻게 권력과 지배의 도구가 되었는지를 보았다. 그렇다면 정신에 영향을 주는 식물과의 친밀한 관계는 어떤 식으로 종교적 경험을 창조했을까? 이것은 과학적으로 연구되어온 주제이다.

그런 연구 가운데 하나가 월터 판케가 1962년에 수행한 마쉬 예배당 실험이다. 당시 하버드 대학교 대학원생이었던 판케는 영신제와 영성을 이어주는 연결고리에 관한 논문을 준비 중이었다. 그는 하버드 신학대학교 학생들을 임의로 대조군과 실험군으로 나눈 다음, 10명에게는 환각버섯에서 유래한 화합물인 실로시빈(Psilocybin)을 주고, 다른 10명에게는 위약(僞藥)을 주었다. 학생들은 약효가 퍼질 무렵에 다 같이 모여 보스턴 대학교의 마쉬 예배당에서 설교를 들었다. 결과는 극적이었다. 실로시빈을 투약한 학생들은 모두 강렬한 종교적 경험을 보고한 반면, 위약을 먹은 학생들 중에는 소수만이 주목할 만한 경험을 표현했다. 이 느낌은 14개월 후에 재검사를 실시할 때에도 강하게 남아 있었다. 게다가 다른 연구진이 같은 실험을 반복했을 때에도 비슷하거나 오히려 더 강한 결과가 나타났다. 과학이 이 영역을 더욱 깊이 파고들수록 향정신성 약물이 영적 또는 종교적 경험을 증진, 강화, 심지어는 창조한다는 가능성이 증명될 것이다.[18]

우리에게는 여전히 풀지 못한 의문들이 남아 있지만, 과학의 시야 너머에 있다고 여겨지던 세계와 영역을 과학은 계속해서 파헤치고 있다. 우리는 이제 "우리는 어디에서 왔는가" 또는 "생명이란 무엇인가" 같은 질문들에 지구의 정확한 나이와 그 안에 있는 모든 것들을 감안하여 대답할 수 있다. 우리는 이제 인간이 우주의 중심은커녕 미세한 점에 불과하다는 사실을 잘 알고 있고, 유일무이하고 특별한 창조물이라고 거들먹거릴 수 있는 존재가 아니라 DNA의 96퍼센트는 유인원과, 80퍼센트는 들쥐와 공유하는 일개 생물종이라는 것도 잘 알고 있다. 과학은 데이터를 통해서 우리의 현재와 과거를 끊임없이 밝히고 설명한다. 한편, 종교나 신화는 데이터나 증거가 아닌 믿음에 기반을 둔다. 과학이 종교나 신화보다 인간의 문제를 더 많이 해결하고 인간의 삶을 더 많이 설명한다면, 우리 사회는 더 세속적으로 변할 것이며 답을 내놓지 못하는 믿음체계에는 덜 의존하게 될 것이다. 우리는 자신에 대해서 더 많이 알수록 처음에는 불편한 진실과 마주해야 할지도 모른다. 그 진실이란 신이 존재하지 않는다는 것일 수도 있다. 설사 존재한다고 하더라도, 그 신의 정체가 사실은 협력적인 공진화의 춤을 추며 아주 오래 전부터 향정신적 화학물질을 인간의 두뇌에 주입했던 식물일 수도 있을 것이다.

운명

제9장

음식의 보존과 건강의 증진

버섯과 영신제가 인간의 영성, 협력, 인지 발달에 일조한 역할은 인간과 동식물의 공진화가 인류의 진화와 문명에 영향을 미친 일례일 뿐이다. 환경과 진화 사이의 피드백 고리는 사람들의 배를 불리고 도시를 키우고 종교의 근간을 세웠지만, 동시에 사람들을 질병과 기근에 더욱 취약하게 만들었다. 특히, 미생물은 공동의 자원을 습격하고 인체를 공격한다. 우리는 사자나 호랑이, 곰 같은 거시적인 적들은 섬멸하고 통제해왔지만, 눈에 보이지 않는 미시적인 미생물 적들과는 여전히 매일 전쟁 중이다.

인간은 다른 생물이 미생물에 대항하여 발달시킨 방어책들을 시행착오를 통해서 인지하기 시작하면서 이 적과 싸워왔다. 지금까지 살펴본 것처럼 진화는 군비 경쟁이다. 모든 새로운 위협에 맞서서 생물체 안에서든 협력적 동반자를 통해서든 또는 공격자에게 직접 통제력을 행사해서든 간에 방어가 시도된다. 인류의 자연사가 가지는 한 가지 독특한 측면이 있다면, 환경을 장악하고 통제하고 의식적으로 활용하는 능력을 진화시켜왔다는 것이다. 예를 들면 우연한 발견과 상리공생은 농업의 발달을 이끌어냈고, 동시에 음식의 보존과 의약품의 발전도 가능하게 했다. 소금과 향신료 덕분에 인류는 음식을 보존하여 혹독한 겨울과 가뭄을 견디고 세계를 탐험할 수 있었다. 반면에 식물과 곰팡이, 그리고 천적이 벌이는 화학전은 생명을 구하는 혁신적인 약물의 발명으로 이어졌다. 이 장에서는 인간이 주변 세계와의 관계를 이용해온 방법에 주목하여 **의식적 협력**의 긍정적이고 유익한 측면을 더욱 자세히 설명하고자 한다. 인간은 다른 종들처럼 진화라는 비목적성 동력 장치를 통해서 환경 속에 존재하는 협력 관계로부터(심지어 약용식물과의 관계에서도) 혜택을 얻었지만, 문명은 지구의 지배종인 인간이 사실은 여전히 수많은 종들 중에 하나일 뿐인 세상으로 우리를 계속해서 돌아오게 만든다.

인간이 혹독한 겨울과 흉년을 이겨내는 것은 물론이고 미지의 세계를 찾아나설 수 있도록 음식을 보존하기 시작한 방법에 대한 이야기는 한 종이 주변 유기체와 물질을 이용하여 창의적으로 자신을 무장하는 방법을 습득하는 과정을 보여준다. 민속식물학과 약리학은 향신료의 방부제 효능을 둘러싼 다양한 발견으로부터 시작되었다. 인간은 수억 년에 걸쳐서 공진화한 식물의 방어적인 화학 작용을 발견하여 이를 인간의 안녕에 이용했다(참고로, 냉장 기술도 음식을 저장하고 운반하는 방식을 극적으로 바꾸었다). 그러나 약국에 가면서 약을 인간이 자신의 건강을 위해서 식물의 방어 수단을 착취한 역사의 잔재로 인식하는 사람은 없다. 우리는 자신의 자연사에 관해서는 건망증이 심하다.

식품을 보존하는 기술의 자연사에는 실패와 성공의 경험이 모두 있다. 썩기 쉬운 음식을 보관하고 저장하는 아주 오래된 방법도 위험이 따랐다.

그림 9.1 17세기 말 매사추세츠 주의 식민지 세일럼에서 젊은 여성과 여자아이들에게 마법을 부렸다는 이유로 기소된 사람들이 재판을 받는 모습. 피고인 중 19명이 유죄 판결을 받고 교수형에 처해졌고, 1명은 압사했다. 유럽에서 이와 같은 재판의 원인이 된 기이한 행동은 젊은 여성들이 자기가 관리하던 곡식에 핀 환각성 곰팡이에 노출되었기 때문일 것이다.
출처 Photograph published in William A. Crafts, *Pioneers in the Settlement of America : From Florida in 1510 to California in 1849* (Boston : Samuel Walker, 1876), Wikimedia Commons.

식량을 적절히 보존하기 위해서 인간은 수확한 동식물 자원을 두고 우리와 경쟁하는 많은 미생물들과 싸워야 했다. 곧 보겠지만, 질병의 역사에서처럼 미생물은 승리도, 대응책도 가졌다.

17세기 미국 뉴잉글랜드와 유럽의 농경 사회에서는 많은 사람들이 사악한 마술을 쓴다는 이유로 기소되어 유죄 판결을 받고 처형당했다. 가장 유명한 사건이 미국 매사추세츠 주 세일럼에서 있었던 20명의 "마녀" 재판이다(그림 9.1). 이들은 젊은 여성과 여자아이들에게 "마법을 걸어" 발작을 일으키고 괴이한 행동을 하게 만들었다는 혐의를 받았다. 이런 끔찍한 사건들은 성차별과 민족적 편견이 만연했던 사회 분위기에서 10대의 반항적인 행동이 당시의 억압적인 종교 문화와 충돌한 결과라고 해석되었다. 그러나 1976년, 현재 렌슬리어 공과대학교 교수이자 당시에는 대학원생이었던 린다 커포리얼은 세일럼 마녀재판의 고소인들이 보인 괴이한 행동의 생물학적인 원인을 제시하여 기존 시각을 복잡하게 만들었다. 바로 곰팡이 감염이다. 커포리얼은 이런 마녀재판이 맥각균 감염이 잘 발생하던 유럽과 미국의 습한 온대 지역에서 주로 열렸다고 지적했다. 맥각균은 일종의 곰팡이로, 곡식의 낟알에 검은 점 또는 삐죽 튀어나온 단단하고 검은 가시 형태로 나타난다. 맥각균에 감염된 호밀빵은 중세에 성 안토니오의 불이라는 전염병을 일으키기도 했는데, 이 병은 몸이 불에 타는 듯한 증상 때문에 이런 이름이 붙었고 수천 명의 목숨을 앗아갔다. 맥각균은 미생물과 초식동물에 대항하는 화학적 방어물질인 알칼로이드와 리세르그산(1970년대에 환각성 기분 전환용 약물로 사용된 LSD의 전구체[前驅體])을 생산한다.[1]

커포리얼은 이상행동을 보인 젊은 여성들이 저장된 곡물을 관리했다는 사실을 밝혔다. 이들은 갈퀴질과 삽질로 곡물의 습기를 날려서 건조하게 유지시켰는데, 만약 성실히 일했다면 곡물가루와 맥각균을 매주 몇 시간씩 흡입했을 것이다. 이후에는 곡물을 창고에서 말리기 전에 먼저 소금물에 담가서 균을 죽이는 방식으로 곰팡이와 미생물 감염을 해결했다. 이는 마법이 일으킨 위기를 효과적으로 종식한 기술 발전이었다.

맥각의 효과는 이미 다른 곳에서 알려져 있었다. 중세에 산파들은 맥각의 약효를 인지하고 있었고 원치 않는 임신의 자연 유산뿐만 아니라 난산 시 분만 유도에도 사용했다. 맥각은 20세기 초에 의학 치료에 유용한 생물 기반 활성물질을 탐색한 제약 회사들이 맨 처음 발굴한 천연 화학물질이기도 했다. 다시 말해서 젊은 여성들에게 "마녀 같은" 행동을 일으킨 물질에서 치료법의 가능성을 찾아냈다는 뜻이다. LSD(리세르그산 디에틸아미드)는 1938년에 스위스 바젤에서 알베르트 호프만이 호흡과 순환 질환 치료에 사용할 목적으로 에르고타민(ergotamine)으로부터 리세르그산의 이성질체(異性質體)를 만드는 과정에서 분리, 합성되었다. LSD-25(LSD의 입체 이성질체 중의 하나)의 강력한 향정신성 효과는 5년 뒤에 호프만이 우연히 실험실에서 LSD-25를 건드렸다가 생생한 환각을 경험하면서 발견되었다. 결국 중세와 17세기의 마녀와 마녀재판은 악령이 방문한 초자연적인 현상이 아니라 곡물 관리자들이 곰팡이에 노출되어 발생한 사건들이었던 것이다.[2]

맥각이나 LSD-25와 같이, 인간은 다른 생물의 방어 전략을 끌어들여 최초의 약국과 냉장고를 포함한 수없이 많은 혜택들을 얻었다. 이 물질들은 치명적인 미생물과 곰팡이에 맞서는 방어 전략에 추가되어 인간의 면역계를 보완했다. 향신료에서 소금, 얼음에 이르기까지 자연세계는 인간이 주변의 위험과 싸우기 위한 진화적 도구 상자로 개조되어왔다. 그러나 여기에는 부작용도 있다. 마법처럼 극적이지 않을지는 모르지만 마법 못지않게 위험하다.

식물 도둑질

오늘날 우리에게 향신료로 익숙한 화합물들은 식물이 병원균에게 먹히거나 감염되지 않기 위한 방어 수단으로서 진화한 것이다.[3] 식물은 다른 곳으로 도망갈 수도 없고 적과 싸울 면역체계도 없기 때문에 자연선택은 식물이 적이나 질병에 대처할 다른 방법을 찾았다. 대사 부산물을 방어용 화합물로 전환하는 것이다. 이 부산물들은 대사의 주요 활동에 직접 관여하지 않아서 2차 화합물이라고 불리는데 놀라울 정도로 정교하다. 2차 화합물은 질병을 예방하는 단순한 천연물에서부터 식물을 먹는 동물을 죽이거나 그 동물의 발달을 방해하는 특수한 모방 호르몬, 치명적인 신경 독소 및 독 성분에 이르기까지 다양하다.

식물의 방어체계는 1960년대에 숲 생태학자들이 집시나방의 생활사를 연구하던 중에 우연히 발견되었다. 이 나방의 유충은 미국 뉴잉글랜드 등지의 활엽수 숲을 대량 고사시킬 수 있으므로 제어가 필요했다. 과학자들은 뉴잉글랜드에 있는 실험실에서 집시나방을 유럽의 일반적인 방식으로 키웠는데, 유럽에서와는 달리 북아메리카 대륙에 있는 실험실에서는 나방이 정상적으로 성장, 발달하지 못해서 이상하게 생각했다. 나방의 알이 부화하면 페트리 접시에 축축한 종이 타월을 깔고 그 위에서 유충을 키우며 변태 단계에 들어설 때까지 나뭇잎을 먹였는데, 이 과정을 일일이 확인한 결과 놀랍게도 종이 타월이 원인이었음이 밝혀졌다. 과거에는 발삼전나무의 펄프로 종이 타월을 만들었는데, 이 나무는 어린 곤충의 성장과 발달을 막는 유사 호르몬을 만들어낸다. 즉, 발삼전나무는 집시나방이 자라서 나무를 고사시키는 초식동물이 되지 못하도록 가짜 곤충 호르몬을 분비한다. 그런데 유럽에서 종이 타월을 만드는 데에 사용하는 나무들은 이런 방어성 곤충 호르몬을 생산하지 않았던 것이다. 이 우연한 발견으로 과학자들은 다른 식물들에도 비슷한 종류의 화합물(성장 및 탈피 호르몬, 호르몬 방해물질 등)이 있을 것이라고 짐작했고, 곤충 호르몬을 흉내 내는

운명

것은 대단히 정교하면서도 흔한 식물의 방어 전략임이 점차 입증되었다.[4]

사람들은 카페인, 알코올, 니코틴에서 마약성 진통제(오피오이드)에 이르기까지 인간을 중독시키는 2차 방어 화합물의 실체를 잘 알지 못한다. 이 물질들은 결과적으로 인간 사회에 문제를 일으켰지만, 단순한 골칫거리로만 볼 수는 없다. 이 화합물들은 진화적 군비 경쟁을 예시하는 것으로 식물과 곤충이 화학 무기로 천적을 통제하는 방식을 드러낸다. 진화적 군비 경쟁의 화학적 산물들은 다른 종에게서 빌려올 수도, 서로 공유할 수도 있다. 아마존 토착민들이 잘 알려진 사례인데, 이들은 독화살개구리의 피부에서 자연적으로 생성되는 치명적인 방어 독소를 화살촉에 발라서 무기로 사용한다. 이 독은 빠르게 퍼지므로 사냥에 효과적이다.

많은 이동성 생물들이 식물의 화학 방어를 활용해왔다. 예를 들면 제왕나비는 밀크위드를 먹고 그 안에 들어 있는 강심배당체(強心配糖體)를 모아서 농축시킨다. 이 배당체(글리코사이드)는 나비의 몸에 사는 기생충을 제거하고, 나비를 잡아먹은 척추동물 포식자의 심장을 즉시 공격한다.[5] 이 생물들은 화려한 색깔의 버섯이나 식물에서 독소를 추출하여 저장하고, 자신의 위험성을 드러내는 경고색을 진화시켰다. 인지능력을 갖춘 영장류 및 인간 조상들 역시 시행착오를 거쳐서 필요에 맞게 이 식물들을 활용하는 법을 배웠다. 야생의 고릴라와 침팬지 같은 영장류는 주기적으로 독성이 있는 식물의 잎을 통째로 먹는데, 그러면 잎이 소화되지 않은 채로 소화계를 통과하면서 장 속의 기생충을 박멸한다. 심지어 일부 영장류는 마치 약을 먹듯이, 줄기와 잎을 일부만 삼킨 다음에 다시 입 밖으로 끄집어낸다.

이러한 자기치료적 행동은 영장류에게 식물의 약용 가치를 알아보는 능력이 있음을 암시한다. 우리는 음식을 보존하고 감염을 치료하기 위해서 식물의 방어 수단을 도둑질해왔다. 그 특이한 사례로 인간과 기타 대형 포유류들은 가끔씩 흙을 먹는다. "토식증(土食症)"이라고 부르는 이 행동은 영양 상태가 좋지 않을 때에 나타난다고 알려졌지만, 최근에 발표된 논문에서는 영양 부족이 아닌 기생충과 세균 감염에 대한 대처법임을 시사했다. 토식증은 감염을 예방, 치료하려는 자기치료와 접종의 또다른 사례이다.6

이러한 도둑질은 문명 이전부터 시작되었고 그 원리는 계속해서 전해내려왔다. 다시 말해서 우리는 자신을 보호하기 위해서 주변 생물의 방어수단을 끌어다 쓰는 능력을 타고난 셈이다. 이런 방어 화합물의 일부는 부엌 찬장 속의 향신료가 되었고, 이집트인들이 백리향(꿀풀과 식물/옮긴이)을 항균제로 사용한 기원전 5000년 무렵부터는 그 가치를 인정받았다. 기원전 3000년에 메소포타미아의 농부들은 질병과 질병의 매개체인 모기를 물리치는 건강식품으로 마늘을 재배했다. 비슷한 시기에 이집트인들도 마늘을 탐했고 노예에게 양파와 마늘을 먹여서 건강을 유지시켰다. 고대 수메르인들은 음식 보존용 향신료를 귀하게 여겼고, 초기 중국 의학은 거의 전적으로 약초와 향신료를 사용한 치료법에 기초했다. 기원후 408년에 훈족의 족장 아틸라는 로마를 포위하고 1,400킬로그램에 달하는 후추 열매를 요구했다. 당시 후추는 변비에서 암까지 다양한 질병을 치료하는 중세 약초 치료의 핵심 재료였다. 고대 이집트에서 계피는 황금보다 더 귀했고 커민(cumin), 아니스(anise) 등과 함께 미라를 만들 때 살이 부패하는 것을 방지하는 용도로 쓰였다.

중세에 향신료는 먼 곳에서 온 이국적인 상품으로 귀하게 여겨졌고 결국 무역과 탐험의 세계화를 촉진했다. 또한 이는 향신료를 생산하는 머나먼 땅에 대한 통제권, 그리고 통치권을 쟁탈하기 위한 유럽 제국의 전쟁으로 이어졌다. 향신료 무역은 기원전 4500년 즈음에 시작되어 에티오피아, 인도, 지중해 국가들을 거치는 무역로를 형성했다. 싱거운 음식에 맛을 첨가하려는 중세 유럽인의 욕구가 세계적인 향신료 무역의 원동력이 되었다. 이 새로운 첨가물은 유럽과 페르시아 귀족들 사이에서 크게 인기를 끌었다. 그러면서 이 사치품에 대한 수요가 빠르게 증가했고 이는 새로운 탐험, 무역망, 상인, 세금, 전쟁으로 이어졌다. 시간이 지나자 농부들은 육류를 보존하기 위해서, 귀족들은 자신의 부를 내보이기 위해서 사용하는 등 향신료는 사회 전반에서 모습을 드러냈다. 또한 식품을 보존하는 기능과 함께 치료 기능까지 제공했다.

13세기 중반, 베네치아는 유럽의 향신료 무역을 장악하고 거대한 부를 쌓았다. 이들이 향신료에 엄청난 관세를 물리는 바람에 향신료는 귀족도 쉽게 살 수 없는 사치품이 되었다. 이 터무니없는 비용이 유럽에서 탐험과 발견의 시대를 촉발했다. 각 나라가 베네치아와 몽골의 세금을 피해서 실크로드가 아닌 바닷길을 찾아나섰다. 르네상스 시대에 이르자 향신료 무역은 세계에서 가장 큰 산업이 되었다. 신대륙 발견과 같은 부수적인 결과는 신기술 개발은 물론이고 세계화의 길을 열어주었다. 15−16세기의 향신료 무역은 지정학적으로, 그리고 경제 문화적으로 지구를 변화시켰다.

그러나 향신료의 시대도 저물어갔다. 인간이 향신료의 원료가 되는 식물을 들여와 키우면서 향신료가 흔해졌기 때문이다. 한때는 귀한 금속이나 암석만큼이나 비싼 사치품이었던 후추, 계피 등 향신료의 가치는 현재 우리가 아는 일상의 양념 수준으로 떨어졌다. 그러나 향신료 무역이 역사에 미친 영향은 여전하다. 바다가 정복되면서 지중해는 세계를 지배하던 무역 중심지로서의 지위를 잃었고, 유서 깊은 도시였던 베네치아, 로마, 카르타고, 알렉산드리아, 이스탄불은 관광지로 전락하여 쇠퇴해갔다.

최초의 약국

향신료는 가장 오래된 의약품이었다. 향신료를 치료약으로 사용하면서 최초의 경험 과학, 특히 이집트와 인도 의학이 시작되었다. 그러나 인간이 식물을 의학적 목적으로 사용하기 시작한 것은 훨씬 이전이며 심지어 인간 종이 진화한 시기보다도 앞선다. 우리는 다른 동물들처럼 식물과 함께 진화하면서 여러 식물들을 식단으로서 섭취했다. 예를 들면 구석기시대의 수렵-채집인들은 현생 영장류처럼 식물을 사용하여 몸에서 기생충을 제거했다. 게다가 최근에 발견된 네안데르탈인 화석 중에는 심각한 치조농양의 흔적이 있는 치아가 있었는데, 고생물학자들이 치아의 화학 잔류물을 분석해서 식단을 재구성하자 치조농양이 있는 사람의 식단은 다른 사람들과 달랐음이 밝혀졌다. 그들은 천연 아스피린과 항생제 성분이 있는 식물을 먹었는데, 이는 치료를 하고 있었다는 뜻이다. 인간은 진화하면서 약국이나 다름없는 환경에서 의식적으로 자연사를 연구했고 다양한 주변 식물들을 추가하여 식단을 다채롭게 구성했다.[7] 식물이 제공하는 방어능력이 더 절실했을 열대 서식지에서는 특히 그러했다. 미생물의 생장율은 기온에 크게 좌우되며 특히 높은 습도에서 증가하기 때문에 습하고 따뜻한 열대 환경에서는 미생물의 위협이 더 두드러지고 흔하다.

코넬 대학교의 제니퍼 빌링과 폴 셔먼은 전 세계 36개국의 전통 육류 요리법이 포함된 요리책 93권에서 4,570개의 조리법을 수집하여 문화권별로 향신료의 종류, 쓰임새, 사용량을 조사했다. 빌링과 셔먼은 만약 향신료가 건강을 증진하려는 목적으로 사용되었다면, 음식이 더 빨리 상하는 따뜻한 지역의 조리법에서 향신료가 더 많이 쓰일 것이라는 가설을 세웠다. 또한 채소보다 고기에 양념을 더욱 강하게 할 것이고, 되도록 양념의 효능을 파괴하지 않는 조리법이 사용될 것이라는 가설도 세웠다. 분석 결과는 이 가설들을 모두 뒷받침했다. 특히, 광범위하게 사용되는 향신료들이 모두 강한 항균, 항곰팡이 효능을 가지고 있었으며 그중에서도 올스파이스, 마늘, 양파, 오레가노가 가장 효과적임을 발견했다. 인도에서는 25개 양념 중에 요리당 평균 9.3개의 양념을 사용한 반면, 노르웨이에서는 총 10개의 양념 중에 평균 1.6개를 사용했다. 헝가리 온대 지역의 요리법은 전체 21개 중에서 평균 3개의 양념을 넣었다. 이 연구는 또한 향신료를 미리 넣지 않고 조리 중이나 조리 후에 넣도록 권장하는 것은 양념의 약효를 극대화시키기 위해서라는 것과, 채소는 고기보다 양념을 덜 사용한다는 것도 밝혔다(채소를 먹고 전염되는 감염이 적기 때문이다). 오늘날 우리는 주로 음식의 맛을 돋우기 위해서 양념을 넣지만, 빌링과 셔먼의 연구는 공진화의 결과를 보여준다. 향신료는 위험한 미생물로부터 음식을 지키고 의약적인 효과까지 추가하는데, 이것들은 모두 그 맛을 즐기는 사람들의 건강, 수명, 번식의 성공을 증진한다(그림 9.2).[8]

향신료 사용은 인류에 앞서서 진행되었던 진화적 군비 경쟁은 물론이고, 다른 생물들과 공유하는 복잡다단한 생태 경관에서 인간이 어떻게 창의력을 발휘하여 입지를 다졌는지를 여러 측면에서 보여주는 완벽한 사례이다. 진화적으로 큰 뇌와 복잡한 사고를 물려받은 덕에 우리는 주위에

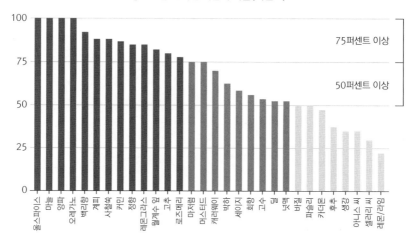

향신료별 억제된 세균의 비율(퍼센트)

75퍼센트 이상

50퍼센트 이상

그림 9.2 대부분의 향신료는 세균의 성장을 막는 강력한 억제제이다. 채소 요리보다는 고기 요리에, 온대 지방보다는 열대 지방에서 더 많이 사용된다. 이 결과는 향신료가 식품이 세균에 감염되는 것을 방지할 것이라는 가설에도 들어맞는다.
출처 Sherman and Billing, "Darwinian Gastronomy," fig. 4를 기반으로 그림.

널려 있는 화학물질을 이용할 수 있었다. 이를테면 계피, 정향, 머스터드처럼 극도로 강한 항균 특성이 있는 것들이나 올스파이스, 월계수 잎, 캐러웨이, 고수, 커민, 오레가노, 로즈메리, 세이지 등 항균성 방어를 갖춘 것들이 있다. 살모넬라균이나 대장균, 포도상구균처럼 육류를 공격하여 썩게 하는 미생물들은 심각한 공공 건강 문제를 일으킬 수 있는데, 향신료는 이 위험하고 끔찍한 미생물들로부터 우리를 보호한다. 이는 우리가 처음에는 진화와 실습을 통해서, 이후에는 창조적이고 의식적인 사고를 통해서 배운 통찰이다. 후추나 고춧가루와 같은 양념조차 나름의 역할이 있다. 이 둘은 자체로는 항균성이 없지만, 다른 항균성 화합물의 효능을 높이고 산화제 역할을 하여 육류의 산화성 부패를 억제한다.[9]

운명

그렇다면 세계 인구를 초토화한 전염병 및 기근과 함께 등장하여 번창했던 향신료 무역을 인류 최초의 국제적 공공 보건 프로젝트로 볼 수도 있을 것이다. 시간이 지나면서 향신료와 관련 지식은 오늘날 제약 산업의 시초가 되었다. 진화생물학자와 천연물 화학자들은 우림이나 산호초처럼 열대 서식지에서 자라는 식물들이 새로운 치료법을 제공할 수 있다는 사실에 관심을 기울이기 시작했다. 마치 1850년대에 캘리포니아 골드러시가 일어나자 광부들이 황금을 찾아서 채굴했던 것처럼, 화학자들은 인간의 복지를 개선할 (그리고 지갑을 채울) 새로운 약물을 찾아서 열대의 생태계를 탐사해왔다. 오늘날 화학자들은 내생생물(內生生物)에 주목하고 있다. 내생생물이란 식물 내에 서식하는 곰팡이나 세균으로, 감염성 질병, 병원균, 종양의 치료를 돕는 것으로 보이는 물질을 생산한다. 인체에 서식하는 미생물들 중에서 의학적으로 활용할 수 있는 것들이 있다. 인체에 이로운 미생물들을 연구하고 개발하면서 과학자들은 자연선택과 체내 미생물 상리공생체의 빠른 진화를 활발히 탐구 중이다. 이 미생물들은 백신으로도 극복할 수 없었던 질병과 싸우는 데에 도움이 될 것이다.[10]

　앞에서도 언급했지만, 현대의 신약 연구는 항생제 남용으로 약물에 내성이 있는 균주가 진화하면서 엄청난 재앙이 초래될 수 있다는 위험성이 있다. 미국의 질병 통제예방 센터에 따르면, 미국에서는 매년 적어도 200만 명이 항생제 내성이 있는 세균에 감염되고, 감염의 직접적인 결과로 최소 2만3,000명이 사망한다. 식물성 화합물 연구는 이 전투를 비롯하여 또다른 질병과의 싸움에도 도움이 될 수 있다. 식물이 암 치료법을 이미 진화시켰을지도 모른다는 희망이 있다.[11]

　또한 과잉 치료는 공중 보건의 목표가 질병의 예방(위생, 항생제, 백신의 일반적인 목표이다)이 아니라, 병원균의 독성을 감소시키기 위한 질병의 통제에 있다고 보는 현재의 진화생물학 지식을 거스른다. 감염이 심한 환자를 물리적으로 격리하여 다른 이들에게 치명적인 유전자를 전파하지 못하게 하는 후자의 접근법은 독성이 약한 병원균의 번식을 진화적으로 촉진함으로써 치명적인 질병을 박멸할 수 있다. 또한, 항생제 및 백신을 생산, 유통하는 비용보다 훨씬 더 저렴하기 때문에 특히 저소득 국가에 실용적일 것이다. 이러한 전략은 점차 확장되는 군비 경쟁에 장단을 맞추는 대신 진화적으로 병원균을 능가하려는 시도이다.[12] 인간의 건강과 질병을 다루는 이런 반직관적인 접근법은 "다윈 의학"이라고 불리는데, 긍정적인 전망에도 불구하고 대부분의 의과대학에서는 이를 가르치지 않는다. 수천 년간 내려온 의학의 신조와 모순되기 때문이다(물론, 종교와 마찬가지로 과학에도 맞서야 할 독단과 제도가 있다는 사실이 크게 놀랍지는 않을 것이다).

그러나 다윈 의학 외의 다른 치료법의 경우, 다양한 생물들이 서식하는 열대 자원이 파괴되면서 신약 제조의 가능성이 더욱 제한되고 있다. 제11장에서 인간이 환경에 미친 영향을 좀더 알아보겠지만, 열대 지역의 산림이 파괴되는 속도는 21세기가 시작된 이후로 거의 10퍼센트나 빨라졌다. 하루에 무려 약 320제곱킬로미터에 달하는 우림이 파괴되고 있다고 추정되는데, 부수적으로는 하루에 135종의 식물, 동물, 곤충 종이 소실되고 있으며 모두 합하면 매년 5만 종에 달한다. 산호초 역시 개발, 지구 온난화, 해양 산성화, 부영양화, 질병 때문에 급속도로 사라지고 있다. 인도-태평양의 산호초는 매해 1퍼센트씩, 약 1,550제곱킬로미터 정도가 손실되고 있으며, 이는 열대 우림의 2배에 해당한다. 우리는 지구에서 가장 다채로운 서식지와 환경을 망가뜨리는 중이고, 그러면서 건강 증진에 필요한 귀중한 자원, 즉 수억 년간 진화해온 화학 방어의 보물 창고까지 함께 파괴하고 있다.[13]

최초의 음식 보관법

향신료는 해로운 곰팡이와 미생물로부터 면역계를 보호하고 효과적인 약을 만드는 데에 대단히 중요한 역할을 했을 뿐만 아니라, 음식을 저장하고 보존하는 데에도 그만큼 중요했다. 초기 인류가 경작을 위해서 정착하자 인구가 늘어나면서, 인류는 빠르게 증가하는 모든 개체군을 위협하는 동일한 병목현상, 즉 기근과 질병의 가능성을 높이는 자원 부족에 직면했다. 이는 인류가 새롭게 직면한 문제였고, 우리 조상들은 겨울철과 생산성이 낮은 해를 대비하여 식량을 저장할 새로운 방법을 찾아야만 했다. 건조, 훈연, 냉동, 절임, 염지, 양념 등은 필수적인 기술이 되었다. 이러한 식품 보존 기술은 초기 의학 발전과 더불어 인간의 건강을 증진하는 동시에 인구 증가의 피드백 고리를 더욱 촉진시켰다. 식량 보존은 또한 육지와 바다를 가르는 장거리 탐험에 필수적이었다. 식량이 확보되지 않은 장거리 탐사는 비현실적이고 너무 위험했다. 보존 기술은 실크로드, 몽골의 확장된 유목 제국, 로마 제국과 그 유산들뿐만 아니라 대서양과 태평양을 가로지르는 무역과 식민지화를 가능하게 했다.

고대 중동 지역의 사람들은 농업혁명에 앞서서 고기와 곡물을 햇볕에 말려서 보존했다. 구석기시대의 수렵-채집인들은 고기와 생선을 연기에 그을려서 보관하기도 했는데, 캐나다령 북극 지방과 알래스카의 원주민이누이트족은 여전히 이 방법을 사용한다. 잿물도 효과적인 보존 기술이다. 단, 잿물 안에 보관된 고기와 생선(나의 노르웨이 친척들은 명절이면 루테피스크라는 잿물에 절인 정어리와 멸치를 먹는다)은 "고약한 냄새"가 난다고 진저리를 칠 법한 독특한 맛이 난다. 가룸(garum)은 또다른 유사한 사례이다. 고대 로마식 양념인 가룸은 생선의 피와 내장으로 담그는데, 생선의 내장에 소금을 뿌려 볕에 말린 다음 한 달 동안 발효해서 액화시켜서 만든 영양분이 풍부한 소스이다.

이런 보존법들은 나름대로 모두 중요했고, 인류의 발전에 흔적을 남겼다. 이 기술들은 며칠에서 몇 달까지도 음식을 썩히지 않고 보존하기 위해서 고안된 최초의 방법들이다. 여기에 가장 성공적인 식품 보존 기술이자 지구에서 가장 영향력 있는 자원이 하나 더 있다. 바로 식탁 위 작은 통 안에 든 것이다.

소금 이야기

생명이 바다에서 기원한 이래로, 지구의 모든 동물들은 생명을 낳고 길러준 원시 수프의 대용물로서 바닷물의 성질에 의존해왔다. 육지 동물은 이 의존성을 효과적으로 체화하여 체내의 세포와 기관들을 소금물 안에 담가두었다. 나트륨은 세포 기능과 대사를 조절하는 필수 원소로 자연계에서는 나트륨의 생리학적 중요성이 쉽게 관찰된다. 일례로 초식동물은 식단에 소금이 너무 부족하면 이 결핍을 보충하기 위해서 소금을 찾아 여기저기 핥고 다닌다.[14]

오늘날에야 사람들이 저염식에 집착하지만 원래는 인간도 다르지 않았다.[15] 다만 지금은 소금이 너무 흔하고 과도하게 사용되어서 소금의 자연사와 그것이 얼마나 필수적이고 생존에 중요한지를 잊어버렸을 뿐이다. 우리는 전 세계 요리법에서 소금의 중요성이 남긴 흔적을 볼 수 있다. 포르투갈 요리에 쓰이는 소금에 절인 대구는 유럽의 일개 소국을 세계 강국으로 성장시킨 해양 탐사와 바다의 지배를 상기시킨다. 또 명절에 먹는 햄은 소금에 절인 돼지고기를 발명한 덕분에 도축하고 한참이 지나서도 고기를 먹을 수 있게 된 옛 시절의 추억을 떠오르게 한다.

소금의 역사는 현재는 흔해빠진 일상품이 된 한 광물에 대한 인간의 집착을 보여준다. 소금이 풍부한 곳에 발달한 부유한 마을에서는 소금을 채취하는 과정에서 혁신이 일어났다(나중에 설명할 화석 연료의 우연한 발견과 같다). 소금은 정부가 세금을 물리고 통제하는 강력한 자원이기도 했다. 천연 소금 퇴적물은 계절에 따라 바닷물이 증발하는 곳에서 나타났고, 몇몇 지역에서는 염전을 만들고 소금물을 증발시켜서 소금을 생산할 수 있었다. 소금은 또한 암염의 형태로 지층에서도 발견되었는데, 암염은 고대 바다, 또는 지하에 존재하는 소금물 웅덩이의 잔해이다. 유라시아, 아프리카, 아메리카 대륙 전역에서 인간 문명은 소금 자원이 풍부한 지역을 중심으로 기원전 5000년 이전에 소금을 채굴하기 시작하며 발전해나갔다.

기원전 1000년경 중국에서 최초로 대규모 소금 생산시설이 세워졌다. 귀족들은 소금을 독점하며 가격을 통제했고, 소금을 판매한 수익으로 내전에 필요한 병력을 키우면서 이웃한 호전적인 몽골로부터 북쪽으로 가는 수출로를 보호했다. 소금의 중요성은 소금을 나타내는 한자[鹽]에도 드러나는데, 이 글자는 세금 납부를 확인하는 도장으로도 사용되었다. 쓰

찬 지방에는 천연 자원이 풍부했지만 지표에 소금 퇴적물은 없었다. 그러나 그 지방 중국인들은 지하에 존재하는 소금물 웅덩이를 발견하여 우물(염정)을 통해서 소금물을 퍼올린 다음, 얕은 판에 부어서 물을 증발시켜 소금을 얻었다. 처음에는 사람들이 직접 염정을 팠는데 거기에서 뿜어 나오는 가연성 유독 가스 때문에 작업자들이 병이 들거나 죽었고, 가끔은 불이 붙어서 염정이 폭발하거나 몇 주일씩 타오르기도 했다.

그 불가사의한 연기는 천연가스였다. 이 우연한 발견은 고대에서 가장 놀라운 기술 혁신으로 이어졌다. 거의 3,000년 전에 중국인들이 충격식(衝擊式) 시추를 시작한 것이다. 이는 소금물과 더불어 화력의 공급원으로서 가정용 또는 상업용 천연가스를 추출하기 위해서였다. 이 천연가스 우물은 "불의 우물"이라고 불렸고 대나무로 만든 파이프를 그물망처럼 연결하여 가스를 운송했다. 이 자원의 활용 기술은 천연가스가 세계 어디에서나 쓰이기 무려 1,000년 전에 중국에서 개발되어 사용되었다(그림 9.3).[16]

기원전 2000년에 이집트인들은 염료를 거래하던 페니키아인들이 처음 개발한 무역망을 통해서 지중해 전역으로 소금과 소금에 절여 말린 생선을 팔았다. 당시 이집트와 북아프리카에서 소금은 보통 온스 단위로 팔았는데, 무게당 값이 황금에 버금갔다. 그래서 사하라 사막의 소금 교역로는 삼엄하게 보호되었고 비밀에 부쳐졌다.[17] 이집트에서 소금은 다른 중요성도 있었는데, 소금이 사후세계를 위한 사체 보존에 사용되는 매우 중요한 재료들 중의 하나였기 때문이다. 이집트인들은 몸속의 장기를 제거한 후에, 소금, 레진(나뭇진), 향신료를 사용해서 사체를 미라로 만들었다. 신분이 낮은 이집트인들은 보통 소금만 사용했다. 미라를 만드는 과정에 향신료와 소금을 둘 다 사용하면서 아마 처음으로 향신료를 식품 보존에

그림 9.3 기원전 2세기 중국의 염정 작업. 지하의 소금물 웅덩이에서 소금을 추출하기 위해서 시추를 했는데 마침 같은 장소에 있던 천연가스가 발견되었다. 지하의 소금물을 펌프로 끌어온 다음, 천연가스로 붙인 불로 증발시켰다.
출처 *Annals of Salt Law of Sichuan Province*의 삽화를 바탕으로 다시 그림.

사용하게 되었을 것이다. 향신료가 소금만큼이나 부패 과정을 지연시킨다는 것을 알아챘을 테니까 말이다.

소금 생산은 로마 제국에서도 중요한 역할을 담당했다. 기원전 4세기, 티레니아 해에 있는 로마의 오래된 항구 도시 오스티아는 염습지 근처에 세워졌는데, 이곳에서는 일찍부터 소금을 생산하여 제국 전체에 공급했다. 로마 제국은 소금 가격을 통제했다. 이는 과중한 세금으로 전쟁과 도시 사업의 기금을 마련한 유럽 소금세의 시작이었다. 무려 4만 마리의 낙타를 거느린 대상들이 수백 킬로미터를 이동하여 고대에 증발한 바다에서 소금을 수확하고 유럽의 내륙 시장으로 운반했다.

유럽의 많은 도시들이 소금 매장지에 근접하다는 이유로 세워졌다. 초기 켈트족은 청동기시대 후기와 철기시대 초기에 그리스인들에게 소금을 팔면서 부를 얻었고 유럽 대륙을 지배했다. 할슈타트 마을은 문자 그대로 "소금 조각"이라는 뜻인데, 그 문화적인 힘에 따라 지어진 이름이다. 켈트족은 기원전 8세기에서 6세기 사이에 과거 수렵-채집인들이 자주 찾던 염천(鹽泉)으로 갱도를 파내려가면서 소금 광산을 만들었다. 처음에는 수작업으로, 철기가 등장하고서는 철제 도구로 파내려갔다. 길이 4.5킬로미터, 깊이 280미터 정도였던 갱도가 중세에는 거의 80킬로미터까지 뻗어갔다.[18] 16세기에 할슈타트 소금광산에서는 암염을 물에 적셔서 소금을 채굴하는 혁신적인 방법이 개발되었다. 물을 광산 안으로 흘려보내서 소금을 녹인 다음 펌프로 소금물을 퍼올리고 접시에서 증발시켰다. 이 기술은 소금 채굴에 혁명을 일으켰고 지역의 부를 창출했다. 잘츠부르크(소금 도시), 할라인(소금 작업)과 같은 유럽 전역의 여러 도시들에서 소금으로 부를 얻은 과거를 볼 수 있다. 두 도시 모두 잘차흐 강(소금물) 인근에 있다. 영국에서는 많은 도시들이 도시 이름에 "위치(wich)"라는 접미사를 달고 있는데, 이는 소금 생산을 뜻한다.

이처럼 귀중한 자원 때문에 수많은 전쟁이 일어났다는 사실은 놀랍지 않다. 고대 로마에서 베네치아는 소금 교역을 지배하기 위해서 제노바와 전쟁을 벌였다. 14세기에 프랑스인들은 가벨(gabelle)이라는 혐오스러운 소금세를 제정했는데, 이 법은 무려 1790년까지 시행되었고 프랑스 혁명의 주요 원인이 되었다. 소금세는 미국 독립혁명의 기폭제가 되기도 했다. 영국 충성파들이 미국이 겨울철에 식량을 보존하지 못하도록 수송 중인 소금을 가로챘기 때문이다. 또한 인도에서는 영국의 소금세에 저항하는 시위가 인도의 독립운동을 촉진했다. 1920년대에 궁핍할 대로 궁핍해진 인도에 영국이 소금세를 증세한 것이 마하트마 간디의 평화 시위로 이어졌다. 1930년에 소금세에 반대해 아라비아 해를 향한 소금 행군과 지속적

인 평화 시위로 간다는 비폭력 운동, 정의, 20세기 평등권 운동의 국제적인 상징이 되었다.[19]

인류 역사에서 소금은 그 무엇보다도 중요한 역할을 했다. 소금은 최근까지도 권력과 부의 상징이었다. 중국에서 로마까지 많은 고대 문화에서 화폐로 사용되었고, 방부제로서의 가치는 인류 문명의 역사 전체를 관통한다. 소금은 화폐 단위이자 국가 권력의 원천이자 전쟁의 도구였다. 모두 치명적인 미생물과 곰팡이에게 강하게 맞서야 할 진화적인 필요 때문이었다. 문명의 발전으로 인구가 늘고 거주지가 밀집되면서 우리는 자신의 몸은 물론이고 저장된 식량까지도 지켜야 했다. 향신료, 특히 소금은 수년간의 자연사 지식과 더불어서 주위의 식물을 비롯한 다른 유기물질과 공진화한 결과였다.

냉동

소금의 대체품인 냉동고는 19세기까지 발명되지 않았지만, 음식 저장에 얼음을 사용한 역사는 더 깊다. 이르게는 기원전 17세기부터 얼음은 메소포타미아에서 음식과 기타 상하기 쉬운 것들을 보존하기 위해서 따뜻한 지역으로 운송, 저장되었다. 비옥한 초승달 지대에 있는 고대 얼음집은 두꺼운 벽으로 이루어진 돔 모양의 진흙 구조물인데, 일부는 지하에 묻혀 있고 짚으로 단열되었다. 얼음은 겨울에 산에서 가져와 배로 운반되었다(그림 9.4). 기원전 10세기에는 지하에 구덩이를 파서 얼음을 보관하고 상하기 쉬운 식품들을 봄에서 여름까지 저장하는 지하 얼음 저장고로 사용했다. 이 얼음 창고는 17세기까지도 부자들을 위해서 지어졌다. 예를 들면

그림 9.4 고대 이란의 얼음집 야크찰. 2,000년 이상 되었다고 추정된다. 겨울에 산에서 운반해온 얼음을 이 구조물에 저장하여 여름철에 부패하기 쉬운 음식을 보관했다.
출처 Artography/Shutterstock.

조지 워싱턴과 토머스 제퍼슨은 둘 다 지하실에 단열된 얼음 창고를 가지고 있었다.[20]

18세기 후반 미국의 뉴잉글랜드 지방에서 얼음 사업이 시작되었다. 카리브 해의 부유한 플랜테이션 농장주들에게 얼음을 공급할 목적이었다. 그리고 얼마 지나지 않아 보스턴에서 가정용 냉동고가 사용되고 얼음 배달이 시작되었다. 북쪽 호수에서 채취된 얼음들은 미국 전역의 대도시에 설치된 단열 얼음 창고로 운반되어 저장되었다.[21] 처음에는 톱으로 손수 얼음덩어리를 잘랐고, 이후에는 말이 끄는 얼음 절단기를 사용했다. 얼음은 가정에 마차로 배송되었고, 썩기 쉬운 제품들은 단열된 배와 열차에 실려 따뜻한 남쪽으로 갔다. 1850년대까지 연간 10만 톤에 가까운 얼음이 가정용 냉동고로 배달되었다.

19세기에는 남획된 퓨젓 사운드의 굴밭을 되살리고자 대서양 연안의 굴을 냉동차에 실어서 대륙 반대편으로 보내려는 시도가 있었다.[22] 이 노력은 비록 실패했지만 20세기 초에 전기 냉장고가 도입되는 길을 닦았다. 그와 동시에 얼음과 소금 사용량이 빠르게 줄었다. 전기 냉장 기술이 개발된 것은 굴 산업 덕분이었다. 전기 냉장 기술은 일본의 굴을 미국 태평양 연안에 이식시키기 위해서 발전되었다.

이런 극적인 기술의 발전은 인류 역사에서 이미 너무나 빈번하게 일어났던 예상 밖의 결과들을 불러왔다. 침입종 확산과 생물종 균일화 현상이다. 굴을 들여오기 시작하면서, 아시아의 다른 해양 종들이 굴을 수송하는 선박에 무임승차하여 북아메리카 태평양 연안과 전 세계로 진출했다. 그 결과, 빠르게 성장, 번식하는 종들이 전 세계로 확산되어 북적거리는 서식지를 지배하고 있다. 예를 들면 샌프란시스코 만, 도쿄, 보스턴의 얕은 물에서는 시간이 지남에 따라서 똑같은 생물들이 살게 되었다. 우리는 이러한 흐름이 어떤 결과로 이어질지 완전히 알지 못한다. 또한 자연적인 공진화로 형성된 토종 군집들이 인위적으로 형성된 잡초 군집으로 대체됨으로써 우리가 지불해야 할 비용 역시 대체로 알려지지 않았다. 그러나 우리는 이 과정이 늦춰질 수만 있을 뿐 멈추어질 수는 없다는 것을 알고 있다. 우리가 이루어낸 혁신들의 의도하지 않은 결과는 모두 하나의 종에 불과한 인간의 극단적인 인구 증가와 이에 따라서 발생한 문제들을 해결하기 위한 전략과 기술들 때문에 일어났는데, 이는 지엽적인 문제가 아니다. 다른 많은 종들과 더불어 우리 종의 생존을 위협하는 심각한 문제이다.[23]

제10장

불타는 문명

진화와 적응, 협력과 경쟁, 모든 서식지와 종에서 일어난 생존과 지배, 멸종 등 다양하고 복잡한 사건들을 포함하는 생명의 역사에서 변함없이 유지된 한 가지 단순한 진실이 있다. 바로 자기복제하는 모든 생물들은 자신의 유전자를 다음 세대에 전하기 위해서 생장과 성공적인 번식에 필요한 에너지를 찾아다닌다는 사실이다. 에너지에 기반을 둔 이 진화의 흐름은 상상할 수 없을 만큼 오래된 과정으로서, 갈등과 협력 사이의 싸움을 생생히 보여준다. 생명은 복제능력을 가진 분자가 원시 수프에서 긴 시간 동안 발달한 대사 과정을 흡수하면서 시작되었다. 이어서 태양 에너지 이용과 미생물 공생발생의 진화를 통해서 진핵세포가 탄생했고, 자기조직화와 협력을 거치며 영양 집단, 먹이그물, 원소와 에너지 순환, 복잡한 다세포 동식물을 만들었다. 지구는 이 수십억 년의 변화를 겪으며 생명체들에 거의 독점적으로 동력을 공급한 태양 에너지를 방대한 양의 생물과 화석으로 비축했다.

인간은 지구상의 거의 모든 유기체들처럼 먹이사슬을 통해서 전달된 태양의 힘에 의존하여 신진대사를 수행한다. 그러나 인간은 다른 생물들과 달리, 창날을 단단하게 벼리는 것에서부터 원자를 분열시키는 데에 이르기까지 에너지를 필요로 하는 기술을 도모해왔다. 인간은 불을 통제하면서 처음으로 에너지를 활용했고 그러면서 대형 육식동물의 먹잇감에 지나지 않던 이 중형 영장류는 먹이사슬의 최상위 포식자이자 에너지 소비자로 거듭났다. 인간은 불 덕분에 날씨가 추운 지방까지 영역을 넓힐 수 있었다. 불은 초기 인간을 포식자, 곤충, 질병으로부터 보호하고 도구를 개선시켜주었다. 인간은 불의 통제에 절대적으로 의존해왔다. 불을 더 효율적으로 생산할 수 있는 새로운 자원을 발견하면서 혁신이 일어났고, 그 자원의 이용과 고갈의 순환이 반복되었다.

문명의 진화는 에너지 자원의 진화로 이어졌고, 이 자원에 의존하고 또 남용하면서 인간과 나머지 세계의 협력관계를 망가뜨렸다. 에너지 자원은 인류의 역사는 물론이고 지구 전체의 지질학적 경관에까지 영향을 주었고 인간에게, 특히 소수의 인간에게 특권을 주었다. 인간이 에너지 자원을 어떻게 생산하고 가공하고 사용하는지는 오늘날 우리가 직면한 가장 중요한 질문이다.

숲을 태우다

약 200만 년 전에 처음으로 땅에 내려와 살게 된 호미니드 선조들은 열과 빛을 얻기 위한 최초의 연료로 나무를 사용했다. 그러나 나무에는 제약이 있었다. 갓 잘라낸 나무에는 60퍼센트 이상이 수분이었기 때문에 먼저 말리지 않는 한 잘 타지 않았다. 따라서 초기 수렵-채집인들은 마른 나무를 땔감으로 모았고 나무를 건조시키는 법을 배웠다. 또한 나무는 수분 때문에 비교적 낮은 온도에서 타고 연기가 난다. 다시 말해서 나무를 태운 불은 광석에서 금속을 녹여내거나 모래로 유리를 만들 만큼 뜨겁지는 않다는 뜻이다. 그러나 화로 가장자리에 있던 바싹 마른 나무가 광석이나 모래를 녹일 정도로 뜨거운 불을 낸다는 것이 우연히 발견되면서 숯이 탄생했다.

숯이 최초로 사용된 증거는 3만 년 전, 숯으로 그려진 동굴 벽화에서 볼 수 있다. 그리고 연료로서는 5,000년 전에 구리를 제련하는 수단으로 처음 숯이 사용되었다. 숯 제조는 아주 오래된, 아마도 인류 최초의 산업이었을 것이다. 숯을 만들려면 숯구덩이가 필요했는데, 산소가 부족한 상태로 천천히 타면서 나무를 태우지 않고 수분과 휘발성 화합물만 증발시키도록 세심하게 불을 통제해야 했다. 초기의 숯구덩이는 넓이 약 2.7제곱미터에 깊이 1.8미터 정도로 컸다. 토막 낸 나무를 구덩이에 빽빽히 쌓아올리고 잉걸불로 불을 붙인 다음, 나무가 완전히 타서 재가 되지 않게 풀로 덮어두었다. 이렇게 며칠, 몇 주일이 지나면 거의 순수한 탄소만 남는데, 이것으로 금속 가공이나 유리 제작 등에 필요한 뜨거운 불을 지필 수 있었다. 숯이 만든 불은 인류를 청동기시대와 철기시대로 이끌었고, 농기구, 도구, 무기 제작에 혁신을 일으켜서 문명을 크게 변화시켰다. 즉, 숯은 문명의 초기 성장과 점차 복잡해진 무기의 제작에서 대단히 중요한 역할을 했다.[1]

나무는 그 중요성과 접근성 때문에 과도하게 사용되기 쉬운 자원이었다. 초기 인류가 성공적으로 활용했던 생산성 낮은 숲의 가장자리는 금세 벌채되어 가장 오래된 이 서식지에 변화를 가져왔다. 식물의 뿌리와 상층

운명

부는 토양 소실과 침식을 막으며, 식물에서 떨어진 잎은 토양을 비옥하게 만들어 균류와 미생물의 긍정적인 상호작용을 유도한다.[2] 그러나 벌채는 이러한 이점을 제거하여 서식지를 끔찍하게 바꾸었고 예상하지 못한 수많은 사회적, 환경적 결과를 초래했다. 사람이 살 수 없을 만한 지역에서 많은 고대 유적들이 발견된 까닭이 여기에 있다. 초기 도시들은 자연스럽게 산림을 파괴했고, 나무와 숲이 제거되자 토양이 쉽게 수분을 잃고 소실되었다. 손잡이 달린 도끼와 같은 혁신적인 도구들로 진보한 기술 덕분에 인간이 새로운 능력을 개발하면서 덩달아 산림 파괴도 늘어났다.

연료와 건축 자재를 얻고 농경지와 목초지를 조성하기 위한 광범위한 개간은 1만5,000년 전 최후의 빙하기가 끝난 이래로 육지 생태계에 가장 큰 영향을 미친 중요한 지질학적 사건이었다. 기원전 3000년경에 시작된 숲 개간은 인구 압박과 도시화와 맞물리면서 산림 식생은 물론이고, 숲에 기대어 살아가는 생물들에게도 극적인 변화를 일으켰다. 고고학과 고생태학 자료에는 인간의 산림 파괴 역사가 기록되어 있다. 고생태학자들은 호수의 퇴적물 속에서 오래도록 보존된 꽃가루를 연구하여 기원전 1000년쯤에 심각한 수준으로 숲이 파괴된 적이 있음을 알아냈는데, 이는 많은 사람들이 예측한 것보다 훨씬 앞서는 시기였다. 이후의 500년간 문명이 확산되고 집중적인 개발이 일어나면서 유럽과 특히 중동의 취약한 지역에서 산림 파괴와 사막화가 급증했다.[3]

유럽에서는 로마 제국이 팽창하면서 에너지 수요(이것 때문에 문화적, 사회적, 정치적 불안이 커지면서 결국 제국이 붕괴했다)가 높아지는 바람에 숲이 계속 잘려나갔다. 중국의 이런 변화의 역사는 잘 알려지지 않았지만, 현재 남아 있는 산림이 과거의 14퍼센트에 불과하다는 사실은 비슷한 파괴의 과거를 암시한다. 다만 기원후 910-1126년에 철기 및 야금 시설을 중심으로 발달한 송나라의 도시들은 예외였는데, 이곳에서는 세계의 다른 지역보다 훨씬 먼저 석탄이 숯을 대체했다. 기원후 1078년에 중국에서 제작된 강철은 이미 18세기 서구 유럽 수준이었다. 기술의 발전은 분명 더 많은 산림 파괴, 사막화와 더불어 진행되었을 것이다.[4]

목재 생산은 다양한 사회적 영향과 결과를 가져왔다. 예를 들면 13세기 영국의 국왕 에드워드 1세는 나무가 과도하게 벌채되는 것을 막고자 나무를 베어서 땔감으로 사용하는 것을 금지했다. 나무를 몰래 베어가는 행위는 사형에 해당하는 중범죄였다. 특히, 선박 제작에 필수적인 산림 자원이 없이는 무역과 국방이 위태로웠으므로 건강한 숲은 중요한 안보적 관심사이기도 했다. 결과적으로, 귀족과 교회만 숲을 소유할 수 있었고 농민에게는 고작 떨어진 나뭇가지만이 허락되었다. 죽은 나뭇가지라면 살아 있는 나무를 다치게 하지 않는 한 나무에 붙어 있든 땅에 떨어져 있든 간에 가져다가 쓸 수 있었으므로, 여기에서 "기어코", "수단과 방법을 가리지 않고"라는 뜻의 "낫으로든 갈고리로든(by hook or by crook)"이라는 관용어가 유래했다. 나무를 함부로 베지 못하게 막았던 이 규제는 보전법의 토대가 되었고, 이는 이후 16-17세기에 유리 제작에 쓰이는 탄산칼륨의 재료인 해초에도 적용되어 최초의 보전법이 되었다. 삼림 벌채의 관행은 지구 전체에 영향을 미쳐서 레바논시다를 고갈시켰고 열대의 고립된 태평양 섬들을 풀과 나무가 없는 황무지로 바꿔놓았다. 오늘날에도 산림 파괴의 결과는 명백하고 비극적이다. 숲이 사라진 현대 사하라 이남의 아프리카에서는 여성들이 땔감을 찾아서 부족의 경계를 넘어 멀리까지 나서야만 한다. 이때마다 여성들은 이웃 부족에게 강간을 당할 위험에 노출되

는데, 이는 이웃 부족이 지배력을 행사하는 하나의 방법으로, 급속히 확산되면서 큰 문제가 되고 있다.[5]

최초의 화석 연료

나무와 숲은 역사 전반에 걸쳐 중요하게 쓰였지만 나무가 부족해지자 인간은 화석 연료를 발견하여 사용하게 되었다. 첫 화석 연료는 토탄(土炭)이었다. 토탄은 식물의 뿌리, 뿌리 줄기, 잔해들이 습한 땅속에 축적되어 생성된 탄소 연료이다. 미생물 때문에 산소가 고갈된 습지에서는 식물이 썩으면서 산성 화학 부산물이 쌓인다. 그 위에서 식물이 계속해서 성장하면서 누르는 힘은 이 축적물을 압축시키며, 죽은 식물의 뿌리가 이 축적물에 얽히면서 토탄이 된다. 토탄은 탄소 밀도가 높아서 나무보다 높은 온도에서 탄다. 그러나 1년에 1밀리미터 정도로 천천히 형성되고, 뿌리 잔해가 축적될 만큼 천천히 분해되는 서늘한 기후에서만 생긴다. 유럽의 습지에서는 토탄이 최대 5미터 두께로 형성될 수 있는데, 이 정도가 되는 데에는 수 세기에서 수천 년이 걸린다(이 과정은 화석화되어 석탄이 되는 탄소 고정의 초기 단계이기도 하다).[6]

과거에 토탄은 건축 자재로도 사용되었다. 구하기 쉽고 압축된 덩어리로 쉽게 잘리며 단열이 좋기 때문이다. 연료로서 널리 사용되기 시작한 것은 로마 제국 시기에 산림이 걷잡을 수 없이 파괴되는 바람에 연료 공급이 제한되면서였다. 사람들은 토탄을 조각으로 자른 후에 느슨하게 쌓아올려서 말린 다음, 가연성 고탄소 연료로 만들었다. 토탄은 한동안 채취와 생산이 쉬운 가정용 연료로 사용되다가 네덜란드인이 바덴 해의 광활한

습지를 개발하기 시작하면서 산업용 연료로도 널리 쓰였다.[7]

네덜란드는 토탄 채굴 사업을 통해서 수자원과 홍수 관리를 주도했다. 중세 이후 네덜란드는 해안선에 방조제와 방사제를 건설하여 퇴적물을 가두고 땅을 "간척했다." 이 간척 사업으로 약 28제곱킬로미터의 땅이 새로 만들어졌고(암스테르담도 간척지에 세워진 도시이다), 덴마크의 코펜하겐과 러시아의 상트페테르부르크 등 도시 확장 계획에 영향을 주었다. 네덜란드에는 천연림이 부족했고 범람에 관한 전문 지식이 있었으므로 토탄의 발견과 활용은 당연한 일이었다. 14세기에 네덜란드는 세계적인 상업 강국이 되었고, 토탄 자원에 풍차 기술까지 더했다. 그러나 경제적 우위를 유지하기 위해서 16세기까지 무려 약 2,000제곱킬로미터 이상의 땅에서 토탄을 과도하게 채굴하는 바람에, 대부분이 해수면 높이에 있던 네덜란드 국토의 거의 4분의 1이 해수면 아래로 내려갔다. 네덜란드는 땅이 영구적으로 물에 잠기는 것을 막기 위해서 풍차를 동력으로 한 범람 조절 체계와 정교한 제방이 필요했다. 오랜 간척의 역사 때문에 범람의 문제가 악화되었고, 이에 따라서 네덜란드는 범람을 통제하기 위해서 대단히 복잡한 제방 및 수로망을 개발해야만 했다.[8]

네덜란드는 17세기까지도 토탄 덕분에 유럽에서 지배권을 유지했다. 일례로, 네덜란드는 대기 오염 문제로 산업용 석탄의 사용이 금지된 영국에 토탄을 수출했다. 그러나 범람이 계속되면서 네덜란드는 토탄 채굴량을 줄이고 대신 역으로 석탄을 수입하기 시작했다. 영국과 네덜란드가 모두 석탄에 의존하면서 세계 상업의 중심지였던 네덜란드의 영향력이 줄어들고 영국이 부상했다. 경제적 상황이 다시 한번 환경을 압도한 것이다. 토탄은 계속해서 수백 년간 개발도상국에서 사용되었다. 식민지 미국과 캐나다에서는 난방용으로 쓰였고, 스칸디나비아 지역의 국가들과 러시아에서는 산업용 토탄 채굴이 20세기 중반까지 계속되었다. 오늘날에도 아이슬란드와 핀란드에서는 가정용 난방에 토탄을 사용한다.[9] 그러나 석탄이 토탄을 거의 대체한 18세기 초에 산업혁명의 시작에 불을 붙인 것은 최초의 국제적 오일 산업을 일으킨 고래잡이였다.

해양 에너지 카르텔

고래잡이는 고대 그리스로 거슬러 올라간다. 중동 지방에서 원시 고래잡이 작살과 예술 작품이 발견되었다는 점을 고려하면 아마 더 오래되었을 것이다. 고래잡이는 「구약성서」에 언급되었고, 아리스토텔레스는 고래에 아가미가 없으므로 어류가 아닌 포유류라고 생각했다(그림 10.1). 자원으로 처음 사용된 고래는 죽어서 해변으로 올라왔거나 해안에 갇힌 고래였다(고래기름은 등잔의 연료로, 고래수염과 상아질 이빨은 장신구로, 지방은 식용으로 사용했다). 고래가 해안에 갇히는 이유는 아직 잘 모르지만, 네덜란드, 코드 곶, 뉴질랜드 등 일부 지역에서는 이런 현상이 더 자주 일어났고, 그곳 사람들이 가장 먼저 고래잡이에 관심을 둔 것은 확실하다. 인간은 해안 지대와 해변으로 올라온 고래를 연구하면서 해양 산업을 개척했다. 바스크 지방의 어부들은 기원후 1000년 무렵에 영국 해협과 바스크 북해 연안에서 고래를 사냥했고, 해변까지 끌고 와서 가공하는 대신에 바다에서 고래를 도살하고 고래기름을 만드는 획기적인 방식을 개발했다. 이와 더불어 고래의 이동 경로를 추적하는 혁신적인 방식이 등장하면서 고래잡이는 국제적인 대규모 사업이 되었다.[10]

그림 10.1 얀 산레담이 1602년에 제작한 이 판화는 북해 운하가 있는 네덜란드 베베르베이크 근처 해변에 밀려온 고래를 그린 것이다. 이 시대에 고래잡이는 연안 지역 경제의 중요한 원동력이었다. 기술 발달로 더 많은 고래가 잡히고 고래잡이가 세계적인 사업이 되면서, 고래기름과 다른 고래 제품들은 산업혁명에 불을 붙였다.
출처 Rijksmuseum, Amsterdam.

태평양 북서부에서도 거의 비슷한 시기에 고래잡이가 시작되었다. 고래잡이는 아메리카 대륙의 토착 민족인 하이다족과 마카족에서 문화의 중심이 되었다. 1970년대에는 아메리카 대륙 북서부 끝의 오제트 호수 근처에서 해안 절벽이 침식되면서 마카족의 전통 가옥 두 채가 발견된 덕분에 이 지역의 고래잡이 역사가 많이 밝혀졌다. 1,000여 년 전, 한밤중에 일어난 갑작스러운 산사태로 가옥들과 사람들이 그대로 묻혀버린 것이다.[11] 리처드 도허티가 이끄는 워싱턴 주립대학교의 고고학자들은 유물에서 진흙을 씻어내면 유물이 몇 시간 안에 썩고 부스러질 것을 염려하여, 유물을 분석하고 보전할 새로운 기술을 개발했다. 이들은 호스를 사용해 절벽에서 유물들을 부드럽게 씻어냈고 에틸렌글리콜("부동액") 용액으로 옮겨서 산화를 막았다. 그런 다음에야 가죽, 천, 기타 유기 유물들이 발굴된, 이 중요한 서부 해안 원주민 고고학적 유적지를 본격적으로 연구했다.

당시 학생이었던 나는 오제트 유적지에 관심이 있었다. 그래서 현대 마카족의 문화와 언어, 진흙에 매장된 유적지를 연구하던 고고학과 대학원생들을 찾아가 함께 연구했다. 나는 그들이 풀고 있던 문화 퍼즐에 나의 자연사 지식을 보탰고, 마카족의 역사를 밝히기 위해서 1,000년이나 된 유물의 조각을 맞추는 그들의 능력에 푹 빠졌다. 백미는 해럴드를 만난 것이었다. 1900년경에 10대 초반이었던 해럴드는 마카족의 마지막 전통 고래잡이에 참여했던 이들 중에 살아 있는 가장 나이가 많은 사람이었다. 그는 고래잡이를 떠나기 전에 1주일 동안 몸과 마음을 가다듬으며 준비했고, 길이 9미터짜리 현외 장치가 달린 카누를 타고 2주일간 바다를 헤맸지만, 결국 빈손으로 돌아온 이야기를 해주었다. 해럴드를 만나러 버스를 타고 오제트를 방문했던 일이 나의 첫 고고학 경험이었고 이는 나의 인생과 관심에 직접적인 영향을 주었다.

고래잡이는 계속되었다. 17-18세기에는 네덜란드와 프랑스 어부들이 고래를 쫓아서 그린란드까지 올라갔다. 본격적인 고래 산업은 미국의 뉴잉글랜드 지역에서 18세기 초에 시작되었다. 코드 곶, 낸터킷, 롱아일랜드의 마을 모두가 고래와 돌고래들이 해안으로 밀려오는 지역이었다(2010년에 나는 루테넌트 섬에 있는 코드 곶 해안 국립공원의 넓은 염습지에서 학생들과 작업하던 중에도 봄철 만조에 해안으로 밀려온 길이 2.5미터짜리 돌고래 6마리를 발견했다). 17-18세기 뉴잉글랜드에서 고군분투하던 식민지 개척자들에게 길 잃은 고래는 하늘이 내려준 선물이었다. 그 지역의 토양에는 빙하기에 빙하가 퇴각하면서 남긴 모래와 침식된 흙이 섞여 있어서 경작에 적합하지 않았기 때문이다. 때마침 고래가 가치 있는 자원을 제공한 셈이다. 고래가 길을 잃는 일이 빈번하자 사람들은 해안에 탑을 세워서 그런 고래들을 찾아냈다. 17세기에는 고래가 뭍으로 올라온 지점에 따라서 소유권을 결정하는 법이 통과되었다. 시간이 지나자 사람들은 고래가 바닷가로 올라올 때까지 기다리지 않았다. 얕은 물에서 헤매는 고래를 찾아서 작살로 잡고 (자신의 소유권이 보장되는) 적절한 장소로 끌어오기 시작한 것이다. 얼마 지나지 않아 코드 곶의 고래잡이 어부들은 참고래를 찾아 대륙붕을 정찰할 더 큰 배를 확보했다. 정확하지 않은 출처에 의하면, 참고래는 지방이 많아서 작살로 죽인 뒤에도 물에 떠 있었으므로 사냥에 "바람직하다(right)"라는 뜻에서 참고래(right whale)라는 이름이 붙었다고 한다. 공격적인 고래잡이가 시작되고 몇 세기가 지나자 참고래의 수는 급감했다. 2000년에 북대서양의 참고래 개체 수는 불과 300마리 정도로 추정되었는데, 이 정도면 생태학적으로 멸종했다고 여기는 수준이다.[12]

고래의 개체 수 감소에도 불구하고 뉴잉글랜드 고래잡이는 19세기 초까지 1만 명을 넘게 고용한 미국에서 가장 큰 산업으로 성장했다. 또한 고래잡이 산업은 세계 최초의 오일 카르텔이었다. 뉴베드퍼드에서 어부가 고래를 잡았고, 보스턴에서는 상인들이 고래기름을 팔았다. 톤턴은 뉴베드퍼드와 보스턴 사이에 있었는데 이 산업의 본부 역할을 했다. 그리고 프로비던스에서는 럼, 향신료, 노예를 취급하여 코드 곶의 고래잡이 산업을 지원했다. 고래잡이 산업의 절정기에는 1년에 항유고래의 기름 600만-1,000만 갤런을, 경뇌(향유고래의 머리에 있는 왁스성 기름으로, 연기나 냄새 없이 타오르는 고급 양초를 만드는 데에 사용되었다) 400만−500만 갤런을 생산했다. 향유고래는 고래잡이 산업에서 가장 가치 있는 상품이었다. 이 고래들은 공격적이고 이빨이 크며, 수컷 성체는 평균 길이가 15미터나 되어서 사냥하기에 위험했다. 향유고래는 대륙붕에서 떨어진 깊은 물에서 사는데, 오징어를 사냥하기 위해서 주기적으로 거의 1,000미터나 잠수해 들어가서는 물속에서 최대 2시간을 머문다. 향유고래의 경뇌는 부력을 조절하고 소리를 증폭하는 역할을 하는데, 기름으로 가치가 대단히 높았다. 또한 향유고래의 소화기관에서 생성되는 노폐물인 용연향은 향수 제조에 사용되었다. 향유고래의 개체 수는 19세기에 들어서 급감했지만, 사냥의 위험성 때문에 참고래만큼 멸종 위기에 처하지는 않았다. 향유고래의 사냥이 금지된 지 10년이 지나자 개체 수는 35만2,000마리로 추산되었는데, 이는 고래잡이 전 추정치인 110만 마리의 32퍼센트에 해당한다. 수가 줄어든 후에도 향유고래의 현 개체군은 인간의 모든 어장을 합친 것과 동일한 생물량을 소비한다고 추정된다.[13]

이 깊은 바닷속 고래들을 추적하기 위해서 대형 포경선들은 고래를 쫓아가서 사냥할 소형 포경선을 싣고서는 향유고래와 다른 대형 고래의 이동 경로를 따라 남아메리카의 대서양과 태평양 해안의 풍부한 고래잡이 지대까지 갔다. 포경선들은 그곳에서 수 개월에서 수 년까지도 항해하며, 태평양 연안과 하와이 섬까지 고래를 추적했다. 고래잡이 시설은 해안에 흩어져 있다. 2003년에 칠레 중부 해안의 외딴 지역에서 작업하면서, 나는 오래 전에 버려진 고래잡이 시설을 본 적이 있었는데 그 규모가 어마어마했다. 고래를 육지로 옮기기 위한 3개의 넓고 긴 경사로에는 강철로 된 철로가 깔려 있었고, 작업 시설 옆에는 고래와 고래 부위를 운반하는 데에 필요한 증기기관이 있었다. 고래의 지방을 끓여서 기름으로 만드는, 집채만 한 대형 탱크와 뼈, 고래수염, 이빨을 햇볕에 말리는 넓은 공간도 있었다. 고래에서 버리는 부분은 없었다.

고래잡이 산업은 미국 동부 해안 도시 사람들의 삶을 근본적으로 바꾸었다. 18세기 이전에 도시의 거리는 어둡고 위험한 장소였다. 그러나 19세기 중반에 보스턴에서 애틀랜타까지 모든 대도시에 고래기름으로 불을 밝힌 가로등이 설치되면서 거리가 안전해졌고, 사람들이 밤을 보내는 방식이 바뀌었다. 신생 화학 산업이 등장하여 석탄에서 에너지 자원을 만드는 방법이 발명될 때까지 고래기름은 수십 년간 아메리카 대륙의 동해안 지역에 빛을 밝혔다. 또한 고래수염을 가공하여 빅토리아 시대의 코르셋이나 버팀대로 부풀리는 치마와 같은 사치품을 만들었기 때문에, 고래수염은 빅토리아 시대 여성들의 공식적인 옷차림을 책임지기도 했다.

그러나 문명을 밝히고 패션에 영향을 주고 새로운 부의 원천을 창조한 고래잡이 산업은 이 대형 포유류를 과도하게 잡아들였다. 고래 개체군은 산업혁명이 본격화된 시기에 북아메리카와 유럽에서 생태학적 멸종 위기를 맞이했다. 새로운 에너지 자원이 산업을 완전히 장악하자, 인류 문명은 새로운 시기로 접어들었다. 그리고 문명과 세계는 지금까지 겪어보지 못한 큰 충격을 받았다.

더 깊이 파고들다 : 석탄

7억 년 전까지도 육안으로 볼 수 있는 모든 지구 생물들은 바다에서 살았다. 땅은 혹독하고 척박했다. 10억 년 전에 뭍에서 번식한 균류도 있었지만, 식물은 7억 년 전에야 육지에 등장했다. 초기 땅에서는 광합성하는 진핵생물(식물의 조상)과 균류 사이의 공생적 동반관계가 식물의 번식을 촉진했다. 오늘날까지도 식물과 균류의 공생은 식물이 거친 환경에 진입해서 살아가는 데에 필요하다.[14] 균류는 식물에게서 광합성 산물을 받고, 균근성(菌根性) 균류는 식물이 양분에 접근하는 능력을 증진시킨다.[15] 이 고대의 상리공생으로 대기의 산소 가용도가 증가하고 육지의 혹독했던 물리적 환경이 온화해져 동물과 식물이 연료를 얻고 뭍에서 자리를 잡고 살게 되었다. 이 모든 것이 고생대의 생물 다양성 폭발의 배경이 되었다. 공생으로 생성된 진핵세포가 지구의 생명계에 변화를 가져온 것처럼, 고대에 원시 식물과 균류 사이의 공생 또한 공생발생을 점화하여 육상 동식물이 우점하게 되었으며, 지구의 영양, 온도, 대기 순환의 항상성 균형을 재설정하여 근본적으로 지구의 생명을 바꾸어놓았다.

3억6,000만 년 전인 석탄기에는 식물이 육지에서 번식하면서 오늘날 인도네시아 동쪽 해안을 뒤덮은 맹그로브 숲과 유사한, 거대한 대륙 습생림이 조성되었다. 이 원시 숲에서는 대형 양치류와 속새류의 조상뿐만 아니라 지금은 멸종한 거대한 나무, 석송류 식물이 우점했다. 이들은 뭍으로 올라온 최초의 식물로서 경쟁자와 포식자의 압력이 없던 탓에 엄청나게 크게 자랐다. 이 식물들이 넘겨받은 땅은 지대가 낮았기 때문에 요동치는 기후에 해수면이 높아지면 숲은 물에 쉽게 잠겼다. 그 위에 바다 퇴적물이 쌓이고 바닷물이 빠지면 다시 새로운 숲이 솟아오르기를 반복하면서, 1억 년 이상 태양 에너지를 저장하며 화석화된 식물로 이루어진 매장층이 형성되었다. 이 토양은 물에 잠겨 있어서 죽은 식물들이 분해되지 않았다. 대신에 지질 구조판이 움직이면서 이 화석화된 식물들을 누르고 뭉갰고,

그 과정에서 다양한 등급의 석탄, 콜타르, 가스가 만들어졌다.

인간이 최초로 동원한 화석 연료인 토탄은 훨씬 오랜 시간에 걸쳐 만들어지는 석탄의 초기 형태였다. 석탄은 인간이 토탄 다음으로 사용한 연료였다. 즉, 인간은 나무를 원료로 사용하기 시작하여 일정한 지역에서 고갈될 때까지 사용했고, 그다음으로는 발밑에서 찾아낸 토탄처럼 광합성으로 고정되어 화석화된 다양한 형태의 탄소를 사용하기 시작했다. 그다음 단계로 땅을 더 깊게 파고 들어가서 훨씬 오래된 물질인 석탄을 찾아냈다. 우리는 에너지가 고갈되면 공급을 채우기 위해서 아래로 향하는 경향이 있다. 그러나 물, 바람, 태양처럼 깨끗한 대체품을 주위에서 찾을 수 있다는 점을 고려하면, 이런 습성에 부정적인 잣대를 들이대도 좋을 것이다.

처음에 석탄은 쉽게 구할 수 있는 곳에서만 드물게 사용되었다. 그러다가 영국의 국왕 헨리 3세가 최초로 채굴을 허가하면서 널리 확산되었다.[16] 당시에는 석탄이 침식된 해안가에서 주로 채굴되었기 때문에 석탄을 "바다의 숯"이라고 불렀다. 미국에서의 석탄 채굴은 18세기 중반에 펜실베이니아 주에서 무연탄, 패갈탄, 석탄 등의 대규모 매장층이 발견되면서 시작되었다. 이런 종류의 석탄은 순도가 높아서 가치가 높았다. 미국에서 맨처음 수송체계가 발달한 것도 석탄 때문이다. 석탄을 산업 시장으로 옮기는 운하들이 격자망처럼 건설되기 시작했다. 펜실베이니아 주는 미국에서 석탄을 연료로 하는 산업혁명의 중심지가 되었고, 곧이어 미국 최초의 철도체계가 등장하여 느린 운하를 대체했다. 석탄은 19세기 초에 도시의 거리를 밝혔고 19세기 말에는 세계의 주요 에너지 자원으로서 나무를 대체했다.

탄광업과 석탄 사용은 오랫동안 많은 논쟁을 불러왔다. 석탄을 채굴하는 일은 위험했다. 갱도의 붕괴와 폭발, 화재의 위험이 있었을 뿐만이 아니라, 광부들이 이산화탄소, 일산화탄소, 메탄 같은 가연성 또는 유독 가스에 쉽게 노출되었기 때문이다.[17] 초기에는 탄광의 공기질을 확인하기 위해서 먼저 개를 밧줄에 묶어서 갱도로 내려보냈다. 개는 곧 카나리아로 대체되었다. 새는 신진대사율이 높아서 유독한 공기를 감지하면 이내 횃대에서 떨어졌기 때문이다. 지하의 강이나 지하수면이 사고로 뚫려서 갱도에 물이 찰 위험도 있었다. 그래서 피스톤 펌프로 물을 빼는 방식이 개발되었는데, 이는 결국 매우 획기적인 피스톤 엔진으로 발전하여 말을 동력으로 하던 펌프와 수레를 대체했다. 채굴의 위험과 재해는 광부들의 삶을 저하시켰고, 광부를 일회용 소모품으로 보는 석탄 및 강철 부자들과 노동계급 간의 괴리를 조장했다.

석탄은 더러운 연료였다. 석탄 사용 초기인 14세기에 석탄은 건강에 해롭다는 이유로 런던에서 사용이 금지되었다.[18] 금지 조치는 오래가지는 못했는데, 석탄이 싸고도 충분히 뜨거운 연료여서 대장장이와 벽돌 제작자에게 필수적이었기 때문이다. 산림이 파괴되면서 목재를 대량으로 구하는 것이 어려워지자, 에너지 집약적인 사업은 빠르게 석탄에 의존했다. 곧 도시 거주자들은 검댕이 섞인 스모그, 건강 이상, 건물에 달라붙은 검은 찌꺼기들로 시달리기 시작했고, 부유한 사람들은 오염된 공기를 피해서 시골에 집을 얻었다. 이렇게 환경과 건강상의 위험이 분명했는데도 석탄을 사용하는 경제를 멈출 수는 없었고, 19세기에 영국은 석탄으로 인해서 세계에서 가장 부유하고 강력한 나라이자 동시에 가장 더러운 도시들의 나라가 되었다(그림 10.2). 석탄 그을음으로 런던과 맨체스터의 아름다운 교회와 정부 건물들은 흉물스럽게 변했고, 밖에 널은 빨래는 채 마르

그림 10.2 19세기 말 산업혁명 이후 영국의 대기 오염. 로스의 목판화(1990년경).
출처 Interfoto/Alamy Stock Photo.

기도 전에 검게 변했다. 철 생산과 가정 난방의 동력이 되었으며, 세계 최초로 광범위한 철도 시스템을 구축하게 했고, 영국이 부상할 수 있는 힘을 불어넣은 석탄은 축복이면서 저주였다. 석탄은 노동자를 부유층과 분열시켰고, 문명의 자연사와 자연세계를 영원히 바꿔버렸다. 석탄은 액체인 석유처럼 "검은 금"이 될 수 없었다. 나쁜 짓을 한 아이는 크리스마스 양말 속에 선물 대신 석탄 덩어리가 들어 있으리라고 생각했을 것이다.

석탄이 건강에 미치는 영향도 분명했다. 런던의 5세 미만 아동의 사망 원인 가운데에 25퍼센트를 폐 질환이 차지했는데, 탄광 노동자의 아이들은 이 수치가 거의 50퍼센트까지 올라갔다.[19] 런던의 잡화상인 존 그랜트는 온통 석탄 그을음투성이였던 대도시 런던에서 사는 사람들과 런던 밖에서 사는 사람들의 사망 원인을 비교 분석하여 인구통계학을 창시했는데, 그는 런던 시민이 수명이 더 짧으며 폐나 호흡기 문제로 사망하는 일

PLATE 14. *Biston betularia*, one typical and one *carbonaria* resting upon a lichen-covered tree in unpolluted country (Dorset). (Natural size.)

PLATE 15. *Biston betularia*, one typical and one *carbonaria* resting upon blackened and lichen-free bark in an industrial area (the Birmingham district). (Natural size.)

그림 10.3 (왼쪽) 산업혁명 이전의 대도시와 도심 밖의 회색가지나방은 지의류가 뒤덮은 나무 줄기 위에서 밝은 몸 색깔로 자신을 위장한다. (오른쪽) 진화가 빠르게 일어난 경우, 산업 시대 영국 대도시의 그을음이 묻은 나무껍질 위에서 조류 포식자로부터 몸을 숨기기 위해서 어두운 색의 회색가지나방이 진화했다.

출처 Photos by Henry Bernard Davis Kettlewell. Courtesy Wolfson College(Archives & Library), University of Oxford.

이 더 많다는 것을 발견했다. 또한 그는 당시에 구루병에 의한 사망이 5배 이상 증가했다는 것도 발견했다. 알다시피 구루병은 비타민 D의 결핍으로 생기는데, 사람은 보통 햇빛으로부터 비타민 D를 얻기 때문에 그을음으로 희뿌연 런던의 하늘이 시민들의 건강을 위협한 것은 당연했다.

　같은 그을음이 자연계에도 영향을 주었다. 가장 유명한 사례는 1970년대에 옥스퍼드 대학교의 연구원 버나드 케틀웰이 발견한 것이다. 시골에 서식하는 회색가지나방은 새들의 눈에 띄지 않기 위해서 지의류로 덮인 나무 줄기를 흉내 내어 몸이 밝게 얼룩덜룩하다. 그러나 도시에서는 나무의 지의류가 도시의 그을은 대기를 견디지 못해서 줄기 표면에서 사라진다. 케틀웰은 지의류 옷을 벗은 검은색 나무껍질 위에서 위장하기 위해 산업 도시의 회색가지나방들의 몸이 거의 검게 변한 것을 발견했다. 이 검은색 회색가지나방은 다른 이유로도 밝은색 개체들보다 도시에서 더 번성했을 것이다. 검은색이 열을 더 잘 흡수하기 때문이다. 맑은 햇빛이 내리쬐는 일이 별로 없는 대도시에서 이는 매우 중요한 특성이었다(그림 10.3). 케틀웰은 이 과정을 산업 멜라닌화라고 불렀다. 산업 멜라닌화 현상은 식물에서도 나타났다. 탄광 근처의 식물들은 치명적인 금속에 대한 내성이 더 강했다.[20] 석탄은 동식물 종과 세계의 건강은 물론이고 인간의 생물학적 삶, 문화의 발전, 기술에 혁신을 일으킨 자원이었다.[21]

석유와 그 이후

1859년, 과도하게 포획된 고래 개체군, 석탄 생산이 환경과 건강에 미치는 위험, 그리고 내연기관의 발명이라는 배경 아래에서 마침내 석유가 발견되었다. 19세기가 가장 아끼는 새로운 연료가 탄생한 것이다. 석유는 1880년대에 이미 전 세계적으로 석탄의 빛을 퇴색시켰다. 오일 러시와 경제 호황이 미국 최초로 펜실베이니아 주의 북서부, 다음에는 캘리포니아 주에서 일어났다(그림 10.4). 이후 수십 년간 러시아, 멕시코, 텍사스, 중동에서 석유 혁명이 폭발적으로 일어났다. 석유는 비옥한 초승달 지대에서 적어도 기원전 2000년부터 사용되었다. 이곳에서는 땅에서 저절로 솟아나오는 귀한 석유(역청)를 그 유명한 바벨탑을 건설할 때 밀폐제로 사용

그림 10.4 19세기 말 펜실베이니아 주의 유정.
출처 Photo copyrighted by Mather and Bell, Library of Congress, Prints and Photographs
Division.

했다. 그러나 석유가 산업화되고 엔진을 통해서 문명의 발전을 본격적으로 가속화한 것은 19세기 후반에 이르러서이다. 엔진은 에너지를 강력하게, 또 쉽게 옮길 수 있게 만들었고, 플라스틱과 기타 석유화학 제품의 발명으로 가는 길을 열어주었다. 산업혁명이라는 더러운 시대는 "탄화수소인간의 시대"에 자리를 내주었고, 이내 문명을 바꾸었으며, 현대 기술과그에 수반된 문제를 촉발했다.[22]

석유와 천연가스는 고대에 화석화된 해양생물 퇴적물이 땅에 묻힌 다음 지각판의 움직임으로 강한 열과 압력을 받을 때에 생긴다. 퇴적된 플랑크톤이 석유와 가스로 변하는 데에는 수천만 년에서 수억 년이 걸리며,

일단 만들어지면 주변 암석보다 가벼워져서 석유층과 가스층으로 흘러들어간다.

최초의 유정은 기원전 400년에 중국에서 천연가스의 형태로 우연히 발견되었다(제9장 참조). 나머지 문명이 이 기술을 따라잡기까지는 1,000년이 더 걸렸고, 19세기 중반에야 북아메리카와 유럽에서 타격식, 회전식 굴착이 시작되었다.[23] 천연가스는 가정용 난방과 조명의 연료로 빠르게 자리를 잡았다. 한편, 석유는 마차 그리고 내연기관을 갖춘 증기기관을 대체하며 운송 산업에 불을 지폈다. 이동이 빠르고 쉬워지면서 세계는 점점 더 작아졌다. 가스와 석유의 사용은 세계화를 급속히 진전시켰고 통신, 운송, 문화의 전파를 용이하게 했다. 석탄과 석유가 쉽게 운반, 사용되는 전기로 전환되면서 이 과정에 한층 더 속도가 붙었다.

문명의 가속화에는 대가가 있었다. 오늘날 전 세계에서 인간은 하루에 9,600만 배럴의 석유를 사용한다.[24] 석탄, 천연가스, 석유 자원은 유한하며, 지속 가능한 방식으로 사용될 수 없다. 이런 속도로 계속 써나간다면 석유는 50년 안에 바닥날 것이다. 공급 감소의 문제(이는 원자력 에너지와 태양, 풍력, 수력 같은 재생 가능 에너지를 사용하여 완화할 수 있다)보다 더한 문제는 연료의 남용 과정이 환경에 남길 피해이다. 인간이 야기한 온실가스의 증가로 발생한 지구 온난화는 극지방의 빙모(氷帽)를 빠르게 데웠고, 다음 세기에는 해수면이 적어도 1미터는 증가할 것으로 예상된다. 베네치아, 뉴욕, 암스테르담 같은 수변 도시는 위협을 받고 있으며 세계적으로 수백만 명이 생활하는, 덜 유명하고 덜 멋진 지역들은 말할 것도 없다. 폭풍의 빈도와 강도 증가의 문제와 해양 산성화 문제도 있다. 해양 산성화는 게, 따개비, 조개, 홍합 등이 껍데기를 만드는 능력에 치명적인 영향을 미치며, 산호를 사라지게 한다. 게다가 5억5,000만 년간 지속적으로 발전해온 형태학적, 구조적 생물 다양성의 진화가 끝장날 수도 있다.

한때 우리는 빅뱅과 태양의 원시적 에너지를 재생하는 것에 우리의 게걸스러운 에너지 수요에 대한 궁극적인 해결책이 있다고 생각했다. 오늘날에는 많은 유럽 국가들이 원자력 에너지에서 동력을 얻지만, 그로 인해서 우리는 두 가지 문제에 직면했다. 첫째, 광합성 연료를 태워서 에너지를 얻을 때처럼, 원자력 에너지는 재생되지 않을 뿐만 아니라 생산 과정에서 생분해가 되지 않는 유독한 오염성 폐기물을 배출한다. 사용한 원자력 연료의 방사성 동위원소는 호모 사피엔스가 존재해온 시간보다도 긴 반감기(방사성 물질이 붕괴하여 그 양이 절반으로 줄어드는 데에 걸리는 시간)를 가지고 천천히 붕괴한다. 예컨대 가장 흔한 원자력 폐기물 두 가지의 반감기는 각각 22만2,000년과 1,570만 년이다.[25] 둘째, 핵 기술은 문명을 움직이는 연료일 뿐만 아니라 가장 무서운 파괴력을 가진 위협적인 무기이다. 무기로서의 원자력 에너지는 세계 평화를 불안정하게 하고, 이기적 유전자의 지배욕을 성취하기 위해서 문명을 위협하고 분열시킨다. 연료로서의 원자력 에너지 역시 명백하게 파괴적이다. 체르노빌과 일본의 원자력 발전소 사고는 예측하지 못한 자연 재해나 오류를 저지르기 쉬운 인간의 부주의한 사용이 어떻게 원자력 에너지의 위험을 불러올지 명백히 보여주었다.

태양, 바람, 파도, 그리고 지구의 열핵(북아메리카와 유럽 지각판이 만나면서 지표면까지 열 에너지가 올라오는 아이슬란드에서는 열핵을 효과적으로 이용한다)에서 추출한 재생 가능 에너지를 이용하는 것만이 진정한 에너지 해결책이다. 그러나 우리가 문명을 구하기에는 이를 너무 늦게 깨달은 것은 아닐까? 석탄이나 천연가스와 같은 탄화수소를 태움으로써 발생한 유독한 효과들을 재생 가능 에너지의 활용으로 늦추려는 것은 바다에서 전속력으로 움직이는 거대한 선박을 멈추려는 것과 같다. 배를 늦추고 완전히 멈추려면 감당하기 힘든 또다른 현실을 마주해야 한다. 탄화수소를 태우는 불이 꺼진 뒤에도 수십 년간은 대기가 기후에 미치는 영향력이 계속해서 증가할 것이라는 사실이다. 이는 빠르게 회복되지 않는 대양의 온난화와 그 밖의 효과들 때문이다. 설사 불을 끄는 것이 기계적으로 가능하다고 하더라도 되돌리기 힘든 또다른 요소 때문에 그 악효과가 빨리 종식되지는 않을 것이다. 그 요소는 바로, 석유 산업의 정치, 경제적인 영향력이다. 석유 산업은 20세기 초 이후로 세계적 갈등에서 항상 승리해왔다. 예를 들면 미국은 안보상의 이유로 석유 산업에 어마어마한 돈을 대면서 재생 가능 에너지 개발은 거의 독려하지 않는다. 석유 로비가 행사하는 정치적인 영향력 때문이다. 우리는 앞에서 소금이 식량 보존에 필수적이던 시절에 소금을 두고 벌어진 전쟁을 살펴보았다. 인간의 20세기 문명은 석유 통제권을 두고 같은 궤도를 따라왔으며 자연적, 문화적인 구분이 아니라 석유 자원을 확보하기 위한 방식으로 국경선을 그려왔다. 오직 협력을 향한 정치적인 의지만이 이기적 유전자가 이끄는 석유 로비와 석유 및 석탄을 계속 개발하려는 세계적인 경제 압력에 대응할 수 있다. 우리는 발전된 과학 덕분에 우리 앞에 기다리는 진화적 난관을 예상할 수 있다. 그러나 과연 거기에 맞춰 대응할 수 있을까?[26]

에너지 수요는 실질적이고 필수적이고 보편적이지만, 이 수요를 해결하기 위해서 제안된 해결책들은 전 세계적으로 파문을 일으키는 부작용을 낳았으며, 우리가 이 부작용을 제대로 이해하기 시작한 지는 겨우 수십 년

이 지났을 뿐이다. 학자들은 인간의 에너지 사용이 인류세(Anthropocene)라는 새로운 지질 시대를 열었다고 볼 정도로 지구의 지질을 바꿔놓았다고 믿는다. 인류세에 인간과 인간의 활동은 다른 많은 종들의 생존 문제에 핵심이 되었다. 자연을 착취하는 인간의 행위가 자연과 인간 사이의 관계에 얼마나 큰 영향을 미칠지는 아직 미지수이다.[27]

40억 년 된 지구에서 고작 1만 년이라는 짧은 문명의 역사를 보낸 인류는 지구의 생명 유지체계를 질식시켰고, 이 체계를 만든 양성 피드백을 끊어내고 있다. 이 체계의 복원력이 얼마나 좋은지, 우리가 행동한 결과가 어떻게 나타날지, 원자력 에너지와 재생 에너지만으로 상호의존적인 생태계를 구하기에 너무 늦은 것은 아닌지 등의 질문에 대한 답은 모두 불확실하다. 우리가 성장과 확장에 대한 욕망과 충동에 맞서고 서로 합심하여 협력적인 의사 결정을 내리지 못한다면, 지금 우리가 쓰는 문명의 자연사는 마지막 장이 될지도 모를 일이다.

제11장

부자연스러운 자연

마을에 소를 키우는 농부들이 공유하는 방목장이 있다고 하자. 최대 몇 마리의 소가 방목장 안에서 풀을 뜯을 수 있는지 정해놓지 않는다면, 곧 농부들은 각자 자기 소를 많이 들여보낼수록 돌아오는 수익이 커진다는 사실을 알게 될 것이다. 그러나 모두 앞다투어 소를 들여보내면 풀이 남아나지 않아서 곧 방목장을 사용할 수 없게 될 것이다. 농부 개개인은 경제적으로 합리적인 결정을 내렸겠지만, 이 결정은 전체적인 상황을 파악하지 못한 채 독립적으로 이루어졌기 때문에 결국 모두가 경제적 손실을 보게 되는 것이다.

이것이 영국의 경제학자 윌리엄 포스터 로이드가 가장 처음 언급하고 1968년 개릿 하딘이 논문의 제목으로 인용하여 유명해진 "공유지의 비극 (tragedy of the commons)"이다.[1] 공유지의 비극은 생태학과 보전생물학을 비롯한 많은 담론들에서 응용되면서 공유 자원의 개인적인 착취가 어떻게 분산된 사회적인 문제를 낳는지를 알린 중요한 개념이다. 이 개념이 처음 알려진 이후로 "공유지"는 마을이 공동으로 소유하고 공유하는 자원이라는 원래의 의미에서 지역과 지구적인 차원의 공용 자원으로까지 확장되었다. 오늘날 공유지는 인간이 함께 진화해온 서식지와 자원을 상징한다. 그리고 비극은 인간 활동의 누적으로 인한 이 서식지의 파괴를 일컫는다(경제적인 관점에서 이러한 파괴는 환경 이용 뒤에 "숨겨진 비용"을 나타낸다). 자기중심적이고 이기적인 문명의 지배자인 개인의 행동을 협력적 규칙, 윤리, 법으로 다스리는 것이 공유지의 비극을 막을 유일하고도 실질적인 해결책이다. 문명에 의한 최초의 통치법들 일부는 유리의 재료가 되는 탄산칼륨을 만드는 데에 필요한 해초의 수확과, 요새를 짓는 데에 필요한 나무의 벌채를 제한했다. 이 법은 공동의 이익을 위해서 자원의 기반을 보호했다. 이와 유사한 협력적 해결책, 즉 성장과 확장을 향한 과도한 욕동의 억제를 목표로 하는 공동의 결정이 지역과 대륙 차원에서 이기적 유전자의 동인이 만들어낸 지구적인 환경 문제를 극복할 수 있을까?

오늘날 공유지의 비극은 전 세계에 퍼진, 세계적인 문제이다. 인구 과잉과 자원 남용으로 지구 전체는 모두가 공유하는 한정된 방목장이 되었다. 우리는 혁신과 문명을 낳은 비옥한 초승달 지대가 과거 젖과 꿀이 흐르던 에덴 동산에서 이제는 쓸모 없는 사막이자 영원한 전쟁터로 전락한 것을 이미 보았다. 이 지역은 현대 인류가 안고 있는 모든 문제의 축소판이다. 고대 메소포타미아 문명은 반복된 시행착오적 실험과 기술을 통해서 식물의 품종을 개량하고 농업혁명을 일으켰지만, 사람들은 돌이킬 수 없는 순간이 될 때까지도 지속 가능한 자원 관리의 중요성을 깨닫지 못했다. 희박한 숲은 연료와 자재로 잘려나갔고, 땅은 양분이 고갈될 정도로 경작되었으며, 염분 축적과 침식은 문명의 요람을 진빠진 황무지로 만들었다. 오늘날 이 지역을 적외선 위성 사진으로 보면, 문명이 탄생한 마을들을 연결했던, 고대 최초의 훌륭한 상업 도로들이 유령처럼 변한 모습을 볼 수 있다.[2]

공유지의 비극은 인류의 진화 및 문화가 자연사와 좋게든 나쁘게든 부딪히는 바로 그 지점에서 일어난다. 인류의 진화와 생존을 이끌고 문명을 극치에 이르게 한 바로 그 동력이 우리를 나락으로 몰고 가는지도 모른다. 앞을 생각하지 않는 진화의 추진력은 우리를 끝없이 밀어붙였고 여기에 새로운 상호작용과 피드백이 결합되자, 인간의 생명에 필수적인 공생 발생적 상호주의는 실패하기 직전에 이르렀다. 과학자들은 인간이 유발한 다양한 위협들 때문에 인간의 활동이 세계의 자원과 인구에 어떤 영향을 미칠지 예측하기는커녕 파악하기조차 어렵다.[3] 실패한 문명과 자원 착취의 역사 속에서 인간은 스스로를 구할 수 있을까? 아니면 우리는 문명의 종말과 인류의 궁극적인 멸종이라는 피할 수 없는 길을 가고 있는 것일까? 자연적이고 자기중심적이고 경쟁적이고 지배적인 인간의 본성은 문명을 낳은 협력의 과정을 짓밟고 말 것인가? 아니면 인류의 자연사에서 삶과 죽음의 문제를 종종 해결해왔던 협력적 과정을 사적인 영역에서 실천하거나 공적인 영역에서 법으로 제정할 수 있을까? 그렇게 해서 협력이 공유지의 비극이 아닌 공유지의 승리를 끌어낼 수 있을까?

붕괴의 역사

역사생태학은 생태학 분야에서 최근에 새롭게 등장한 가장 강력한 도구일 뿐만 아니라, 지구와 문명의 미래에 관한 질문에 답하기 위한 가장 훌

룡한 접근법이다. 역사생태학은 생태학 연구를 역사적 방식과 결합하여 과거 생태계의 변화를 이해하고 설명한다. 기존에는 꽃가루 기록과 방사성 동위원소 연대 측정을 활용하여 지질학적 과거를 재구성했지만, 오늘날의 생태학자들은 선박의 목재, 낚시 일지, 지도, 정부 기록에서부터 신문, 귀족의 식단, 주점의 메뉴 등 다양한 정보를 활용하여 과거의 생태계와 생태계 변화의 조각을 맞춘다. 예를 들면 생태학자들은 전 세계에 분포하는 어류 자원에 대한 어획 데이터를 수집하고 분석해서, 대규모 해양업의 시작과 동시에 대형 포식성 부어(바다의 수면 가까이에 사는 물고기/옮긴이) 및 저어(해저 가까운 곳에 사는 물고기/옮긴이)가 급감했다는 것을 증명했다. 내가 사는 뉴잉글랜드에서도 야외 실험과 70년간의 항공 사진 기록을 조합한 결과 오락성 남획으로 인해 염습지가 급속히 죽어갔음을 알 수 있었다. 이러한 재구성은 과거를 이해하는 데에 필수적일 뿐만 아니라, 자연사 및 환경과 연관되는 문명 변화의 증거, 구조, 궤적을 규명한다. 수많은 문명들의 몰락 사례는 우리의 현재, 그리고 미래에 관해서 무엇을 가르쳐줄까? 과거를 통해서 미래를 예측할 수 있을까?[4]

초기 문명들의 역사를 훑어보는 일은 유익하다. 가장 먼저 번성했을 뿐만 아니라 가장 먼저 사라진 문명이기 때문이다. 이 문명들의 멸망에 대해서는 많은 의문점들이 남아 있지만, 지금 알고 있는 것으로도 추론은 가능하다. 최초의 메소포타미아 문명은 농업이 시작될 무렵에 자리를 잡았고 3,000년간 이어졌다. 그러나 동시대에 존재했으며 더 오래 지속된 이집트 문명과는 달리, 메소포타미아 문명은 단일 국가였던 적이 없는 협력과 전쟁을 반복하는 작은 국가들의 집합체였다. 각 국가는 모두 농업, 도시화, 그리고 문화적 관행을 도입했다. 메소포타미아 문명은 급작스럽게 몰락한 것이 아니라 천천히 쇠퇴했다. 이는 개발과 확장으로 인한 근본적인 문제점뿐만 아니라 기술적 난제로 인해서 노출된 지도자의 역량 문제에서 비롯되었을 것이다. 예컨대 메소포타미아 사람들은 농업을 소규모 가족 단위에서, 감독과 지배가 필요한 더 큰 규모로 확장하기 위해서 관개 체계를 도입했다. 그러나 건조한 밭에 물을 대면서 염분과 무기물이 축적되었고, 과도하게 경작된 밭에서는 토양의 비옥도가 떨어졌다. 경작이 실패로 돌아가고 시민들이 불안해지자, 신성한 통치권을 주장하는 지배층의 기반은 흔들리다가 이어진 내전으로 무너지고 말았다. 메소포타미아 문명은 결국 이집트 문명과 같은 주변 문명에 흡수되어 사라졌다.[5]

파라오가 다스린 이집트 왕국도 비슷한 위험 요소가 있었지만 문명으로서 훨씬 오래 지속되었다. 이집트 문명은 나일 강의 독특한 자연사와 얽혀 있었다. 나일 강은 철마다 정기적으로 범람하여 삼각주의 염해(鹽害)를 방지했다. 사회의 불안과 식량 부족으로 약해진 지도력은 메소포타미아 문명에서처럼 이집트 문명을 약화시켰지만, 멸망은 관개체계보다는 지역의 기후 변화 때문이었다. 생명을 주었던 나일 강 삼각주의 범람이 가뭄으로 인해서 지나치게 오래 멈추는 바람에 내전이 일어났고, 신뢰할 수 없는 통치자들이 왕국을 점령했다.[6] 이렇게 인류 문명에서 가장 오래 지속된 왕조가 해체되었고, 이집트 문명은 곧 로마 제국의 일부로서 명맥만 유지되었다.

로마 제국은 세계에서 가장 큰 제국 중의 하나였다. 로마인들은 이집트 왕국의 잔재를 흡수하여, 유럽 반도를 가로지르고 영국 해협을 넘어 북쪽으로는 브리튼 제도까지 확장했다. 로마 공화국은 귀족들의 필요와 야망에 따라서 로마 제국으로 성장했고, 그 과정에서 아피아 가도와 유럽을 가로지르는 방대한 도로체계(대개 물을 공급하는 수도교가 함께 지어졌다) 등 대단히 효율적인 사회 기반시설들을 발전시켰다. 또한 로마 제국은 실크로드를 통해서 유럽의 문을 열고 중국, 아시아와 연결되었다. 제국 자체는 4세기 동안 지속되었지만, 제국이 발전시킨 기반시설과 문화망은 유럽이 르네상스에 접어들 때까지 2,000년 가까이 남아 있었다. 그러나 인구가 늘면서 확장된 국경은 중앙 집권적이던 제국을 한계로 내몰았다. 힘없이 흩어진 군대와 나날이 발전하는 이웃들(이들은 대체로 로마인들이 구축한 무역 및 통신망 덕분에 발전했다) 때문에 제국은 차츰 힘을 잃었고 새로운 위협에 더욱 취약해졌다. 초기 도시국가에서와 마찬가지로, 팽창은 발전에는 필요하지만 지속성에는 위험하다는 것이 증명되었다.

대서양을 가로질러서, 마야 문명을 살펴보자. 마야 문명은 2,000년 넘게 중앙 아메리카를 지배했다. 유카탄 반도에서는 여전히 대규모 마야 유적들이 발견되고 있으며, 마야인들의 옛 영광은 19세기의 작가 존 로이드 스티븐스와 같은 탐험가들에게 오랫동안 매혹의 원천이 되었다. 나 역시 그 지역을 방문했을 때, 땅에 파묻힌 사원과 구기장 위에 자란 오래된 열대 나무들, 돌보는 이 없이 널부러진 석상들, 현대의 후손들이 사는 초가 지붕과 흙 바닥으로 이루어진 집들이 늘어선 모습 등을 본 기억이 난다. 마야 제국은 개량된 옥수수에서 발전의 원동력을 얻었다. 옥수수 반죽으로 사람을 창조한 신화가 있을 정도로, 옥수수는 마야인의 삶에 중요한 작물이었다. 농업이 성공하면서 인구가 증가했고 신의 통치를 주장하는 지도자들이 등장했으며 이들은 농지 확장을 위해서 땅을 개간하고 나무를 베어냈다. 이에 따라서 토양 침식과 가뭄이 일어나 기근, 사회 불안, 그리고 마침내 마야 고전 시대의 종말을 초래했다.[7] 자원 착취는 생태계를 뒷받침하는 양성 피드백에 지장을 주었고, 수준 높은 마야 문화는 이로 인해서 붕괴했다.

재러드 다이아몬드는 남태평양에 있는 이스터 섬과 다른 외딴 섬들에 초점을 맞추어 이와 비슷한 역사를 이야기했다. 그는 거대한 석상으로 유명하고 세계에서 가장 오지로 알려진 이스터 섬이 지구에서 가장 분명한 생태계 파괴의 사례라고 지적했다. 다이아몬드에 따르면, 이스터 섬 주민들은 생선 중심의 식단을 유지하기 위해서 숲을 베어 카누를 지었다. 이어지는 다이아몬드의 설명은 오싹하다. 이후 이스터 섬 주민들은 육지에 기반을 둔 음식으로 식단을 바꾸었고, 섬이 가진 능력을 한계까지 밀어붙이면서 자원을 과도하게 착취했다. 다이아몬드는 이들이 부족해진 식단을 보충하기 위해서 식인 풍습까지 행했다고 주장한다. 이스터 섬 사람들이 유럽 탐험가들에게 노출되면서 그들이 가져온 질병에 굴복했다거나, 근시안적인 과잉 착취로 인해서 황폐해진 섬에서 들쥐 또는 힘들게 키워낼 수 있는 식물을 먹으며 적응했다고 주장한 이들도 있다.[8]

역사는 우리에게 문명의 쇠퇴와 멸망이 예외가 아닌 법칙이며, 대개 서식지 파괴를 포함하는 천연 자원의 근시안적인 남용으로 인한 고갈 때문에 발생한다고 가르친다. 이는 우리의 맹목적이고 경쟁적이며 이기적인 본성에 비추어보았을 때에 피하기 힘든 경향인 듯하다. 이는 오늘날 관찰되는 "대체 상태(alternate state)"로 이어지는데, 대체 상태란 불안, 자원 부족, 빈부 격차가 한계에 이르러서, 군집이 부자연스럽게 고군분투하는 상태를 나타낸다. 전성기의 모든 문명은 두려울 것 없고 필연적이며 영원히 지속될 것처럼 보였지만, 오늘날 더욱 세계화된 현대 문화가 그렇듯이 결국은 그 덧없음이 증명되었다. 인구는 증가하고 서식지는 계속해서 파괴

되는 현재의 상황은 인류에게 지속 가능성에 대한 다음 시험을 제시하고 있다.[9]

돈으로 환산한 생태계의 가치

현대 인류 문명이 가한 위협의 규모와 정도를 확인하기 전에 생태계가 우리에게 어떤 역할을 하는지를 정확히 이해하는 것이 중요하다. "생태계(ecosystem)"라는 단어는 숲이나 호수같이 우리의 일상 밖에 "저 멀리" 있는 장소처럼 받아들여진다. 그래서 생태계 파괴가 안타까운 일이기는 해도 그렇게까지 심각하게 느껴지지는 않는 것이다. 그러나 인간은 우리 선조가 역사와 역사 이전을 통틀어서 그랬던 것처럼, 생태계로부터 모든 혜택을 받아왔다. 그레천 데일리가 1997년에 『자연의 서비스(*Nature's Services*)』에서 자연 생태계에 대한 사회의 의존도를 설명한 것처럼, 생태계는 많은 가치와 서비스를 제공한다. "생태계 서비스(Ecosystem services)"는 미생물에 의한 유출수 처리(깨끗한 식수 제공)부터 식생을 통한 토양의 안정화(침식 방지 및 농업), 염습지, 맹그로브 숲, 산호초의 생성(해안의 침식과 폭풍으로 인한 피해 방지)까지 범위가 다양하다. 생태계 서비스라는 개념은 생태계가 인류를 위해서 하는 일에 가격을 매기는 것이 그 일의 적절한 가치를 측정하는 데에 반드시 필요하다는 것을 증명했다. 이 모형은 기업가, 정책 입안자, 그리고 일반 대중이 생태계를 가치 있는 것으로 인정하고, 환경에 미치는 영향에 대한 한계와 비용을 고려하여 우선순위를 현명하게 결정할 수 있게 한다.[10]

생태계 서비스의 일부는 앞에서 언급한 바 있다. 예를 들면 우림과 산호초 생태계는 적응과 화학적 방어물질 제조의 오랜 역사를 가진 생물들이 서식하는 덕분에 질병에 대한 치료법을 축적할 수 있다. 지구와 인간의 건강을 위한 대체할 수 없는 저장고인 셈이다. 또한 열대 우림은 대기에 있는 이산화탄소를 제거하는 가장 큰 탄소 저장원이자 산소 생산처이다.

식생이 사는 해안선은 지구에서 가장 가치 있는 생태계 서비스 제공자이다. 동시에 이곳은 지리적 측면에서 가장 함부로 유린되는 생태계이기도 하다. 환경 경제학자들의 계산에 따르면, 염습지와 맹그로브 숲의 단위 면적당 가치는 카리스마 넘치는 산호초나 열대우림 생태계보다 더 크다. 습지 생태계가 제공하는 다양한 이익을 생각해보면 금방 깨달을 수 있는 문제이다. 우선, 온대와 열대의 염습지와 맹그로브 해안선은 탄소를 격리, 저장하고 시간이 지나면 석탄과 천연가스를 생산한다. 만약 이 생태계를 온전히 내버려둔다면, 지구의 기후 변화를 완충하고 개선할 것이다. 또한 이곳의 식생은 수억 년의 풍화로 남겨진 퇴적물과 결합하여 침식으로부터 해안선을 안정시키고 생물에 꼭 필요한 서식지를 만든다. 한편 해안 습지는 지구 온난화로 인해서 더 강하고 빈번하게 발생하는 폭풍 때문에 그 역할이 더욱 중요해질 것이다. 해안 습지는 파도에 맞서는 방파제가 되어 파도가 상륙하여 육지 생태계와 도시를 파괴하기 전에 파도의 에너지를 소멸시키기 때문이다. 마지막으로, 습지와 맹그로브 숲은 훌륭한 천연 하수 처리 시설이다. 습지에 서식하는 미생물들은 생화학적으로 육상의 유출수를 정화하는 능력이 대단히 뛰어나 하수 처리 시스템에 점점 더 많이 활용되고 있다.[11]

인간의 개입으로 생태계 서비스가 사라진 사례로는 20세기 초에 발생한 대황진(Great Dust Bowl)이 있다. 팀 이건은 2006년에 출간한 『최

악의 고난 : 미국 대황진에서 살아남은 자들의 뒷이야기(*The Worst Hard Time : The Untold Story of Those Who Survived the Great American Dust Bowl*)』에서 1930년대에 미국 농부들이 정부의 장려책에 고무되어 미국 대평원의 장초(長草)로 뒤덮인 초원을 곡창 지대로 바꾼 과정을 설명했다. 이는 상상을 초월하는 규모의 생태학적 재앙을 초래했다. 고대의 초원 생태계를 갈아엎어서 경작지로 바꿔버린 이후로 미국 남서부의 표토가 먼지 구름으로 방출되어 3,200킬로미터 떨어진 뉴욕 시의 하늘까지 어둡게 했고, 존 스타인벡의 『분노의 포도(*The Grapes of Wrath*)』에서 묘사된 절망의 세대를 낳았다. 1935년에 발생한 최악의 먼지 폭풍은 시카고, 뉴욕, 그리고 애틀랜타까지 도달하여 무려 2,900킬로미터에 이르는 거리를 이동했고, 먼지 구름의 양은 3억5,000만 톤에 달했다.[12]

공황기의 황진은 인간이 주도한 전형적인 "대체 상태"였다(그림 11.1). 대체 상태는 원래의 상태를 조성하고 유지하고 안정시킨 양성 피드백이 사라지고, 원래보다 저하된 상태를 유지하고 안정시키는 새로운 피드백으로 대체될 때에 발생한다. 이 새로운 피드백의 등장 탓에 원래의 상태로는 회복되지 않는다. 한마디로 질 나쁜 자연이 새로 형성된다는 말인데, 대체 상태로의 전환은 짧은 시간 안에 아무런 경고도 없이 이루어지기 때문에 환경 보전론자들에게 큰 어려움을 준다. 미국 황진의 경우, 대평원의 원래 상태는 초식동물과 불을 견디고 토양의 물질들을 결합하도록 진화했다. 미국 대평원은 많은 동물과 식물로 이루어져서 생물 다양성이 대단히 높은 생태계였다. 프레리 초원의 장초들은 북아메리카 대륙의 상당 지역을 우점했기 때문에, 이 풀들이 원래는 대단히 불안정한 땅에 자리를 잡고 연약한 질서를 지탱한다는 사실을 누구도 생각하지 못했다. 극지방

그림 11.1 미국의 대황진 당시에 농가와 주택을 위협한 먼지 폭풍. 자생하던 풀을 갈아엎어서 장초로 뒤덮인 프레리 초원을 경작지로 바꿔버린 정부 때문에 야기되었다.
출처 사진 D. L. Kernodle. Farm Security Administration—Office of War Information Photograph Collection, Library of Congress, Prints and Photographs Division.

의 얼음 산처럼, 프레리 초원의 장초들은 자신의 몸 대부분을 지표 아래에 감추고 있다. 이 식생은 가뭄과 강풍처럼 극한의 날씨를 견딜 수 있도록 조밀하고 흙에 단단히 밀착된 깊은 뿌리가 발달했다. 대평원으로 이주한 농부들은 그곳의 생태계가 이 초원의 생태학적, 진화적 과거는 물론이고 공생발생적 동반관계에 있는 이 풀들에 얼마나 의존해왔는지를 알지 못했다. 장초의 결합력이 소실되자 대평원의 생명들은 가혹한 날씨, 가뭄, 그리고 토양 손실에 노출되었고, 대평원은 모래언덕처럼 이동식 군집이 되었다.[13]

전 세계에서 이와 비슷한 사례들을 찾을 수 있다. 건조한 초원 환경에서의 대규모 경작 시도로 야기된 먼지 폭풍은 남극을 제외한 지구의 모든

운명

대륙을 뒤덮었다. 이 사건은 대륙 간 토양 이동의 원인이며, 그 영향력은 지구 전체에 미친다. 일례로 과학자들은 아프리카 사하라 사막의 흙과 미생물이 먼지 구름을 타고 태평양을 건너서, 카리브 해의 산호초에 종을 위협하는 질병을 일으켰다는 사실을 알아냈다. 가치 있는 생태계 서비스에 미치는 인간의 교란은 전 지구적 규모에 이르렀다.

종합적인 자연사 관찰, 경험을 통해서 얻은 군집 생물학 지식, 생태학 이론을 통해서 우리가 알게 된 바에 따르면, 생태계가 양성 피드백에 의해서 자체적으로 유지되던 안정 상태를 잃고 대체 상태로 바뀌면(대개 인간의 영향 때문이다) 회복은 어렵고 더디며 보통 불가능하다. 자생하는 생태계, 특히 생태계의 가장자리에 있는 서식지의 생산성은 그곳의 환경을 개선하고 생태계에 다양한 생물이 살도록 유도하는 창시종에 의존한다. 프레리 초원의 장초들과 같은 창시종이 생태계에서 모습을 감추거나 겉보기만 비슷할 뿐 기능이 다른 종으로 대체되면, 결국에는 나름의 강화 피드백으로 보완된 새로운 대체 상태로 변환되어 안정을 되찾겠지만 대개는 생산성이 더 낮아진다. 따라서 인간의 교란은 생태계 전체의 구조와 구성을 변형시킨다. 일반적으로는 자생하는 생물 집단의 생산성을 최적화하던 이전 생태계 서비스가 소실된다.[14]

안타깝게도 생산성이 높은 서식지가 인류에 의해서 대체 상태로 변환되거나 완전히 붕괴되는 과정은 대단히 가치 있는 생태계 전반에서 일어나고 있다. 깊은 역사를 가지고 여전히 진행 중인 산림 벌채는 중요한 탄소 저장고이자 토양 안정제이자 날씨와 서식지의 조절자인 나무 등의 유기체를 제거한다. 2000-2005년 동안 산림은 전 세계적으로 1년에 전체 산림의 0.6퍼센트씩, 150만 제곱킬로미터 이상의 면적이 소실되었다. 별

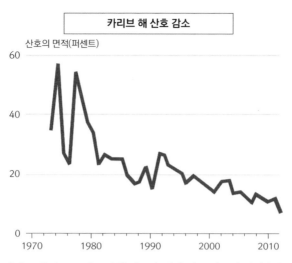

그림 11.2 카리브 해 산호는 어류 남획 때문에, 살아 있는 산호의 면적을 축소시킨 허리케인 때문에, 산호에 병을 일으키고 죽게 만드는 지구 온난화와 부영향화 때문에 감소했다.
출처 *Tropical Americas : Coral Reef Resilience Workshop Report,* April 29–May 5, 2012, Tupper Center, Smithsonian Tropical Research Institute, Panama City를 다시 그림.

것 아닌 것처럼 보일지도 모르지만, 이는 미국 메릴랜드 주의 면적에 달한다. 아마존 우림은 목축과 콩 농사를 위해서 잘려나가면서 가장 큰 피해를 보고 있다. 세계 우림의 절반을 넘게 차지하는 아마존 우림은 1970년대 이후로 20퍼센트 가까이 사라졌다.[15]

산호 역시 우리 눈앞에서 절멸하고 있다. 해수의 온도가 높아지면서 산호-해조류의 공생적 상리공생이 파괴되었고, 산호의 백화현상이 발생했다. 1970년대 말에 카리브 해의 산호초 서식지에서 살아 있는 산호의 면적은 거의 60퍼센트로 추정되었다. 그러나 2012년에는 같은 장소에서 살아 있는 산호의 면적이 평균 10퍼센트 이하까지 떨어졌다(그림 11.2). 오늘날

운명

카리브 해의 얕은 곳에 있는 암초 서식지는 잡초성 해조류로 뒤덮인 죽은 산호 뼈대로 가득하다. 이것은 인간이 자연 서식지에 야기한 대체 상태의 또다른 사례이다. 군집 내에서 빠르게 성장하여 해초를 억제할 수 있는 초식성 물고기가 어류 남획으로 사라지자, 그 틈을 타서 급격히 증식한 해초가 햇빛을 차단하여 산호의 성장을 방해한 것이다. 인간의 먹거리를 위해서 생태계를 아무 생각 없이 취함으로써 우리는 초식성 물고기와 해초가 수천 년간 자연사를 공유하며 중요한 동반자 관계를 형성했다는 사실을 이기적으로 무시해왔다.[16]

불운하게도 염습지와 맹그로브 숲 같은 해안선 생태계는 문명의 시작부터 남용되었다. 부정적인 뜻에서 늪이라고 불리기도 하는 이 생태계는 종종 쓰레기 처리장으로 사용되거나 물을 빼고 흙을 메워 농업용으로 개간되었다. 이 생태계와 그 가치를 일구어낸 복잡한 공생발생적 관계는 심각할 정도로 무시되었다. 예를 들면 열대 맹그로브는 숯과 건축 자재 생산, 그리고 새우 양식장이나 휴양지 개발을 위해서 벌채되었고, 이러한 활동으로 세계 맹그로브의 최소 35퍼센트가 사라졌다. 지난 30년 동안만 보아도 멕시코의 마야 리비에라 해안선을 보호하던 맹그로브는 초대형 리조트에 자리를 내주었다. 온대 지역에서는 염습지가 경작, 방목, 도로, 철로, 주택, 쇼핑몰을 세우기 위한 지대로 대체되어 세계적으로 50퍼센트가 소실되었다. 맹그로브나 염습지가 제거되면, 높은 토양 염도와 낮은 산소 기반의 대체 상태가 되어서 회복이 극도로 어렵다. 새로운 식물이 번식하여 자리를 잡거나 번성할 기회를 제한하는 새로운 피드백이 강력하게 발달하기 때문이다.[17]

미국 대평원과 유사한 또다른 사례는 해초지이다. 해초는 얕은 물에서 잘 자란다. 이 서식지는 인간에게 쉽게 착취되며 퇴적물 유실이나 녹조 현상 같은 다양한 요인에 취약하다. 해초는 프레리 초원의 장초처럼 퇴적물을 잡아매서 생태계에 다양한 생명이 자라게 한다. 물과 퇴적물을 처리하는 해초의 생태계 서비스는 연간 1조9,000억 달러로 평가되었다. 그러나 해초 서식지는 현재 1년에 110제곱킬로미터씩 사라지고 있으며, 이미 전체 해초지의 29퍼센트를 잃었다. 지금까지 언급한 다른 생태계와 비교하면, 해초지는 지구상에서 가장 위협받는 생태계이다.[18]

이런 암울한 그림에도 불구하고, 우리는 환경 파괴의 길고 절망적인 가능성에 맞서서 중요한 생태학적 성공들을 이루어냈다. 예를 들면 1940년대에 인간이 우점하는 생태계 안에서 맹금류가 수수께끼처럼 절멸하여 자연 생태계의 영양 구조와 균형을 위협한 일이 있었다. 그후 1962년 레이철 카슨은 유명한 책 『침묵의 봄(Silent Spring)』에서 그 원인을 밝혔다. 당시 널리 사용되던 기적의 살충제 DDT가 먹이사슬을 통해 농축되어 맹금류에게까지 전달되었고, 알 껍질을 약하게 만들어 자손이 태어나지 못하는 지경에 도달했다는 것이다. 이후 DDT 사용이 금지되자 인간이 지배하는 경관에서 맹금류가 인상적으로 부활했다. 비슷한 성공 이야기가 북아메리카 서부 해안의 켈프 숲에서도 일어났다. 다양한 종들의 서식지인 켈프 숲은 20세기 중반에 위급한 수준으로 줄어들거나 사라졌다. 짐 에스테스와 동료들이 진행한 실험 및 상관 연구 결과, 켈프 숲이 붕괴된 원인은 털 모자, 옷깃, 외투의 재료로서 해달을 과도하게 잡아들였기 때문인 것으로 드러났다. 초식동물인 성게를 잡아먹는 해달의 수가 줄어들자, 성게 개체군이 증가하여 켈프를 모조리 먹어치워서 켈프 숲이 사라졌던 것이다. 해달이 전멸했던 장소에 다시 해달을 도입하자 서부 해안을 따라서 켈프 숲과 그와 연관된 생물 다양성이 회복되었다. 이러한 긍정적인 결과는 생태계 교란으로 초래된 대체 상태를 되돌릴 수도 있다는 희망을 준다.[19]

요약하자면, 대체 상태는 우리에게 중요하고 서로 연관된 두 가지 진리를 가르쳐준다. 첫째, 인간은 주변 생태계에 부정적인 영향을 미치고 있다. 둘째, 자연세계의 복잡하고 발전된 구조는 비록 그로 인해 생태계 개선이 불가능해지더라도 최대한 안정된 상태를 추구한다. 이 세계에서 협력적인 동반자로서의 역할을 받아들이지 못한 결과, 우리는 생태계 안에 서식하는 다른 종들을 위협하도록 생태계의 구조 자체를 바꾸고 있다.

우리는 자신의 행동이 불러올 상호효과를 더 잘 인식하고 자연세계에 대한 우리의 영향력을 제한함으로써, 변화의 일부를 되돌릴 수 있음을 보여왔다. 그러나 현재 인간의 활동과 대체 상태에 의해서 위협받는 생태계는 한 가지 더 있다. 그 생태계는 여기에서 논의된 모든 환경에 영향을 준다. 그리고 인간이 발생시킨 이 위협을 되돌리려면 살충제 금지나 단일 종의 재도입보다 훨씬 더 많은 노력이 필요할 것이다. 바로, 지구이다. 기후 변화, 해양 산성화, 포식자 고갈이라는 지구의 문제들을 해결하기 위해서, 생태계 부활의 성공을 전 지구적인 차원으로 확장시킬 수 있을까? 단기간의 "승리"를 원하는 이기적 유전자의 본능을 억제하고 큰 대가를 치러야 한다고 할지라도, 우리는 선견지명과 집단 협력을 갖추고서 지구를 위한 해결책을 마련할 수 있을까?

지구 구조의 변화

지난 두 세기 동안 우리는 태양 에너지로 생성되고 수억 년간 누적되어온 물질에 의존했다. 화석화되고 압축되고 액화된 탄소가 그것이다. 지구와 생명체의 오랜 역사 동안 지질학적 과정을 거쳐서 땅속에 묻힌 이 탄소는 매장지에서 채굴되거나 습지의 무덤에서 발굴되어 인공적으로 합성된 후에 삶에 연료를 댔다. 그리고 이 연료를 태우면서 우리는 수억 년간 포장된 태양 에너지를 탄소 저장원(토탄, 석탄, 가스)으로부터 지구의 대기로 효과적으로 전달하고 있다. 대기 중 이산화탄소의 농도는 산업혁명 이후로 30퍼센트 가까이 증가했고 온실효과, 즉 온실가스가 하층대기(下層大氣)에서 태양 에너지를 흡수하고 가두어 지구를 데우고 기온을 높이는 결과를 낳았다.[20]

다시 말해서 인간은 점점 더 많은 에너지를 대기로 방출하는 동시에 태양 에너지를 흡수하는 화합물까지 하늘로 내보내고 있는 것이다. 인간 활동에 기반을 둔 온실가스의 증가가 지구 온난화, 해양 산성화, 그리고 지구 전체에 걸쳐서 연쇄적으로 대체 상태를 일으키는 문제들 뒤에 있는 원인이다. 어쩌면 우리는 지구를 통째로 대체 상태로 바꾸고 있는지도 모른다. 우리가 지구에서 보낸 상대적으로 대단히 짧은 역사에도 불구하고(칼세이건이 쓴 것처럼, 지구의 역사를 24시간으로 압축한다면 현생인류는 밤 11시 50분까지도 나타나지 않으며, 문명은 자정 직전 몇 분 전에 시작된다), 우리는 한 가지 근본적인 요소를 바꿈으로써 지구의 구조를 변형하고 있다. 바로 온도이다.[21]

온도는 지구에서 가장 기본적인 힘이다. 온도는 화학 반응의 속도를 조절하고 기체와 유체의 밀도를 조정함으로써 모든 생명에 영향을 미친다. 결과적으로 지구 온난화는 지구 전체 유기체의 양과 분포를 변화시켜서 비옥했던 농경지를 사막으로, 비생산적이었던 사막을 농경지로 바꾼다.

그리고 해류를 움직여서 해양 종들의 서식지를 바꾼다. 이러한 전이는 정치적인 국경과 무관하게 이루어지므로 식량 자원이 줄어드는 곳에서는 갈등을 악화시킨다. 우리가 알고 있는 지금까지의 역사로 미루어보았을 때, 기온의 변화가 농업 생산에 극적인 영향을 미칠 경우 예상되는 심각한 결과로는 경제 인플레이션, 전쟁, 기근, 그리고 궁극적인 세계 인구 감소가 있다(그림 11.3).[22]

바다는 역사적으로 지구 환경의 변화를 조절하는 중요한 완충 역할을 해왔다. 그러나 인간이 일으킨 교란은 이 필수적인 작업을 수행하는 바다의 능력까지 방해하고 있다. 인간이 만든 이산화탄소의 30-40퍼센트는 바다로 녹아들어가서 탄산을 형성하고, 결국 바닷물을 산성화한다. 해양 산성화는 생물학적으로 새롭고 심각한 문제이다. 예컨대 산호와 소라는 열, 수분 소실, 포식자로부터 자신을 보호하기 위해서 탄산염 골격을 짓는 능력이 있는데, 바닷물의 산성도가 높아지면 이런 능력이 제한된다. 심지어 이미 존재하는 탄산염 골격이 녹아버릴 수도 있다. 염수 수족관 애호가들이 잘 알고 있듯이 탄산칼슘은 해양의 변동하는 산성도를 개선하기도 한다. 따라서 해양 산성도는 해양 생태계를 예측할 수 없는 혼돈의 대체 상태로 바꿔놓을 수 있다. 그 결과로 광범위한 먹이사슬의 일부이자 이제는 무방비 상태가 된 고둥, 게, 성게, 굴 등의 종 전체가 사라질 수 있고, 산호가 열대 바다에서 성장하고 섬을 만드는 능력을 파괴하여 점차 해수면이 높아지면서 섬이 잠기는 끔찍한 상황이 벌어질 수 있다.[23]

해수면 상승은 인류가 직면한 주요 기후 변화의 두 번째 난제이다. 특히 해안에 집중된 인구는 이 문제를 체감하는데, 이미 이곳에서는 상승하는 바다가 마을을 잠식하기 시작했다. 지구 기온의 상승은 예상보다 빠

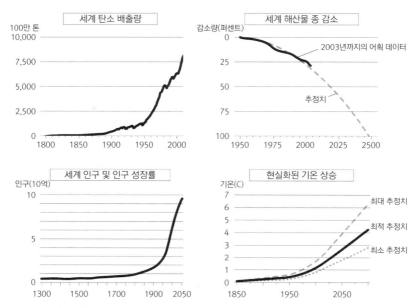

그림 11.3 탄소 배출, 해산물 종 감소, 인구, 기온 상승의 세계적인 경향. 이 경향들은 모두 인간의 활동에 크게 영향을 받는다. 협력적 의사 결정을 통해서 이러한 급격한 변화를 되돌리고, 그래서 불가능하지는 않더라도 회복하기에 대단히 어려울 대체 상태가 되지 못하도록 막는 것에 희망이 있다.

출처 모든 도표들은 다음의 출처에서 다시 그린 것이다. 세계 탄소 방출량은 M. Thorpe, "Global Carbon Emission by Type to Y2004," Wikimedia Commons. 세계 해산물 종 감소는 "Global Loss of Seafood Species" in R. Black, "'Only 50 Years Left' for Sea Fish," BBC News, November 2, 2006. 세계 인구 및 인구 성장률은 World Health Organization, World Population, 1050 to 2050, https://www.who.int/gho/urban_health/en. 현실화된 기온 상승은 IPPC Working Group I, "Policymakers Summary," https://www.ipcc.ch/ipccreports/far/wg_I/ipcc_far_wg_I_spm.pdf.

르게 극지방의 만년설을 녹이고 따뜻한 대양의 열기를 확장시켜왔다. 단도직입적으로 말해 네덜란드와 중국 같은 저지대 국가, 미시시피 분지 지역, 뉴욕, 암스테르담, 코펜하겐, 상트페테르부르크, 베네치아 같은 도시들은 다음 세기가 되면 물에 잠길 것이다. 이 도시들과 다른 역사적인 수변 도시들은 중세에 인간이 만든 해안선 위에 지어졌지만, 이제 인간으로 인한 해수면 상승이 빠르게 진행되면서 위협받고 있다. 기후 변화에 관한 정부간협의체(IPCC)는 다음 세기의 해수면 상승 추정치를 최대한 높게 잡아서 온대 위도 지역 대부분에서 0.5−1미터 정도 상승할 것이라고 예측했지만, 그 역시 과소평가한 것으로 드러났다. 이러한 변화는 즉각적인 결과로 나타났다. 최근에는 남극 대륙의 빙상에서 델라웨어 주 크기의 빙산이 떨어져 나갔다. 이것은 지금까지 기록된 것들 중에서 가장 규모가 큰 것이다. 현재 속도라면 우리의 아이들이 아직 살아 있을 때에 세계의 주요 해안 도시와 국가들이 심각한 토지 소실과 범람 위기를 겪을 것이다. 이미 일부 도시에서는 이 문제가 현실이 되었다. 14세기에 세계 경제의 중심지였던 베네치아는 이제 향신료 무역을 개척하는 대신에 심각한 해수면 상승 문제를 해결해야 한다. 지난번에 내가 베네치아를 방문했을 때에도 만조가 되자 도시 광장에 바닷물이 발목 높이까지 차올랐다.[24]

기후 변화는 연안 생태계에 부영양화라는 또다른 위협 요소를 더한다. 부영양화는 과도하게 사용한 비료(산업용 인공 비료)가 특정 생물의 생장을 자극하여 과도하게 증식시키고, 그로 인해서 수생 생태계의 다른 생물들이 질식하는 현상이다. 부영양화로 산소 공급이 격감하면 주기적인 대량 폐사가 발생한다. 이 현상은 매년 멕시코 만에서 발생하는데, 그 범위가 텍사스 주의 면적에 달한다. 미시시피 강의 분지에서도 부영양화 때문에 수많은 해양생물이 산소 고갈로 죽어간다. 이 연례 현상은 너무 흔해져서 지역 문화로까지 이어졌다. 멕시코 연안의 게 축제(10대 아이들이 눈독을 들이는 축제의 여왕 대관식도 열린다)는 산소를 찾아서 헤매던 게들이 집단으로 해변까지 이동하는 시기에 열리며, 이 시기에는 게를 쉽게 잡을 수 있다. 이 축제는 질소 비료를 대량으로 사용하기 시작한 20세기 초부터 유행했다. 나에게는 제2의 고향인 로드아일랜드 주에서도 비슷한 행사가 열린다. 이곳에서는 성인 애니메이션 「패밀리 가이」로 유명해진 백합조개가 사는데, 딱딱한 껍질을 가진 이 조개는 정화조로 오염된 내러건셋 만의 물에서 1년 내내 살아 있는 유일한 대형 생물이다. 여름철이면 산소가 부족해져서 포식자와 경쟁자들이 떠나가거나 죽고, 오직 이 조개만 살아남는다. 이 조개는 탄산칼슘 껍데기를 녹여서 무산소 대사로 축적되는 젖산을 보호함으로써 살아남는데, 사실상 여름 내내 숨을 참으면서 살아간다는 뜻이다. 백합조개가 살아남은 덕분에 로드아일랜드 주는 정화조의 주가 아닌 자칭 백합조개의 주가 되었다.[25]

이는 북아메리카에서만 일어나는 사건이 아니다. 연안의 무산소 상태로 인한 죽음의 해역(데드 존)은 또다른 뉴 노멀, 또다른 대체 상태가 되고 있다. 중국 정부가 전통적인 농경 양식을 서구적이고 산업적인 모형으로 전환하도록 의무화한 이후로 유독한 녹조 현상, 또는 "적조" 현상이 엄청난 규모와 빈도로 증가했고, 그로 인해서 중국 산호초의 80퍼센트가 폐사했다.[26] 또한 아시아에서도 지난 수십 년간 무산소 상태가 되어버린 강 하구를 아시아판 백합조개가 장악했다.

세계적으로 확산된 기후 변화는 우리가 어떻게 세계와 그 속의 다양한 생태계를 바꾸고 형성하는지를 알아려는 과제를 더욱 어렵게 만든다. 한 생태계에 인간이 미치는 여러 가지 영향들과 그것들이 생태계에서 함께 또는 서로 맞서서 작용하는 과정을 이해하는 데에 도움이 될 신뢰할 만한 체계가 없다는 것이 과학자들에게 시급한 문제이다. 지금껏 우리는 이 영향들을 개별적으로 연구해왔으나 앞으로는 이것들이 결합된 상호작용의 효과를 연구할 모형을 개발해야 한다. 현재 우리가 아는 바에 따르면, 인간이 야기한 교란은 단순하고 예측 가능하고 추가적이라기보다는 상승 작용하고 증식하는, 예측 불가능한 놀라운 결과를 초래한다.[27] 이러한 예측할 수 없는 문제들은 미래를 위한 좋은 징조가 되지 못한다.

게다가 이미 훼손된 생태계는 추가적인 위협에 더 취약하다. 먹이그물이 단순화되어 변화를 수용할 수 있는 여유가 더 적기 때문이다. 여기에도 인간이 미치는 여러 가지 압박 요인들이 다양한 영향을 끼칠 수 있다. 예를 들면 질소 부영양화는 잡초성 식물이나 해조류처럼 질소가 필수적인 생물체를 전형적으로 더 많이 증식시킨다. 그러나 기후 변화 또는 남획으로 인한 포식자 고갈과 같은 요인들은 예측할 수 없는 결과를 가져온다. 온난화는 질병의 발생 빈도와 심각도를 증가시켜서 잡초성 식물의 생산에 영향을 미치고, 남획의 경우는 고갈된 개체군이 포식자인지, 잡식성인지, 초식성인지에 따라서 결과가 달라진다. 이 문제는 특히 과학 연구가 교실이나 연구실에서만 이루어져서 "책이 아닌 자연을 연구하라"는 미국의 지질학자 루이 아가시의 요청이 무시될 때에 더욱 해결하기 어려워진다. 관찰에 기반을 둔 적극적인 연구만이 과학을 우리의 변화하는 세계와 연관지을 수 있다.[28]

1970년대, 존 홀드런과 폴 에얼릭은 인간이 야기한 환경 악화는 국지적이고 되돌릴 수 있는 문제가 아니라, 어디에나 존재하고 눈덩이처럼 불어나서 돌이킬 수 없고 알려지지 않은 결과를 초래할 문제라고 주장했다.[29] 불행하게도, 우리는 인기 있는 자동차 스티커의 문구처럼 더 이상 "생각은 세계적으로, 실천은 지역적으로" 할 수 없다. 공유지의 비극은 이제 세계적인 비극이다. 지구와의 관계를 극적으로 변화시켜야만 지구에서 생명을 가능하게 하는 양성 피드백의 파괴를 막을 수 있다. 이것은 과연 우리가 어떤 존재인지를 다시금 생각하게 한다.

스탠퍼드 대학교의 그레천 데일리는 생태계 서비스라는 관점을 개척해 왔고, 이 개념을 적용한 자연 자본 프로젝트(Natural Capital Project)는 위기의 그늘에 필요한 낙관론을 제공했다. 생태계 서비스를 돈으로 환산하면, 우리 유전자의 이기적인 동기와 욕망이 경쟁보다는 협력을 선호하게 만들어서 보전에 대한 열망을 북돋을 수 있다. 경쟁하던 원시 미생물들이 힘을 합쳐서 상리공생하는 진핵세포를 형성했고 인간의 협력이 경쟁을 완화하여 농업혁명이 시작되었듯이, 생태계 서비스의 화폐화는 자연사의 방정식을 협력과 보전을 향하도록 바꿀 수 있다. 예를 들면 이러한 접근방식으로 뉴욕 시는 분수계(分水界)를 보존하는 것이 제거하는 것보다 더 저렴하다는 사실을 인식했다. 이처럼 혁신적인 접근법은 개별 경쟁(이 경우에는 금전적인 경쟁)을 극복하는 데에 걸리는 시간을 검증함으로써, 국제적이고 지역적인 문제들을 해결하는 다리를 놓는다. 중국에서는 정부 관료와 시민을 포함한 2억 명이 이 발상을 확장하고 정부 차원에서 하향식으로 실행하여 탄소 흡수, 생물 다양성 복원, 홍수 제어, 모래폭풍 통제, 수질 정화를 최대화하는 실용적인 접근법들이 실제로 기능하는지 검증하고 있다. 이와 반대로 북아메리카의 강 하구에서는 지역에서 시작하여 국가적 규모로 확장하는 것이 목표인 풀뿌리 접근법이 일어나고 있다. 처음에 강 하구에서 물을 걸러먹는 홍합, 조개, 굴 개체군을 복원한 일은 어디까지나 상징적인 의의만 있었을 뿐이었다. 그러나 이 생물들이 인근 해안의 물을 걸러 정화한다는 사실이 밝혀지면서 복원 계획(해초지와 염습지 복원 계획 포함)의 규모는 지역과 국가 사업으로 확장되었다. 이러한 계획들은 인간과 지구 전체의 많은 종들의 건강을 위해서 실천 가능하고 또 정말로 필요한 미래의 협력과 협조를 상징적으로 보여주므로, 이것들에 주목하고 그 가치를 인정하는 것이 그 어느 때보다 중요하다.[30]

진화와 정보

우리의 현재 세계가 어떻게 만들어졌는지 다시 한번 되새겨보자. 이 세계는 생명의 기원과 분화를 통해서, 또 광합성을 하는 미생물과 남조류가 공생발생으로 창조되고 수억 년에 걸쳐 이 유기체들이 산소가 풍부한 대기를 만들어 산화 대사와 복잡한 생물의 탄생을 위한 길을 닦으면서, 그리고 이 생명의 역사를 형성한 양성 피드백 체계를 통해서 만들어졌다. 이것들은 종 다양성과 환경 복원력을 뒷받침하는 협력적 상리공생을 형성하면서 현재 우리 생태계에서도 매일 작용하는 바로 그 메커니즘이다. 그리고 우리가 파괴하고 있는 것 역시 바로 이 메커니즘이다.

서식지 파괴는 단순히 숲을 제거하고 강을 더럽히는 것에 그치지 않는다. 오늘날 인간이 연루된 대규모 서식지 파괴는 그곳을 이루는 정보 자체를 다시 쓰고 있다. 우리는 지구에서 생명이 서로 얼마나 연결되어 있고 의존하고 있는지를 우리가 지금까지 생태계를 망가뜨려온(그리고 앞으로도 그러할 것이다) 결과에 고통받기 시작한 시점에서야 깨닫고 있다.

인간의 문명을 유지시키기 위해서 우리는 근대 농업에 살충제를 사용한 것처럼 자연세계와 수많은 해로운 관계를 맺었다. 살충제 사용으로 꽃가루를 전달하는 새, 벌, 박쥐 개체군이 감소했고, 이로 인해서 이 종과 함께 진화하고 수분에 이들을 필요로 하는 식물의 번식이 위협받고 있다. 그러자 수분 서비스 산업이 생겨났다. 대륙을 가로질러 트럭으로 벌을 실어날라서 천연 공생 동반자를 잃어버린 작물에 수분 서비스를 제공한다. 우리는 수분 매개자의 감소와 소실이 자연 생태계에 가져올 결과를 거의 알지 못한다. 이처럼 상리공생 관계를 망치는 것은 인류가 맨 처음 대형 포식자와 다른 호모 종들을 모조리 살상한 이후로 인류 역사의 하나의 주제가 되었다. 지난 세기에 산업화된 어업은 조용히 그리고 빠르게 해양 포식자들을 지구의 대양에서 제거했다. 그 수치는 산업화 이전 총 생물량의 약 10퍼센트에 해당하며 이번에도 우리는 아직 그 결과를 모른다.[31]

다시 말해서, 호모 사피엔스의 출현으로 진화의 과정을 가로채서 자신의 이익을 위해서 세상을 제멋대로 주무르는 종이 탄생한 것이다. 우리는 더 이상 먹이사슬의 일부로서 그 꼭대기를 차지하는 종이 아니다. 그리고 기술적으로 과거의 많은 자연사적 제약들을 극복해왔다(적어도 단기적으로는). 그러나 자연선택의 지속적인 압박 때문에 우리는 지배하려는 욕구를 내려놓지 못하고 있다. 이는 인간의 지성에 의해서만 어느 정도 저지할 수 있는 충동이다. 결과적으로 인간은 지구의 다른 모든 생물과는 다르게 자유와 구속 사이의 실존적 위치에 존재하고 있다. 이제 우리는 지금까지 역사 속에서 전쟁과 집단 학살을 포함하여 폭력을 선동해온 자원 부족의 문제에 직면하고 있으므로, 우리가 지구에서 문명과 생명의 궤적을 통제하고 바꿀 잠재력을 가지고 있음을 아는 이상, 우리는 우리가 할 수 있는 것 그리고 할 수 없는 것과 마주해야 한다.[32]

동식물 개체군의 자연사는 보통 자원의 한계와 그에 따른 어려움을 겪는다.[33] 닫힌 계에서 이러한 어려움은 생태학적으로 개체군의 감소 또는 심지어 붕괴를 낳는다. 예를 들면 이스터 섬은 인간이 낮은 수준의 자원 공급에 적응하기 전에 붕괴되어버린, 본질적으로 닫힌 계였다. 열린 계에서는 자원이 부족해지면 종은 더 많은 자원을 찾아서 멀리 떠나는 모험을 감행하고, 자원의 사용을 확장하고, 환경을 압박하여 자원을 더 많이 추출하려고 애쓴다. 이는 모두 집단의 성장을 유지하기 위해서이다. 열린 계의 사례로는 농업 기술이 개발되어 전 세계로 전파된 비옥한 초승달 지대의 농업혁명이 있다. 농사 기술은 오늘날까지 세계 농업의 중추를 형성하지만, 그것이 수반하고 뒷받침해온 인구 증가는 자원 부족의 시기를 빠르게 앞당겼다. 과거의 열린 계가 인구 과잉과 지나친 세계화로 닫힌 계가 되고 말았다.

몇몇 과학자들은 인간 문명의 다음 단계에 새로운 공진화적 동반자 관계가 포함될 것으로 생각한다. 즉, 인공지능과의 관계이다. 『사피엔스 (Sapiens)』에서 유발 하라리는 이러한 공진화가 현재의 자연사 의존성을 초월할 것이라고 주장했다.[34] 이 책은 인간 기억의 확장 및 대체품으로서 오늘날 보편화된 스마트폰과 자동차 네비게이션을 인용하며 설득력을 발휘한다. 우리는 선조들이 늑대를 다룬 것과 같은 방식으로 인공지능을 다루어 마침내 상리공생적 동반자로 만들고, 인공지능들이 인간의 발전을 돕게 만들지도 모른다. 2020년대에는 인류의 90퍼센트가 휴대전화를 보유할 것이라는 예측이 이미 등장했다. 불과 반세기만에 인류는 방대하고 혁명적인 방식으로 이 기술에 의존하게 되었다. 자연선택은 이러한 의존에 어떤 식으로 반응할까? 깜깜한 동굴에 살면서 눈을 잃은 동굴물고기처럼, 인간도 생존에 덜 사용하는 어떤 인지능력을 잃게 될까? 자연선택이 높은 생식적 결과물에 보상한다는 사실을 감안한다면, 인구 통제에는 어떤 식으로 영향을 미칠까?

오늘날 기술과 인공지능의 중요성을 의심하거나 부인할 수는 없다. 그러나 나는 그러한 도구 중심의 발달이 우리가 직면한 환경적 우려를 늦추거나, 인류에게 안정적이고 건강한 미래를 보장해줄 것이라고는 믿지 않는다. 그러려면 인공지능이 자원 가용성과 환경 파괴의 문제에 대해서 인간 상리공생자들의 면역을 키우거나 이 문제에 대한 협력적인 해결책을 강구해야만 한다. 특히 후자는 잠재적으로 더욱 두려운데, 그 협력적인 해결책에 따라서 우리의 이기적 유전자의 지배욕을 대체할 상리공생체 안드로이드가 탄생할 가능성이 높기 때문이다. 어떤 경우든 우리는 내부의 진화적 동인과 맞서야 한다. 우리의 진화적 동인은 마치 태엽 장난감처럼 우리에게 이동과 발전, 기술, 그리고 전쟁을 안내해왔다. 우리는 한 종으로서는 번영해왔으나 이제는 욕심을 자극하는 이기적 유전자를 길들이고 통제하고 이용해야 한다. 근본적으로 보면, 인류의 희망은 지배를 욕망하는 유전적 연결을 조정하는 능력에 달려 있다.

인간이 지구를 지배하게 만든 근시안적인 선택압을 억제하지 않는다면 세계적인 재앙이 일어날 것이다. 우리는 협력의 뿌리로 되돌아가야 한다. 아마도 이 변화는 부자연스럽고 반직관적으로 느껴질 것이다. 지구 역사의 모든 주요한 시점에 협력은 경쟁적 교착상태를 완화시켰고, 협력적 진화는 인간이 지구를 지배하는 데에 주도적인 역할을 해왔다. 그러나 그것은 끝을 내다보지 못한 채 너무 맹목적이었다. 우리는 공생발생적 뿌리와 우리가 의도적으로 발전시킨 상리공생적 관계로 되돌아가야 한다. 그러려면 다른 국가든 신화든 종이든 간에 **함께** 살고 진화하겠다고 의도적으로 선택해야 한다. 이 지구를 공유하는 다른 주민들과의 협력이 우리가 자기중심적 번영의 희생양이 되는 것을 피할 수 있는 유일한 길이기 때문이다.

운명

문명의 자연사

자연사의 관점에서 문명을 살펴보면, 인간이 유일무이한 존재가 아니라 자연선택을 통해서 지구상의 모든 생명을 창조해온 자기조직화, 경쟁, 협력적 과정의 산물임을 알 수 있다. 익힌 고기, 집단사냥, 도구 제작, 언어, 동식물과의 공진화가 상승효과를 일으키며 탄생시킨 인류의 큰 뇌가 공들여서 빚어낸 환상에도 불구하고, 호모 사피엔스는 자연사 법칙에서 제외되거나 그 영향권에서 벗어나지 못했다. 나는 생명이 공생발생적으로 기원하고, 최초의 분자에서 시작해 자기복제 분자, 복잡한 세포, 다세포 유기체로 이어진 과정들이 자기조직화와 상리공생의 원리에 따라서 결정론적 방식으로 추진되었다고 제시했다. 우리는 한때 철석같이 믿은 것처럼 지구의 모든 종을 다스리기 위해서 특별히 창조된 지배종이 아니라, 그저 진핵세포, 식물, 개구리, 세균, 대왕고래를 만든 것과 동일한 공생발생적 원리가 가장 최근에 반복된 결과물일 뿐이다.

이 이야기는 인간 군집의 공간적 분포에도 적용되는데, 다른 종들이 자기조직화라는 동일한 보편적 규칙에 따라서 형성하는 예측 가능하고 반복적인 정착 패턴을 그대로 반영한다. 이 규칙에 따라서 지리적으로 문명이 처음 발달된 장소는 물론이고 어떻게 계층적으로, 또다른 경쟁 집단과 간격을 두고 조직되는지가 결정되었다. 이러한 결정론적 구조를 활용하는 인류의 숙달된 솜씨는 인지능력, 조직화 기술, 협력능력으로 기술 발전과 발견이 가능해진 것처럼 인류 조상의 번영을 보장했고, 이 과정은 농업 혁명, 문명, 인구 증가, 산업, 그리고 완전히 달라진 세계를 이끌어냈다. 그러나 동시에 우리는 인류가 먹이사슬의 위로 올라가고 마침내 그 사슬에서 벗어났을 때에 진화와 자연세계 역시 이와 보조를 맞추어 움직인 것을 보았다. 영속적인 진화적 군비 경쟁 속에서 인간의 정착지가 확장되면서 질병과 기근이 발생했고, 그에 맞서는 방어체계가 진화되면 어김없이 새로운 전선이 형성되었다.

한편 나는 상리공생과 공생발생의 중요성을 강조해왔다. 아주 오랫동안 우리는 우리의 환경과 자연세계가 얼마나 서로 연관되어 있는지 알지 못했다. 이 상호관계가 우리를 둘러싼 우점종들을 창조해왔는데도 말이다. 숙련된 수렵-채집인으로 시작해서 뿔고둥과 누에로 사치스러운 자원을 개발하고 마침내 천연가스를 발견하기까지, 우리는 무기물과 유기물의 세계와 더불어 성장하고 발전해왔다. 이처럼 복잡하게 연결된 세계 속에서 공생발생적이고 협력적인 충동이 개인주의적이고 자기중심적인 추진력을 넘어설 때에 인간의 문명이 탄생했다.

불행히도, 기술이 발전하고 문명이 확산되고 인구가 증가하면서 우리는 상호연결된 생명의 그물망을 뒤엎는 능력도 손에 넣게 되었다. 인류의 전례 없이 파괴적인 활동으로 인해서 우리는 인류세라는 완전히 새로운 지질시대를 맞이했다. 우리가 가진 기술적인 능력과는 상관없이, 우리가 여전히 의존하는 환경에 닥칠 자원의 한계와 격변은 지금까지 인간사의 특징이었던 갈등과 폭력을 가속화시키기만 할 것이다. 우리의 운명이 아직 결정된 것은 아니지만, 우리 앞에 벅찬 도전이 놓여 있는 것만은 분명하다. 나는 현대인이 직면한 물질적인 난관과 우리가 후손들의 생존을 염려한다면, 어떻게 이 도전을 받아들여야 하는지에 대해서 이미 간략히 설명했다. 그러나 지금부터 이야기할 이념적 난제, 즉 변화에 대한 저항을 뜻하는 타성 역시 똑같이 중요하다.

타성의 문제

인류가 처음으로 세계를 이해하려고 노력할 때부터 과학과 학습은 권력과 정치의 힘을 뒷받침하거나 약화시키는 수단으로 속박되어왔다. 가톨릭 교회가 종교개혁이 일어나기 전까지 『성서』를 자국어로 번역하는 것을 금지했던 것처럼 문자와 수학 같은 초기 기술은 지배 계층에 의해서 철저히 비밀로 유지되었다. 다시 말해서 지식은 강력하고 위험할 수 있다는 뜻이다. 특히, 새로운 지식이 기존 지식과는 다른 관점을 제공할 때에는 더욱 그러하다. 과학과 교육과 같은 분야는 본질적으로 수정과 오류의 가능성을 품고 앞으로 전진한다. 실패한 실험이 성공한 실험만큼이나 중요할 수 있으며, 가장 중요한 것은 계속해서 시험하고 질문을 던지는 자세이다. 그러나 정권, 지배자, 문화적 신화는 유난히 보수적이다. 현재의 계층 구조와 질서가 그들을 잘 섬기고 있으므로. 새로운 지식이 그 질서를 위협한다면 그들은 지금 누리는 권력과 부, 통제권을 잃는 위험을 감수하는 대신에 그 지식을 막고 감추기 위해서 필사적으로 애쓴다.

과학은 인류가 계속해서 번영하도록 조언을 건네줄 수 있지만, 타성은 이러한 변화가 일어나지 못하도록 막는다. 우리는 그 힘을 진작에 보아왔다. 1512년에 코페르니쿠스는 지구가 우주의 중심이라는 종교적 개념에 도전했다. 갈릴레오는 이 가설을 실험했고, 그의 연구는 지구가 태양의 주위를 돈다는 가설을 지지했다. 갈릴레오는 이 발견 때문에 감옥에 갇히고 가택 연금에 처해졌다. 왜냐하면 세상이 특별하게 창조되었고, 지구가 우주의 중심이 되어야 한다는 믿음에 도전했기 때문이다. 이와 비슷하게 지구가 평평하다는 믿음 역시 고대 세계 대부분을 지배했다(비록 피타고라스가 기원전 6세기에 최초로 지구는 구[球]라고 제안했지만).

더 최근에는 로베르트 코흐가 주창한 질병의 세균론이 현대 의학에 혁명을 일으키면서 미생물에게 부정적이고 위험하다는 딱지를 붙였다. 우리는 인간의 가장 오랜 진화적 동반자가 우리 몸에 살고 있는 미생물이며, 그들이 질병에 대한 방패 및 완충제 역할을 수행하고 있음을 몇 번이고 보았다. 미생물은 신체 세포와 조화를 이루면서 신진대사와 체내에서 일어나는 갖가지 과정을 주도하며 건강에 매우 중요한 역할을 한다. 그러나 질병의 세균론이 등장한 이후 미생물의 실체와 역할에 대한 재평가가 더디게 이루어졌다. 시대에 뒤처진 옛 생각은 집요하게 들러붙어서 떨쳐내기 힘든 경향이 있다. 주변 세상에 대해 더욱 총체적이고 유익한 관점을 취하고 관계를 맺기 위해서, 우리는 계속해서 배워야 한다.

생명을 움직이는 근본적이고 강력한 힘을 이해하기 위해서는 타성을 극복해야 한다. 이 자세는 미래의 이념적 돌파구로서 우리의 생존에 필수적이다. 유전자는 과도한 자원 착취와 군집 안팎에서 일어난 경쟁의 역사

속에서 우리 선조들을 몰아붙였듯이 우리를 밀어붙일 것이다. 결국 이기적 유전자는 생명의 본질이자 원동력이다. 세대에서 세대로 유전되는 개별 변이에 작용하는 자연선택이 없었다면, 생명과 생물 다양성은 존재하지 못했을 것이다. 생명의 여명기에 자연선택은 오늘날 인간을 포함한 모든 유기체에 대한 병원체의 공격을 제압한 것처럼 미생물의 적합도에 차별을 두었다. 인간은 명실상부 자연선택이 창조한 가장 영향력 있는 산물이다(누군가는 미생물을 두고 그렇게 주장하겠지만). 그러나 인간의 행동이 일으킨 충격이 서식지 파괴와 남획, 그리고 지구상에 공존하는 협력적 틀을 파괴하여 생명을 위협하고 있다. 우리는 우리의 이기적 유전자가 우리의 적이 되고 있음을 깨달아야 한다. 우리가 지구를 지배하도록 이끈, 지구에서 가장 근본적이고 강력한 생명의 힘을 우리는 누그러뜨리고 통제할 수 있을까? 우리는 자연선택이라는 규칙을 뛰어넘어 우리의 이기적 유전자로부터 세계를 구할 선견지명을 가질 수 있을까?

그렇게 하려면 주변에 존재하는 상리공생을 대책으로서 동원하고 활용하면서 우리가 가진 인지적 우월성을 이용하고, 미래 지향적이고 협력적인 해결책을 모색해 자기 파괴라는 재앙을 모면해야만 한다. 세포 내 공생이라는 진핵세포의 기원으로부터 시작된 협력은 지구 생명의 역사 가운데 모든 주요 진화적 변환점들에서 작용했던 촉매이자 원동력이었다. 협력은 혼돈의 확대에 맞서서 혼란을 잠재웠고, 서식지 향상을 통해서 지금의 생명 다양성을 가능하게 했다. 진화에서 협력은 여전히 또다른 맹목적인 힘이고, 협력이 만들어내는 집단이익은 여전히 자연선택의 규칙과 경향에 얽매여 있다. 그러나 만약 우리가 지구상에서 현재의 협력관계를 신중히 이용, 보호하고 새로운 협력관계를 독려한다면, 우리 종이 앞으로 몇 년 안에 붕괴하지 않고 번성할 수도 있을 것이다.

내가 이 책을 통해서 주장해온 것처럼, 이런 종류의 협력과 그 산물인 공생발생은 이기적 유전자가 야기한 위협을 약화시키기 위해서 과거에도 일어났다. 석기시대 인간과 상호호혜적인 양성 피드백으로 혜택을 받은 동식물 집단 사이에서 협력적 상호작용과 상리공생이 발생하면서 그 결과로 농업혁명이 일어났으며 전 세계로 확산되었다. 그러나 농업혁명은 예견된 것이 아니라 상호 이익을 위해서 세대에서 세대로 진행된 자연선택 때문에 일어났다. 생태계와 문화를 하나로 엮으면서 진화해온 생태계 서비스와 상리공생이 붕괴되지 않도록, 진화의 거대한 사각지대를 보완할 선견지명이 필요하다. 즉, 가장 시급한 문제의 해결책을 단순한 자연선택의 영역 밖에서 찾아야 한다는 뜻이다.

만약 이기적 유전자의 지배력을 극복하지 못한다면, 인구 증가, 지구 온난화, 그리고 국수주의와 끼리끼리 문화를 부추기는 한정된 자원과 같은 전반적인 문제들이 치명적인 수준으로 악화되어 문명을 위협할 것이다. 그렇게 되면 미생물이 지구를 지배할 것이고, 굴종적 유전자가 진정으로 지구를 물려받게 될 것이다. 이스라엘의 역사가 유발 하라리와 다른 이들은 이기적 유전자가 생명의 영역을 벗어날 때까지 진화의 과정과 진보를 밀고 나갈 수도 있다는 또다른 가능성을 지적했다. 즉, 자연선택의 근시안적 시야에 구속되지 않은 큰 뇌를 가진 인간의 창조성이 사후판단과 선견지명을 모두 갖춘 자기복제적 인공지능을 개발할 수도 있으며, 미래를 계획하지 못하는 진화의 무능함으로부터 자유로워질 수도 있다는 것이다. 이 시나리오에 따르면 인간의 창의성으로 탄생한 인공지능이 인지혁명을 통해서 탄생한 인간의 창의성을 대체할 수도 있다. 이러한 진화적 전이는 우리가 집과 직장과 공장에서 일상적인 결정을 내리고 기억을 저장, 대체하고 돈을 쓰고 아직은 자의식이 없는 인공지능(그래서 생존과 번식이라는, 치명적이고 파괴적인 이기적 동기가 부족하다)이 탑재된 제품을 생산할 때에 점점 더 스마트 기술에 의존하게 되면서 잘 진행되고 있다.

포식자 비교 : 행성들

워싱턴 대학교의 생태학자 로버트 페인은 1960년대에 워싱턴 주 북서쪽 해안에 있는 타투시 섬의 바위투성이 서식지에서 보라불가사리가 핵심종 포식자 역할을 한다는 것을 실험으로 증명했다. 즉, 이 불가사리가 이 서식지 군집에서 종의 조직과 다양성에 중요한 역할을 한다는 뜻이다. 이는 흥미로운 생각이었으나 워싱턴 해안을 제외한 지역에서는 관찰되지 않았고 그가 실험한 장소에서만 일반화되었으므로 처음에는 널리 받아들여지지 않았다. 당시의 생태학자들은 물리적인 제한이나 자원의 가용성이 자연 군집을 조직하고 구조를 형성한다고 믿었다. 그러나 이런 생각들은 전적으로 상관관계에 기반을 두고 있었다. 만약 타투시 해안이 다른 서식지와는 구조가 달랐기 때문이라면? 불가사리의 포식 때문이 아니라 페인이 타투시 섬의 홍합 밭을 헤집어놓는 바람에 그런 결과를 얻은 것이라면? 페인의 통찰을 증명하려면 상관관계 이상의 것, 즉 반복된 실험이 필요했다. 과학은 느리고, 때로는 너무 느리지만, 그후 수십 년간 해달, 상어, 퓨마, 그리고 늑대와 같은 핵심종 포식자가 연구의 중심이 되었고, 생태계 구조와 과정을 형성하는 데에 그들이 절대적으로 중요한 존재임이 계속해서 증명되었다. 이제는 널리 받아들여지는 이 개념은 핵심종 포식자가 군집 내에서 개체 수에 비해 비정상적으로 큰 영향을 미치며, 먹이사슬의 길이나 먹이그물의 복잡성을 결정하는 강한 "영양(營養)" 효과 또는 연쇄 효과를 가지고 있음을 암시한다.

문명의 자연사를 조사할 때에 우리는 우리의 한계를 인정해야 한다. 우리에게는 발견을 반복하거나 독립적인 실험을 수행할 능력이 부족하다. 이 한계 때문에 지구, 즉 가이아 수준에서 공생발생 관계의 효력과 필요성을 증명하기가 어려워진다. 결국 자연사는 근본적으로 관찰에 근거한 비교 과학이다. 우리는 세계로 나아가서 우리 앞에 있는 규칙들과 활동을 연구함으로써 서식지, 유기체, 그리고 그들의 관계를 배운다. 우리는 비슷한 서식지에서 그리고 속세에서 이 발견들을 비교하여 유기체를 하나로 엮는 원리를 찾아낸다. 게다가 자연사를 통해서 문명을 보면 문명이 우연히 발생한 사건이 아니라 진화를 따르는 숙명임을 알 수 있다. 이 책을 관통하는 가설은 집단이익이 진핵세포에서 시작해 농업과 문명의 근간이 되는 상리공생까지 모든 생명의 발달을 추진해왔으며, 이 집단이익이 이기적 유전자의 누적적이고 부정적인 결과를 상쇄한다는 것이다. 이 가설을 어떻게 확인할 수 있을까? 이 거대한 이론과 관찰을 어떤 다른 역사와, 그리고 어떤 다른 문명과 비교할 수 있을까?

답은 하늘, 아니 하늘 너머에 있다. 문명의 과거, 현재, 미래를 더욱 완전히 이해하기 위한 다음 돌파구는 다른 행성에서 생명을 발견하는 것이다. 지구가 생명체, 특히 지적인 생명체를 진화시킨 유일한 행성이라고 믿는 것은 지구가 평평하고 우주의 중심이라고 믿었던 과거처럼 터무니없는 일이다. 순전히 확률만 놓고 보아도, 진화의 자연사적 특징인 생명체는 우주에서 흔하게 볼 수 있을 것이다. 노벨상을 수상한 이탈리아 물리학자의 이름을 딴 페르미 역설(Fermi paradox)은 우주에 천문학적으로 많은 수의 행성들이 존재하는데도 지적인 외계 생명체의 증거가 없다는 모순을 말한다. 즉, 이 역설은 어딘가에 지적 외계 생명체가 존재한다는 말을 에둘러 표현한 것이다. 그러면 그들은 어디에 있는가?(페르미가 한 말/옮긴이)

우리의 기술적 진보를 고려하면 다음 세기 안에, 그러니까 우리 아이들이 살아 있는 동안에 생명의 흔적이 발견될 가능성이 점점 높아지고 있다. 현재까지 우리 은하에서 잠재적으로 인간이 살 수 있다고 파악된 행성은 10여 개에 불과하다. 그러나 추정에 따르면 우주는 생명을 부양할 수 있는 다른 은하들로 가득 차 있다. 생명이 살 수 있는 행성이 우리 은하에만도 800억 개는 있을 것이고, 우주 전체는 그것보다 몇 자릿수는 더 많을 것이다.[1] 생명이 살 수 있는 행성과 그곳에서 실제로 생명을 찾는 일은 생명의 자연사를 구성하는 필수 요소들을 통합적으로 이해하는 데에 반드시 필요하다. 예를 들면, 어떻게 무기 환경에서 유기적인 생명이 발생했는지, (제1장에서 논의한) 가이아 가설은 얼마나 정확하고 또 보편적인지, 그리고 문명은 우리가 지구에서 보아온 것과 똑같이 일반적이고 변경할 수 없는 경향을 따르는지, 다시 말해서 자기조직화, 공생발생, 계층적 조직화, 그리고 자연선택의 원리에 따라서 예측 가능하게 발전하는지와 같은 질문에 답할 수 있을 것이다. 생명을 품고 있는 다른 행성을 찾고 연구하는 일은 생명의 행성계를 비교하고 이해하는 데에 필요한 요소가 되고 있다. 우리는 자기생산적이고 자기복제적이고 상리공생적인 요소가 우리의 출발점이 되어 지적인 생명으로 이어졌다는 것, 그리고 생명과 그것을 둘러싸고 있는 세상이 점차 부정적인 관계를 맺는다는 것을 우주의 다른 행성에서 하나의 가설로서 실험해볼 수 있을 것이다. 그리고 이를 통해서 이미 내재된 생명의 성장과 붕괴에 대처하는 방법을 배울 수도 있을 것이다.

한 행성에서 일어나는 생명 현상의 과정과 행군은 순환적일까? 생명은 진화하고 조직을 이루고 복잡해지고 지능이 생기고 자원 이용을 두고 충돌하고 갈등을 겪은 후에 붕괴할까? 아니면 기술, 협력, 이타주의의 협동이 마침내 이기적 유전자를 다시 설계하여 종의 형질을 바꿀 수 있을까? 미래를 예견하는 혜안을 갖추도록, 그러나 이기적이지는 않도록 창조된 인공지능을 가진 존재가 지구를 위해서 완벽하게 설계된 지배자로서 우리를 대신하는 날이 올까? 이기적 유전자가 주도하는 먹이사슬 속 소비자(먹이사슬에서 생산자인 식물 외의 구성원/옮긴이)의 상호작용은 정말로 진화적 군비 경쟁으로, 영성을 일으키는 방어 화학으로, 환각으로부터 시작된 신화로, 그리고 화학적 중독으로 이어질까?

다른 행성을 탐사하면서 우리는 상대적으로 쉽게 발달하는 미생물들은 우주 전역에서 흔하게 발견되지만 단순한 미생물이 복잡한 유기체로 진화하는 것은 극히 드물다는 것을 알게 될지도 모른다. 현재 지구 전역에서 진행되는 서식지 저하로 인간의 협력이 촉발될 수 있을까? 아니면 외계 존재가 지구를 침입하기라도 해야 인간의 범지구적 이타주의가 발현될까? 어쩌면 인공지능을 가진 존재에서조차 끝내 경쟁과 이기주의가 진화하여 복잡한 생명체들이 생존을 건 전쟁을 다시금 시작하는 것을 보게 될지도 모른다. 그럼에도 불구하고, 여러 행성들의 자연사와 생명 진화의 다양성을 비교함으로써 우리가 배우고 채워야 할 간극은 많다. 만약 인류가 살아서 이를 볼 수 있다면, 우리의 가장 오래된 질문에 답을 주는 것은 우리를 달래고 위로하는 신화가 아니라 과학이 될 것이다. 그 질문들은 다음과 같다. "생명이란 무엇인가? 우리는 어디에서 왔는가?" 그리고 아마도 가장 절박한 질문은 이것이리라. "이제 우리는 무엇을 해야 하는가?"

주

서론

1 Hutchinson, *Ecological Theater.*
2 Johnston, Niles, and Rohwer, "Hermon Bumpus and Natural Selection."
3 Grant and Grant, "Unpredictable Evolution."
4 Wynne−Edwards, *Animal Dispersion.*
5 Wilson, *Genesis;* Christakis, *Blueprint.*
6 Vermeij, *Biogeography and Adaptation.*
7 Kimura, *Neutral Theory of Molecular Genetics;* Hubbell, *Unified Neutral Theory;* Heisenberg, "Uber den anschaulichen Inhalt der quantentheoretischen Kinematik and Mechanik."

제1장 협력하는 생명

1 Lyell, *Principles of Geology;* Hutton, *System of the Earth, 1785;* Amelin, Krot, Hutcheon, and Ulyanov, "Lead Isotopic Ages"; Bond et al., "Star in the Solar Neighborhood."
2 Lemaitre, "Un universe homogene"; Hubble, "A Relation between Distance and Radial Velocity."
3 참고 문헌의 Ali and Das, "Cosmology from Quantum Potential" 참조. 우주의 거대한 규모, 그리고 지구 외의 행성에서 발달 중인 생명체가 있을 확률도 우주 팽창의 발견에 중요하다. 맺음말에서 다시 다룰 것이다.
4 Melosh, "Rocky Road to Panspermia."
5 Cody et al., "Primordial Carbonylated Iron−Sulfur Compounds."
6 Lane, *Life Ascending.*
7 마굴리스는 천체물리학자 칼 세이건과 결혼했고 2011년에 세상을 떠났다.
8 Margulis, "Symbiogenesis"; Sagan, *Lynn Margulis.*
9 참고 문헌의 Sagan, *Lynn Margulis* 참조. 마굴리스의 이론에 대한 이런 반응 자체가 다윈에게 공정하지 못하다. 다윈은 토양을 관리하는 지렁이의 역할을 수십 년간이나 조사했다. 지렁이가 아주 중요한 농부이자 꽃과 상호의존 관계에 있는 동반자라는 사실이 인지되기 한 세기 전에 말이다. 경쟁과 포식의 중요성을 지나치게 강조한 것은 다윈 자신보다

도 다윈의 열성적인 제자들과 일반 대중이었다. 다윈은 진화에서 긍정적인 상호작용과 피드백의 역할을 이해했지만 이를 이론으로 통합할 때까지 살지 못했을 뿐이다.

10 Barzun, *From Dawn to Decadence.*

11 Dayton, "Experimental Evaluation of Ecological Dominance."

12 Crotty and Angelini, manuscript in review.

13 Maturana and Varela, *Autopoiesis and Cognition,* 41–47; Buss, *Evolution of Individuality.*

14 Simon, "Architecture of Complexity"; Wagner, "Homologues."

15 Janzen, "Coevolution of Mutualism"; Ehrlich and Raven, "Butterflies and Plants"; Connell and Slatyer, "Mechanisms of Succession"; Schoener, "Field Experiments on Interspecific Competition."

16 Wilson and Agnew, "Positive–Feedback Switches"; Ellison et al., "Loss of Foundation Species"; Knowlton and Jackson, "Ecology of Coral Reefs."

17 Li et al., "Symbiotic Gut Microbes"; Koskella, Hall, and Metcalf, "Microbiome beyond the Horizon."

18 Gill et al., "Metagenomic Analysis"; Ley, Peterson, and Gordon, "Ecological and Evolutionary Forces"; Dethlefsen, McFall–Ngai, and Relman, "Ecological and Evolutionary Perspective"; Nicholson et al., "Host–Gut Microbiota."

19 Gill et al., "Metagenomic Analysis"; Bollinger et al., "Biofilms."

20 Frank et al., "Molecular–Phylogenetic Characterization"; Marteau et al., "Protection from Gastrointestinal Diseases."

21 Gill et al., "Metagenomic Analysis"; Whitman, "Song of Myself."

제2장 먹이사슬 속 생명

1 Susman, "Fossil Evidence."

2 Spoor et al., "Implications of New Early *Homo* Fossils."

3 Leonard and Robertson, "Rethinking the Energetics of Bipedality"; Dominguez–Rodrigo, Pickering, and Bunn, "Configurational Approach."

4 Bramble and Lieberman, "Endurance Running"; Jablonski, "Naked Truth"; Roach et al., "Elastic Energy Storage."

5 Wrangham, *Catching Fire.*

6 Koebnick et al., "Consequences of a Long–Term Raw Food Diet"; Chan and Mantzoros, "Role of Leptin."

7 Barnosky et al., "Has the Earth's Sixth Mass Extinction Already Arrived?"

8 Wong, "Rise of the Human Predator"; Mourre, Villa, and Henshilwood, "Early Use of Pressure Flaking"; d'Errico et al., "Early Evidence."

9 Ambrose, "Paleolithic Technology"; Sherby and Wadsworth, "Ancient Blacksmiths"; Henshilwood et al., "100,000–Year–Old Ochre–Processing Workshop"; Cavalli–Sforza, Luca, and Feldman, "Application of Molecular Genetic Approaches"; Hung et al., "Ancient Jades"; Craig et al., "Macusani Obsidian."

10 Wrangham, *Catching Fire;* Botha and Knight, *Cradle of Language;* Mourre, Villa, and Henshilwood, "Early Use of Pressure Flaking"; Jacobs et al., "Ages for the Middle Stone Age of Southern Africa"; Henshilwood et al., "Middle Stone Age Shell Beads"; Henshilwood et al., "Emergence of Modern Human Behavior."

11 Gray and Jordan, "Language Trees"; Gray and Atkinson, "Language−Tree Divergence Times"; Pagel et al., "Ultraconserved Words."

12 Atkinson, "Phonemic Diversity."

13 D'Anastasio et al., "Micro−Biomechanics of the Kebara 2 Hyoid"; Martinez et al., "Human Hyoid Bones."

14 Vargha−Khadem et al., "Neural Basis"; Vargha−Khadem et al., "Praxic and Nonverbal Cognitive Deficits"; Enard et al., "Molecular Evolution of FOXP2"; Fisher and Marcus, "Eloquent Ape."

15 Pagel et al., "Ultraconserved Words"; Pagel, "Human Language"; Gray and Jordan, "Language Trees"; Gray and Atkinson, "Language−Tree Divergence Times."

16 Kittler, Kayser, and Stoneking, "Molecular Evolution"; Rogers, Iltis, and Wooding, "Genetic Variation"; Toups et al., "Origin of Clothing Lice"; Tattersall, *Encyclopedia of Human Evolution and Prehistory;* Shea and Sisk, "Complex Projectile Technology"; Goebel, Waters, and O'Rourke, "Late Pleistocene Dispersal"; Hublin, "Earliest Modern Human Colonization of Europe"; Liu et al., "Earliest Unequivocally Modern Humans in Southern China"; Erlandson et al., "Kelp Highway Hypothesis."

17 Liu et al., "Earliest Unequivocally Modern Humans in Southern China"; Storey et al., "Radiocarbon and DNA Evidence"; Thorsby, "Polynesian Gene Pool."

18 Hershkovitz et al., "Levantine Cranium from Manot Cave"; Sankararaman et al., "Date of Interbreeding"; Hortola and Martinez−Navarro, "Quaternary Megafaunal Extinction"; Smith, Jankovic, and Karavanic, "Assimilation Model"; Zimmer, "Human Family Tree Bristles"; Villmoare et al., "Early *Homo*"; Winterhalder, Smith, and American Anthropological Association, *Hunter-Gatherer Foraging Strategies.*

19 Underdown and Houldcroft, "Neanderthal Genomics"; Pinker, *Better Angels.*

20 Mittelbach, *Community Ecology;* Diamond, *Guns, Germs, and Steel.*

21 Cooper et al., "Abrupt Warming Events"; Gibbons, "Revolution"; Hewitt, "Genetic Legacy."

22 Freedman et al., "Genome Sequencing"; Thalmann et al., "Complete Mitochondrial Genomes."

23 Shipman, *Invaders.*

24 Gould, *Ontogeny and Phylogeny.*

25 Martin, *Twilight of the Mammoths;* Firestone et al., "Evidence for an Extraterrestrial Impact"; Sandom et al., "Global Late Quaternary Megafauna Extinctions."

26 Miller et al., "Ecosystem Collapse."

27 Burney and Flannery, "Fifty Millennia"; Steadman, "Prehistoric Extinctions"; Duncan, Boyer, and Blackburn, "Magnitude and Variation of Prehistoric Bird Extinctions"; Blackburn et al., "Avian Extinction."

제3장 자연을 길들이다

1   Berna et al., "Microstratigraphic Evidence"; Mithen, *After the Ice;* Despriee et al., "Lower and Middle Pleistocene Human Settlements."

2   Gause, "Experimental Analysis"; Paine, "Food Web Complexity"; Mittelbach, *Community Ecology.*

3   Lee and Daly, *Cambridge Encyclopedia of Hunters and Gatherers.*

4   Keeley and Zedler, "Evolution of Life Histories in *Pinus* "; Schwilk and Ackerly, "Flammability and Serotiny as Strategies"; Schwilk, "Flammability Is a Niche Construction Trait:"; Bond and Keeley, "Fire as a Global 'Herbivore' "; Van Langevelde et al., "Effects of Fire and Herbivory"; Gashaw and Michelsen, "Influence of Heat Shock."

5   Paine, "Food Web Complexity"; Belsky, "Does Herbivory Benefit Plants?"; Bertness et al., "Consumer−Controlled Community States"; Yibarbuk et al., "Fire Ecology."

6   Ehrlich and Raven, "Butterflies and Plants"; Darwin, *On the Origin of Species.*

7   Purugganan and Fuller, "Nature of Selection"; Fuller et al., "Domestication Process"; De Wet and Harlan, "Weeds and Domesticates."

8   Hamilton, "Geometry for Selfish Herd"; Kurlansky, *Big Oyster;* Lawrence, "Oysters."

9   Diamond, *Guns, Germs, and Steel.*

10 Zeder, "Central Questions."

11 Endler, *Natural Selection;* Reznick et al., "Evaluation"; Losos, Warheitt, and Schoener, "Adaptive Differentiation"; Childe, *Man Makes Himself.*

12 Chessa et al., "Revealing the History of Sheep Domestication"; Pedrosa et al., "Evidence of Three Maternal Lineages"; Larson et al., "Ancient DNA"; Bruford, Bradley, and Luikart, "DNA Markers."

13 Brown et al., "Complex Origins"; Harari, *Sapiens;* Snogerup, Gustafsson, and Von Bothmer, "Brassica Sect. Brassica (*Brassicaceae*)."

14 Diamond and Bellwood, "Farmers and Their Languages."

15 Dudley, *Drunken Monkey.*

16 Vallee, "Alcohol in the Western World."

17 Katz and Voigt, "Bread and Beer"; Revedin et al., "Thirty Thousand−Year−Old Evidence."

18 Breton et al., "Taming the Wild"; Mithen, *After the Ice.*

19 Krebs, "Gourmet Ape."

20 Tishkoff et al., "Convergent Adaptation"; Kolars et al., "Yogurt"; Bloom and Sherman, "Dairying Barriers."

21 Bloom and Sherman, "Dairying Barriers"; Jew, AbuMweis, and Jones, "Evolution of the Human Diet."

22 Bettinger, Barton, and Morgan, "Origins of Food Production"; Flad, Jing, and Shuicheng, "Zooarcheological Evidence."

23 Frankopan, *Silk Roads.*

24 Denham, Haberle, and Lentfer, "New Evidence"; Denham, "Ancient and Historic

Dispersals"; Keeley and Zedler, "Evolution of Life Histories in *Pinus*"; Delcourt and Delcourt, *Prehistoric Native Americans.*

25 Childe, *Man Makes Himself;* Berbesque et al., "Hunter−Gatherers"; Cohen, *Food Crisis in Prehistory;* Diamond, "Worst Mistake."

26 Zeder, "Domestication"; Bellwood, "Early Agriculturalist Population Diasporas?"; Diamond, "Evolution."

제4장 문명의 승리와 저주

1 Kremer, "Population Growth and Technological Change"; Bongaarts and Bulatao, *Beyond Six Billion;* Capra, *Web of Life.*

2 Margulis and Sagan, *Microcosmos.*

3 Pinker, *Better Angels;* Wilson and Wilson, "Rethinking"; Goodnight and Stevens, "Experimental Studies."

4 Bairoch, *Cities and Economic Development.*

5 Pinker, *Better Angels.* 핑커의 연구는 대단히 중요하고 설득력이 있지만, 수렵−채집인들이 우리 종의 역사에서 가장 폭력적인 인간이었다는 가정만큼은 받아들이기 힘들다. 유전적으로 가까운 수렵−채집인들로 구성된 대가족 집단이 다른 집단과 폭력적으로 경쟁한 것은 사실이지만, 핑커의 주장은 구석기시대 매장지 또는 얼음이나 늪에 보존되었던 사체에서 발견된 치명적인 상해의 빈도를 근거로 둔 것이다. 이것은 무작위로 추출된 표본 집단이 아니고, 전쟁 영웅이나 범죄자의 편향된 표본일 수 있다. 이는 대단히 비난할 일은 아니지만 지적할 만한 가치는 있는 부분이다. 나는 인구가 성장하고 한데 모여 살기 시작했던, 문명의 평화화 과정이 충돌을 완화하기 전의 기간에 가장 폭력성이 높았다고 본다. 참고 문헌의 Barzun, *From Dawn to Decadence* 참조.

6 Pinker, *Better Angels.*

7 Dethlefsen, McFall−Ngai, and Relman, "Ecological and Evolutionary Perspective."

8 McGovern et al., "Fermented Beverages"; Diamond, *Guns, Germs, and Steel;* Diamond, "Double Puzzle of Diabetes"; Hodges, *Technology in the Ancient World;* Shipman, *Invaders.*

9 Postgate, *Early Mesopotamia;* Anati, "Prehistoric Trade"; Daniels and Bright, *World's Writing Systems.*

10 Van De Mieroop, *History of the Ancient Near East;* Bar−Yosef, "From Sedentary Foragers to Village Hierarchies"; Johnson, "God's Punishment."

11 Schmidt, "Gobekli Tepe—he Stone Age Sanctuaries."

12 Miller, *Drugged;* Curry, "Gobekli Tepe."

13 Pollock, *Ancient Mesopotamia.*

14 Kohn, *Dictionary of Wars;* Larsen, "Biological Changes."

15 Larsen, "Biological Changes"; Attenborough, *First Eden;* Carson, *Silent Spring.*

16 Lukacs, "Fertility and Agriculture"; Diamond, "Double Puzzle of Diabetes"; Lazar, "How Obesity Causes Diabetes"; Berbesque et al., "Hunter−Gatherers."

17 Attenborough, *First Eden;* Dregne, "Desertification"; Egan, *Worst Hard Time.*

제5장 자원의 이용

1 Tilman, *Resource Competition.*
2 Vermeij, *Evolution and Escalation.*
3 Childe, *Bronze Age.*
4 Akanuma, "Significance"; Williams, "Metallurgical Study."
5 Vermeij, *Biogeography and Adaptation.*
6 Miller, *Drugged;* Hunt, *Governance of the Consuming Passions;* Elliott, "Purple Pasts"; Ball, *Bright Earth.*
7 Mikesell, "Deforestation of Mount Lebanon"; Hajar et al., "*Cedrus libani* (A. Rich) Distribution"; Basch, "Phoenician Oared Ships."
8 Bradley and Cartledge, *Cambridge World History of Slavery;* Gordon, "Nationality of Slaves"; Beckwith, *Empires of the Silk Road.*
9 Richard, "International Trafficking."
10 Anthony, *Horse, the Wheel, and Language;* Ludwig et al., "Coat Color Variation"; Outram et al., "Earliest Horse Harnessing and Milking"; Ji et al., "Monophyletic Origin of Domestic Bactrian Camel"; Hoffecker, Powers, and Goebel, "Colonization of Beringia"; Marshall, "Land Mammals."
11 Yagil, *Desert Camel;* Gauthier−Pilters and Dagg, *Camel.*
12 Anthony, *Horse, the Wheel, and Language;* Ludwig et al., "Coat Color Variation"; Outram et al., "Earliest Horse Harnessing and Milking"; Warmuth et al., "Reconstructing the Origin and Spread of Horse Domestication."
13 Frankopan, *Silk Roads.*
14 Edwards, *Politics of Immorality.*
15 Benedictow, *Black Death;* Achtman et al., "Microevolution"; Morelli et al., "*Yersinia pestis* Genome Sequencing."
16 Garnsey and Saller, *Roman Empire.*
17 Friedman, *World Is Flat.*
18 Weatherford, *Genghis Khan.*
19 Ceylan and Fung, "Antimicrobial Activity of Spices"; Arora and Kaur, "Antimicrobial Activity of Spices."
20 Diamond, *Guns, Germs, and Steel.*
21 Carlton, "Blue Immigrants."
22 Elton, *Ecology of Invasions.*

제6장 기근과 질병

1 Milner, *Hardness of Heart/Hardness of Life;* Bloch, "Abandonment, Infanticide, and Filicide"; Shahar, *Childhood.*
2 Zipes, *Enchanted Screen.*

3 Hrdy, "Infanticide as a Reproductive Strategy."

4 Stephenson, "Flower and Fruit Abortion"; Spight, "Patterns of Change."

5 Jacobsen and Adams, "Salt and Silt"; Berbesque et al., "Hunter−Gatherers."

6 Livy, *History of Rome;* Garnsey, *Famine and Food Supply;* Mallory, *China;* Hong, "Politeness in Chinese."

7 Goodwin, Cohen, and Fry, "Panglobal Distribution"; Wolfe, Dunavan, and Diamond, "Origins."

8 Neel, "Diabetes Mellitus."

9 World Health Organization, *World Health Database, 2015;* Fagan, *Floods, Famines, and Emperors.*

10 Black, Morris, and Bryce, "Where and Why"; Bryce et al., "WHO Estimates."

11 Lee, Kyung, and Mazmanian, "Has the Microbiota Played a Critical Role?"; Moal and Servin, "Front Line."

12 Booth et al., "Molecular Markers."

13 Fournier et al., "Human Pathogens."

14 Kittler, Kayser, and Stoneking, "Molecular Evolution."

15 Booth et al., "Host Association"; Koganemaru and Miller, "Bed Bug Problem."

16 Hosokawa et al., *"Wolbachia."*

17 Sachs and Malaney, "Economic and Social Burden"; World Health Organization, *World Health Database, 2015.*

18 Cornejo and Escalante, "Origin and Age of *Plasmodium vivax.*"

19 Rich et al., "Origin of Malignant Malaria"; Ferreira et al., "Sickle Hemoglobin"; Pagnier et al., "Evidence."

20 Waters, Higgins, and McCutchan, "Plasmodium−Falciparum"; Webb, *Humanity's Burden;* Sallares, Bouwman, and Anderung, "Spread of Malaria"; McCullough, *Path between the Seas.*

21 McCullough, *Path between the Seas;* Medlock et al., "Review."

22 Barry, *Great Influenza.*

23 Benedictow, *Black Death.*

24 Inglesby et al., "Plague as a Biological Weapon."

25 Benedictow, *Black Death.*

26 Bilodeau, "Paradox of Sagadahoc"; Diamond, *Guns, Germs, and Steel;* Thornton, *American Indian Holocaust and Survival.*

27 Knell, "Syphilis."

28 Gilman, *Making the Body Beautiful.*

29 Majno, *Healing Hand;* Wainwright, "Moulds in Folk Medicine."

30 Kardos and Demain, "Penicillin."

31 Neu, "Crisis"; Heuer, Schmitt, and Smalla, "Antibiotic Resistance."

32 Bergh et al., "High Abundance of Viruses."

33 Behbehani, "Smallpox Story."

34 Banchereau and Palucka, "Dendritic Cells"; Ozawa et al., "During the 'Decade Of Vaccines.' "

35 Clay and Kover, "Red Queen Hypothesis"; Hamilton, Axelrod, and Tanese, "Sexual Reproduction"; Motulsky, "Metabolic Polymorphisms"; Chaisson et al., "Resolving the Complexity of the Human Genome"; Pennisi, "Encode Project"; Varki and Altheide, "Comparing the Human and Chimpanzee Genomes."

36 Bauch and McElreath, "Disease Dynamics"; Baker and Armelagos, "Origin and Antiquity of Syphilis."

제7장 지배 대 협력

1 Arnold, "Archaeology of Complex Hunter−Gatherers."

2 Wilson, *Sociobiology;* Bruno, Stackowitz, and Bertness, "Including Positive Interactions."

3 Sidanius and Pratto, *Social Dominance.*

4 Ibid.; Wilson, *Sociobiology.*

5 Pringle et al., "Spatial Pattern"; Barnes and Powell, "Development, General Morphology"; Bertness, Gaines, and Yeh, "Making Mountains out of Barnacles."

6 Wilson, *Sociobiology;* Lewontin, Rose, and Kamin, *Not in Our Genes;* Pinker, *Blank Slate.*

7 Sidanius and Pratto, *Social Dominance;* Bairoch, *Cities and Economic Development.*

8 Houston and Stuart, "Of Gods, Glyphs and Kings"; Wilson, *Insect Societies;* Gordon, "Organization of Work"; Friedman, *World Is Flat.*

9 Pinker, *Better Angels.*

10 Finley, *Ancient Economy.*

11 Taylor, *Castration;* Anderson, *Hidden Power;* Tracy, *Castration and Culture;* Tougher, *Eunuch.*

12 Baudoin, "Host Castration"; O'Donnell, "How Parasites Can Promote"; Yu and Pierce, "Castration Parasite"; Lafferty and Kuris, "Parasitic Castration."

13 Robertson, "Social Control."

14 Pinker, *Better Angels.*

15 Rockley, *Primogeniture;* Contamine, *War.*

16 Barnes and Powell, "Development, General Morphology."

17 Sidanius and Pratto, *Social Dominance;* Huntington, *Clash of Civilizations.*

18 Fagan, *Fish on Friday.*

19 Diamond, *Guns, Germs, and Steel;* Coe, *Breaking the Maya Code.*

20 Danziger and Gillingham, *1215.*

21 Reilly, *Closing of the Muslim Mind.*

22 Brown, *Rare Treasure.*

23 Castells, *Rise of the Network Society;* Bottero, *Mesopotamia;* Scholz, *Eunuchs and Castrati;* Tanye, "Access and Barriers to Education"; Bauml, "Varieties and Consequences"; Goodell, *American Slave Code.*

제8장 영적인 우주

1 Dennett, *From Bacteria to Bach.*
2 Huxley, *Brave New World.*
3 Huxley, *Doors of Perception.*
4 Graves, *World's Sixteen Crucified Saviors.* 이러한 동정녀 잉태의 서사는 소녀나 아가씨를 흔히 나타내는 단어가 비슷한 바람에 번역이 잘못되었거나 과장되면서 나타났을 가능성이 있다.
5 Ibid.; Acharya S, *Suns of God.*
6 Frankopan, *Silk Roads;* Reneke, "Was the Christmas Star Real?"; Bullinger, *Companion Bible;* McGrath, *Introduction to Christianity;* Huskinson, "Some Pagan Mythological Figures"; Emmel, Hahn, and Gotter, *Destruction and Renewal.*
7 Huntington, *Clash of Civilizations.*
8 Curry, "Gobekli Tepe"; Schmidt, "Gobekli Tepe"; Merlin, "Archaeological Evidence"; Guerra–Doce, "Origins of Inebriation."
9 Huffman, "Current Evidence."
10 Miller, *Drugged;* Fuller, *Stairways to Heaven;* Wright et al., "Caffeine."
11 Eliade, *Shamanism;* McKenna, *Food of the Gods.*
12 Guerra–Doce, "Origins of Inebriation."
13 Leroi–Gourhan, "Flowers"; Bakels, "Der Mohn"; Guerra–Doce, "Origins of Inebriation."
14 Znamenski, *Shamanism in Siberia;* Siefker, *Santa Claus;* Renterghem, *When Santa was a Shaman;* McKenna, "When Santa Was a Mushroom."
15 Allegro, *Sacred Mushroom.*
16 Wasson et al., *Persephone's Quest.*
17 El–Seedi et al., "Prehistoric Peyote Use."
18 Pahnke, "Drugs and Mysticism."

제9장 음식의 보존과 건강의 증진

1 Caporael, "Ergotism"; Alm, "Witch Trials"; Hofmann, "Historical View"; Haarmann et al., "Ergot."
2 더욱 일반적으로 말하면, 마녀가 빗자루를 타고 날아다니고 주문을 외우고 물약을 팔러 다니고 딴 세상에 사는 존재라고 믿는 마녀 문화는 사실, 식물 천연물질에 관한 지식을 활용하고 실험하는 일이 저세상의 힘을 준다고 믿었던 사람들 때문에 시작된 것이다. 참고 문헌의 Dongen and de Groot, "History of Ergot Alkaloids"; Miller, *Drugged* 참조.
3 Dog, "Reason to Season."
4 Bowers et al., "Discovery."
5 Brower and Glazier, "Localization of Heart Poisons."
6 Huffman, "Current Evidence"; Singh, "From Exotic Spice to Modern Drug?"; Young et al., "Why on Earth?"

7 Dog, "Reason to Season"; Brul and Coote, "Preservative Agents"; Huffman et al., "Seasonal Trends"; Leonard and Robertson, "Evolutionary Perspectives"; Hockett and Haws, "Nutritional Ecology."

8 Sherman and Billing, "Darwinian Gastronomy"; Ratkowsky et al., "Relationship"; Kirchman, Moran, and Ducklow, "Microbial Growth."

9 Sherman and Billing, "Darwinian Gastronomy."

10 Strobel and Daisy, "Bioprospecting"; Dethlefsen, McFall—Ngai, and Relman, "Ecological and Evolutionary Perspective"; Collins and Gibson, "Probiotics, Prebiotics, and Synbiotics"; Qin et al., "Human Gut Microbial Gene Catalogue."

11 Ewald, "Evolutionary Perspective"; Lantz and Booth, "Social Construction"; Safe, "Environmental and Dietary Estrogens"; Peto et al., "Cervical Cancer."

12 Ewald, *Evolution of Infectious Disease.*

13 Food and Agriculture Organization of the United Nations, "Guide"; Bellwood et al., "Confronting the Coral Reef Crisis"; Bruno and Selig, "Regional Decline."

14 Tracy and McNaughton, "Elemental Analysis"; Jones and Hanson, *Mineral Licks.*

15 예를 들면 인간의 영장류 친척들은 특별히 소금을 핥기에 적합한 위턱이 있다. 참고 문헌 의 Krishnamani and Mahany, "Geophagy among Primates" 참조.

16 Kurlansky, *Salt.*

17 Curtin, *Cross—Cultural Trade.*

18 Megaw, Morgan, and Stollner, "Ancient Salt—Mining"; Stollner et al., "Economy of Durrnberg—Bei—Hallein."

19 Kurlansky, *Salt;* Easwaran, *Gandhi the Man.*

20 Kurlansky, *Salt;* James and Thorpe, *Ancient Inventions.*

21 Wood, "America's Natural Ice Industry."

22 MacKenzie, "History of Oystering."

23 Troost, "Causes and Effects"; Carlton and Geller, "Ecological Roulette."

제10장 불타는 문명

1 Miller, "Paleoethnobotanical Evidence"; Horne, "Fuel for the Metal Worker"; Ottaway, "Innovation, Production, and Specialization."

2 Wilson and Agnew, "Positive—Feedback Switches."

3 Hughes and Thirgood, "Deforestation, Erosion"; Kaplan, Krumhardt, and Zimmermann, "Prehistoric and Preindustrial Deforestation"; Hughes, "Ancient Deforestation Revisited."

4 Hallett and Wright, *Life without Oil;* Williams, "Metallurgical Study"; Williams, "Dark Ages."

5 Burt, *Edward I;* Diamond, *Collapse;* Patinkin, "Rape."

6 Redfield, "Development"; Shotyk et al., "History"; Redfield, "Ontogeny."

7 De Vries and van der Woude, *First Modern Economy.*

8 Ibid.; Kaijser, "System Building."

9 Rodhe and Svensson, "Impact."

10 Bradshaw, Evans, and Hindell, "Mass Cetacean Strandings"; Brabyn and McLean, "Oceanography and Coastal Topography"; Ellis, *Men and Whales.*

11 Kirk and Daugherty, *Hunters of the Whale.*

12 Barkham, "Basque Whaling Establishments"; Allen, "Whalebone Whales"; Fujiwara and Caswell, "Demography."

13 Ellis, *Men and Whales;* Dolin, *Leviathan;* Watwood et al., "Deep−Diving"; Whitehead, "Estimates."

14 Heckman et al., "Molecular Evidence."

15 Bonfante and Genre, "Mechanisms."

16 Nef, *Rise of the British Coal Industry.*

17 Freese, *Coal.*

18 Brimblecombe, *Big Smoke.*

19 Freese, *Coal.*

20 Antonovics, "Metal Tolerance in Plants"; Kettlewell, "Phenomenon of Industrial Melanism."

21 Conti and Cecchetti, "Biological Monitoring."

22 Yergin, *Prize.*

23 Kurlansky, *Salt.*

24 *Economist* editors, "World in a Barrel."

25 Vandenbosch, *Nuclear Waste Stalemate.*

26 Sala et al., "Global Biodiversity Scenarios"; Yergin, *Prize.*

27 Crain, Kroeker, and Halpern, "Interactive and Cumulative Effects."

제11장 부자연스러운 자연

1 Hardin, "Tragedy of the Commons."

2 Menze and Ur, "Mapping Patterns."

3 He et al., "Economic Development."

4 Lotze and McClenachan, "Marine Historical Ecology"; Myers and Worm, "Rapid Worldwide Depletion"; Coverdale et al., "Indirect Human Impacts."

5 Tainter, *Collapse of Complex Societies;* Fraser and Rimas, *Empires of Food.*

6 Dalfes, Kukla, and Weiss, *Third Millennium BC Climate Change.*

7 Haug et al., "Climate."

8 Diamond, *Collapse;* Hunt and Lipo, *Statues That Walked;* Stevenson et al., "Variation."

9 Tilman et al., "Forecasting."

10 Daily, *Nature's Services;* de Groot, Wilson, and Boumans, "Typology."

11 Gersberg et al., "Role of Aquatic Plants."

12 Egan, *Worst Hard Time;* Steinbeck, *Grapes of Wrath.*

13 Beisner, Haydon, and Cuddington, "Alternative Stable States"; Scheffer et al., "Anticipating Critical Transitions."

14 Griffin and Kellogg, "Dust Storms"; Rypien, Andras, and Harvell, "Globally Panmictic Population Structure."

15 Hansen, Stehman, and Potapov, "Quantification"; Fearnside, "Deforestation."

16 Hughes, "Catastrophes"; Gardner et al., "Long−Term Region−Wide Declines."

17 Valiela, Bowen, and York, "Mangrove Forests"; Gedan and Silliman, "Patterns"; Ellison and Farnsworth, "Mangrove Communities."

18 Costa, Santos, and Cabral, "Comparative Analysis"; Orth et al., "Global Crisis"; Waycott et al., "Accelerating Loss."

19 Carson, *Silent Spring;* Estes et al., "Trophic Downgrading"; Steneck et al., "Kelp Forest Ecosystems."

20 Vitousek, "Beyond Global Warming."

21 Meinshausen et al., "Greenhouse−Gas Emission Targets"; Feely et al., "Evidence"; Sagan, *Dragons of Eden.*

22 Daily, *Nature's Services;* Zhang et al., "Global Climate Change."

23 Feely et al., "Impact of Anthropogenic CO2"; Hoegh−Guldberg et al., "Coral Reefs."

24 Mouginot et al., "Fast Retreat"; Kirwan and Megonigal, "Tidal Wetland Stability"; Solomon, Qin, and Manning, *Climate Change, 2007;* Voosen, "Delaware−Sized Iceberg."

25 He et al., "Economic Development"; Diaz and Rosenberg, "Spreading Dead Zones"; Carr and Carr, *Naturalist in Florida;* Altieri, "Dead Zones."

26 He et al., "Economic Development."

27 Crain, Kroeker, and Halpern, "Interactive and Cumulative Effects."

28 Vitousek et al., "Human Domination"; Valiela and Teal, "Nutrient Limitation"; Harvell et al., "Review."

29 Holdren and Ehrlich, "Human Population."

30 Daily et al., "Value of Nature."

31 Daily, *Nature's Services;* Winfree, "Pollinator−Dependent Crops"; Steffan−Dewenter, Potts, and Packer, "Pollinator Diversity"; Baum et al., "Collapse and Conservation."

32 Huntington, *Clash of Civilizations.*

33 Elton, *Animal Ecology;* Harper, *Population Biology of Plants.*

34 Harari, *Sapiens.*

맺음말

1 Leconte et al., "Increased Insolation Threshold"; Petigura, Howard, and Marcy, "Prevalence of Earth−Size Planets."

참고 문헌

Acharya S (Dorothy Milne Murdock). *Suns of God : Krishna, Buddha, and Christ Unveiled.* Kempton, IL : Adventures Unlimited, 2004.

Achtman, Mark, Giovanna Morelli, Peixuan Zhu, Thierry Wirth, Ines Diehl, Barica Kusecek, Amy J. Vogler, et al. "Microevolution and History of the Plague Bacillus, *Yersinia pestis.*" *PNAS* 101, no. 51 (2004) : 17837–17842.

Akanuma, Hideo. "The Significance of the Composition of Excavated Iron Fragments Taken from Stratum III at the Site of Kaman–Kalehoyuk, Turkey." *Anatolian Archaeological Studies* 14 (2005) : 147–158.

Ali, Ahmed Farag, and Saurya Das. "Cosmology from Quantum Potential." *Physics Letters B* 741 (2015) : 276–279.

Allegro, John M. *The Sacred Mushroom and the Cross : A Study of the Nature and Origins of Christianity within the Fertility Cults of the Ancient Near East.* New York : Doubleday, 1970.

Allen, Glover Morrill. "The Whalebone Whales of New England." *Memoirs of the Boston Society of Natural History* 8, no. 2 (1916).

Alm, Torbjørn. "The Witch Trials of Finnmark, Northern Norway, during the 17th Century : Evidence for Ergotism as a Contributing Factor." *Economic Botany* 57, no. 3 (2003) : 403–416.

Altieri, Andrew H. "Dead Zones Enhance Key Fisheries Species by Providing Predation Refuge." *Ecology* 89, no. 10 (2008) : 2808–2818.

Ambrose, Stanley H. "Paleolithic Technology and Human Evolution." *Science* 291, no. 5509 (2001) : 1748–1753.

Amelin, Yuri, Alexander N. Krot, Ian D. Hutcheon, and Alexander A. Ulyanov. "Lead Isotopic Ages of Chondrules and Calcium–Aluminum–Rich Inclusions." *Science* 297, no. 5587 (2002) : 1678–1683.

Anati, Emmanuel. "Prehistoric Trade and the Puzzle of Jericho." *Bulletin of the American Schools of Oriental Research* 167 (1962) : 25–31.

Anderson, Mary M. *Hidden Power : The Palace Eunuchs of Imperial China.* Amherst, MA : Prometheus Books, 1990.

Anthony, David W. *The Horse, the Wheel, and Language : How Bronze-Age Riders from the*

Eurasian Steppes Shaped the Modern World. Princeton, NJ : Princeton University Press, 2007.

Antonovics, Janis. "Metal Tolerance in Plants : Perfecting an Evolutionary Paradigm." Paper presented at the International Conference on Heavy Metals in the Environment, Toronto, October 27–31, 1975.

Arnold, Jeanne E. "The Archaeology of Complex Hunter–Gatherers." *Journal of Archaeological Method and Theory* 3, no. 1 (1996) : 77–126.

Arora, Daljit S., and Jasleen Kaur. "Antimicrobial Activity of Spices." *International Journal of Antimicrobial Agents* 12, no. 3 (1999) : 257–262.

Atkinson, Quentin D. "Phonemic Diversity Supports a Serial Founder Effect Model of Language Expansion from Africa." *Science* 332, no. 6027 (2011) : 346–349.

Attenborough, David. *The First Eden : The Mediterranean World and Man*. First American edition. New York : Little, Brown, 1987.

Bairoch, Paul. *Cities and Economic Development : From the Dawn of History to the Present*. Chicago : University of Chicago Press, 1991.

Bakels, Corrie C. "Der Mohn, Die Linearbandkeramik Und Das Westliche Mittelmeergebiet." *Archaologisches Korrespondenzblatt* 12, no. 1 (1982) : 11–13.

Baker, Brenda J., and George J. Armelagos. "The Origin and Antiquity of Syphilis : Paleopathological Diagnosis and Interpretation." *Current Anthropology* 29, no. 5 (1988) : 703–737.

Ball, Philip. *Bright Earth : Art and the Invention of Color*. Chicago : University of Chicago Press, 2003.

Banchereau, Jacques, and A. Karolina Palucka. "Dendritic Cells as Therapeutic Vaccines against Cancer." *Nature Reviews Immunology* 5, no. 4 (2005) : 296–306.

Barkham, Selma Huxley. "The Basque Whaling Establishments in Labrador, 1536–1632 : A Summary." *Arctic* 37, no. 4 (1984) : 515–519.

Barnes, Harold, and Harold T. Powell. "The Development, General Morphology and Subsequent Elimination of Barnacle Populations, *Balanus–crenatus and B-balanoides,* after a Heavy Initial Settlement." *Journal of Animal Ecology* 19, no. 2 (1950) : 175–179.

Barnosky, Anthony D., Nicholas Matzke, Susumu Tomiya, Guinevere O. U. Wogan, Brian Swartz, Tiago B. Quental, Charles Marshall, et al. "Has the Earth's Sixth Mass Extinction Already Arrived?" *Nature* 471 (2011) : 51–57.

Barry, John M. *The Great Influenza : The Story of the Deadliest Pandemic in History*. New York : Penguin, 2004.

Bar–Yosef, Ofer. "From Sedentary Foragers to Village Hierarchies : The Emergence of Social Institutions." *Proceedings of the British Academy* 110 (2001) : 1–38.

Barzun, Jacques. *From Dawn to Decadence : 1500 to the Present, 500 Years of Western Cultural Life*. New York : Harper Collins, 2001.

Basch, Lucien. "Phoenician Oared Ships." *Mariner's Mirror* 55, no. 2 (1969) : 139–162.

Bauch, Chris T., and Richard McElreath. "Disease Dynamics and Costly Punishment Can

Foster Socially Imposed Monogamy." *Nature Communications* 7 (2016).

Baudoin, Mario. "Host Castration as a Parasitic Strategy." *Evolution* 29, no. 2 (1975) : 335–352.

Baum, Julia K., Ransom A. Myers, Daniel G. Kehler, Boris Worm, Shelton J. Harley, and Penny A. Doherty. "Collapse and Conservation of Shark Populations in the Northwest Atlantic." *Science* 299, no. 5605 (2003) : 389–392.

Bäuml, Franz H. "Varieties and Consequences of Medieval Literacy and Illiteracy." *Speculum* 55, no. 2 (1980) : 237–265.

Beckwith, Christopher I. *Empires of the Silk Road : A History of Central Eurasia from the Bronze Age to the Present.* Princeton, NJ : Princeton University Press, 2009.

Behbehani, Abbas M. "The Smallpox Story—ife and Death of an Old Disease." *Microbiology Reviews* 47, no. 4 (1983) : 455–509.

Beisner, Beatrix, Daniel Haydon, and Kim Cuddington. "Alternative Stable States in Ecology." *Frontiers in Ecology and the Environment* 1, no. 7 (2003).

Bellwood, David R., Terence Patrick Hughes, Carl Folke, and Magnus Nystrom. "Confronting the Coral Reef Crisis." *Nature* 429 (2004) : 827–833.

Bellwood, Peter. "Early Agriculturalist Population Diasporas? Farming, Languages, and Genes." *Annual Review of Anthropology* 30 (2001) : 181–207.

Belsky, A. Joy. "Does Herbivory Benefit Plants? A Review of the Evidence." *American Naturalist* 127, no. 6 (1986) : 870–892.

Benedictow, Ole Jørgen. *The Black Death, 1346–1353 : The Complete History.* Woodbridge, UK : Boydell, 2004.

Berbesque, J. Colette, Frank W. Marlowe, Peter Shaw, and Peter Thompson. "Hunter–Gatherers Have Less Famine than Agriculturalists." *Biology Letters* 10, no. 1 (2014).

Bergh, Øivind, Knut Yngve Børsheim, Gunnar Bratbak, and Mikal Heldal. "High Abundance of Viruses Found in Aquatic Environments." *Nature* 340, no. 6233 (1989) : 467–468.

Berna, Francesco, Paul Goldberg, Liora Kolska Horwitz, James Brink, Sharon Holt, Marion Bamford, and Michael Chazan. "Microstratigraphic Evidence of in Situ Fire in the Acheulean Strata of Wonderwerk Cave, Northern Cape Province, South Africa." *PNAS* 109, no. 20 (2012) : E1215–E1220.

Bertness, Mark D., Steven D. Gaines, and Mark E. Hay, eds. *Marine Community Ecology.* Sunderland, MA : Sinauer Associates, 2001.

Bertness, Mark D., Steven D. Gaines, and Su Ming Yeh. "Making Mountains out of Barnacles : The Dynamics of Acorn Barnacle Hummocking." *Ecology* 79, no. 4 (1998) : 1382–1394.

Bertness, Mark D., Geoffrey C. Trussell, Patrick J. Ewanchuk, Brian R. Silliman, and Caitlin Mullan Crain. "Consumer–Controlled Community States on Gulf of Maine Rocky Shores." *Ecology* 85, no. 5 (2004) : 1321–1331.

Bettinger, Robert L., Loukas Barton, and Christopher Morgan. "The Origins of Food Production in North China : A Different Kind of Agricultural Revolution." *Evolutionary Anthropology* 19, no. 1 (2010) : 9–21.

Billing, Jennifer, and Paul W. Sherman. "Antimicrobial Functions of Spices : Why Some Like It Hot." *Quarterly Review of Biology* 73, no. 3 (1998) : 3–49.

Bilodeau, Christopher J. "The Paradox of Sagadahoc : The Popham Colony, 1607–1608." *Early American Studies : An Interdisciplinary Journal* 12, no. 1 (2014) : 1–35.

Black, Robert E., Saul S. Morris, and Jennifer Bryce. "Where and Why Are 10 Million Children Dying Every Year?" *Lancet* 361, no. 9376 (2003) : 2226–2234.

Blackburn, Tim M., Phillip Cassey, Richard P. Duncan, Karl L. Evans, and Kevin J. Gaston. "Avian Extinction and Mammalian Introductions on Oceanic Islands." *Science* 305, no. 5692 (2004) : 1955–1958.

Bloch, Harry. "Abandonment, Infanticide, and Filicide : An Overview of Inhumanity to Children." *American Journal of Diseases of Children* 142, no. 10 (1988) : 1058–1060.

Bloom, Gabrielle, and Paul W. Sherman. "Dairying Barriers Affect the Distribution of Lactose Malabsorption." *Evolution and Human Behavior* 26 (2005) : 301–312.

Bollinger, R. Randal, Andrew S. Barbas, Errol L. Bush, Shu S. Lin, and William Parker. "Biofilms in the Large Bowel Suggest an Apparent Function of the Human Vermiform Appendix." *Journal of Theoretical Biology* 249, no. 4 (2007) : 826–831.

Bond, Howard E., Edmund P. Nelan, Don A. VandenBerg, Gail H. Schaefer, and Dianne Harmer. "Hd 140283 : A Star in the Solar Neighborhood That Formed Shortly after the Big Bang." *Astrophysical Journal Letters* 765, no. 12 (2013) : 1–5.

Bond, William J., and Jon E. Keeley. "Fire as a Global 'Herbivore' : The Ecology and Evolution of Flammable Ecosystems." *Trends in Ecology & Evolution* 20, no. 7 (2005) : 387–394.

Bonfante, Paola, and Andrea Genre. "Mechanisms Underlying Beneficial Plant–Fungus Interactions in Mycorrhizal Symbiosis." *Nature Communications* 1 (2010) : 48.

Bongaarts, John, and Rodolfo A. Bulatao, eds. *Beyond Six Billion : Forecasting the World's Population.* Washington, DC : National Academies Press, 2000.

Booth, Warren, Ondr̆ej Balvin, Edward L. Vargo, Jitka Vilimova, and Coby Schal. "Host Association Drives Genetic Divergence in the Bed Bug, *Cimex lectularius.*" *Molecular Ecology* 24, no. 5 (2015) : 980–992.

Booth, Warren, Virna L. Saenz, Richard G. Santangelo, Changlu Wang, Coby Schal, and Edward L. Vargo. "Molecular Markers Reveal Infestation Dynamics of the Bed Bug (*Hemiptera : Cimicidae*) within Apartment Buildings." *Journal of Medical Entomology* 49, no. 3 (2012) : 535–546.

Botha, Rudolf, and Chris Knight, eds. *The Cradle of Language : Studies in the Evolution of Language.* Oxford, UK : Oxford University Press, 2009.

Bottero, Jean. *Mesopotamia : Writing, Reasoning, and the Gods.* Chicago : University of Chicago Press, 1992.

Bowers, William S., Tomihisa Ohta, Jeanne S. Cleere, and Patricia A. Marsella. "Discovery of Insect Anti–Juvenile Hormones in Plants." *Science* 193, no. 4253 (1976) : 542–547.

Brabyn, Mark W., and Ian G. McLean. "Oceanography and Coastal Topography of Herd–Stranding Sites for Whales in New Zealand." *Journal of Mammalogy* 73, no. 3 (1992) : 469–

476.

Bradley, Keith, and Paul Cartledge, eds. *The Cambridge World History of Slavery : The Ancient Mediterranean World,* vol. 1. Cambridge, UK : Cambridge University Press, 2011.

Bradshaw, Corey J. A., Karen Evans, and Mark A. Hindell. "Mass Cetacean Strandings—A Plea for Empiricism." *Conservation Biology* 20, no. 2 (2006) : 584–586.

Bramble, Dennis M., and Daniel E. Lieberman. "Endurance Running and the Evolution of *Homo.*" *Nature* 432 (2004) : 345–352.

Breton, Catherine, Jennifer Ross Guerin, Catherine Ducatillion, Frederic Medail, Christian A. Kull, and Andre Berville. "Taming the Wild and 'Wilding' the Tame : Tree Breeding and Dispersal in Australia and the Mediterranean." *Plant Science* 175, no. 3 (2008) : 197–205.

Brimblecombe, Peter. *The Big Smoke : A History of Air Pollution in London since Medieval Times.* New York : Routledge, 2011.

Brower, Lincoln P., and Susan C. Glazier. "Localization of Heart Poisons in the Monarch Butterfly." *Science* 188, no. 4183 (1975) : 19–25.

Brown, Don. *Rare Treasure : Mary Anning and Her Remarkable Discoveries.* New York : Houghton Mifflin Harcourt, 2003.

Brown, Terence A., Martin K. Jones, Wayne Powell, and Robin G. Allaby. "The Complex Origins of Domesticated Crops in the Fertile Crescent." *Trends in Ecology & Evolution* 24, no. 2 (2009) : 103–109.

Bruford, Michael W., Daniel G. Bradley, and Gordon Luikart. "DNA Markers Reveal the Complexity of Livestock Domestication." *Nature Reviews Genetics* 4 (2003) : 900–910.

Brul, Stanley, and Peter Coote. "Preservative Agents in Foods—ode of Action and Microbial Resistance Mechanisms." *International Journal of Food Microbiology* 50, nos. 1–2 (1999) : 1–17.

Bruno, John F., and Elizabeth R. Selig. "Regional Decline of Coral Cover in the Indo–Pacific : Timing, Extent, and Subregional Comparisons." *PLoS One* 2, no. 8 (2007) : e711. doi:artn e711 10.1371/journal.pone.0000711.

Bruno, John F., John J. Stackowitz, and Mark D. Bertness. "Including Positive Interactions in Ecological Theory." *Trends in Ecology and Evolution* 18 (2003) : 119–125.

Bryce, Jennifer, Cynthia Boschi–Pinto, Kenji Shibuya, Robert E. Black, and WHO Child Health Epidemiology Reference Group. "WHO Estimates of the Causes of Death in Children." *Lancet* 365, no. 9465 (2005) : 1147–1152.

Bullinger, Ethelbert W. *The Companion Bible.* Grand Rapids, MI : Kregel, 1999.

Burney, David A., and Timothy F. Flannery. "Fifty Millennia of Catastrophic Extinctions after Human Contact." *Trends in Ecology & Evolution* 20, no. 7 (2005) : 395–401.

Burt, Caroline. *Edward I and the Governance of England, 1272–1307.* Cambridge, UK : Cambridge University Press, 2013.

Buss, Leo W. *The Evolution of Individuality.* Princeton, NJ : Princeton University Press, 1988.

Cantor, Norman F. *In the Wake of the Plague : The Black Death and the World It Made.* New York : Free Press, 2001.

Caporael, Linnda R. "Ergotism : The Satan Loosed in Salem?" *Science* 192, no. 4234 (1976) : 21–26.

Capra, Fritjof. *The Web of Life*. London : Harper Collins, 1997.

Carlton, James T. "Blue Immigrants : The Marine Biology of Maritime History." *The Log* (Mystic Seaport Museum) 44 (1992) : 31–36.

Carlton, James T., and Jonathan B. Geller. "Ecological Roulette : The Global Transport of Nonindigenous Marine Organisms." *Science* 261, no. 5117 (1993) : 78–82.

Carr, Archie, and Marjorie Harris Carr. *A Naturalist in Florida : A Celebration of Eden*. New Haven : Yale University Press, 1996.

Carson, Rachel. *Silent Spring*. New York : Houghton Mifflin, 1962.

Castells, Manuel. *The Rise of the Network Society*. Cambridge, MA : Blackwell, 1996.

Cavalli−Sforza, L. Luca, and Marcus W. Feldman. "The Application of Molecular Genetic Approaches to the Study of Human Evolution." *Nature Genetics* 33 (2003) : 266–275.

Ceylan, Erdogan, and Daniel Y. C. Fung. "Antimicrobial Activity of Spices." *Journal of Rapid Methods and Automation in Microbiology* 12, no. 1 (2004) : 1–55.

Chaisson, Mark J. P., John Huddleston, Megan Y. Dennis, Peter H. Sudmant, Maika Malig, Fereydoun Hormozdiari, Francesca Antonacci, et al. "Resolving the Complexity of the Human Genome Using Single−Molecule Sequencing." *Nature* 517 (2015) : 608–611.

Chan, Jean L., and Christos S. Mantzoros. "Role of Leptin in Energy−Deprivation States : Normal Human Physiology and Clinical Implications for Hypothalamic Amenorrhoea and Anorexia Nervosa." *Lancet* 366, no. 9479 (2005) : 74–85.

Chessa, Bernardo, Filipe Pereira, Frederick Arnaud, Antonio Amorim, Felix Goyache, Ingrid Mainland, Rowland R. Kao, et al. "Revealing the History of Sheep Domestication Using Retrovirus Integrations." *Science* 324, no. 5926 (2009) : 532–536.

Childe, V. Gordon. *The Bronze Age*. Cambridge, UK : Cambridge University Press, 1930.

———. *Man Makes Himself*. London : Watts, 1936.

Christakis, Nicholas A. *Blueprint : The Evolutionary Origins of a Good Society*. New York : Little, Brown Spark, 2019.

Clay, Keith, and Paula X. Kover. "The Red Queen Hypothesis and Plant/Pathogen Interactions." *Annual Review of Phytopathology* 34 (1996) : 29–50.

Cochi, Stephen L., and Walter R. Dowdle, eds. *Disease Eradication in the 21st Century : Implications for Global Health*. Cambridge, MA : MIT Press, 2011.

Cody, George D., Nabil Z. Boctor, Timothy R. Filley, Robert M. Hazen, James H. Scott, Anurag Sharma, and Hatten S. Yoder, Jr. "Primordial Carbonylated Iron−Sulfur Compounds and the Synthesis of Pyruvate." *Science* 289, no. 5483 (2000) : 1337–1340.

Coe, Michael D. *Breaking the Maya Code*. London : Thames & Hudson, 1992.

Cohen, Mark Nathan. *The Food Crisis in Prehistory : Overpopulation and the Origins of Agriculture*. New Haven : Yale University Press, 1977.

Collins, James, and Richard K. Blot. *Literacy and Literacies : Texts, Power, and Identity*. Cambridge, UK : Cambridge University Press, 2003.

Collins, M. David, and Glenn R. Gibson. "Probiotics, Prebiotics, and Synbiotics : Approaches for Modulating the Microbial Ecology of the Gut." *American Journal of Clinical Nutrition* 69, no. 5 (1999) : 1052s–1057s.

Connell, Joseph H., and Ralph O. Slatyer. "Mechanisms of Succession in Natural Communities and Their Role in Community Stability and Organization." *American Naturalist* 111, no. 982 (1977) : 1119–1144.

Contamine, Philippe. *War in the Middle Ages.* Oxford, UK : Blackwell, 1984.

Conti, Marcelo Enrique, and Gaetano Cecchetti. "Biological Monitoring : Lichens as Bioindicators of Air Pollution Assessment—A Review." *Environmental Pollution* 114, no. 3 (2001) : 471–492.

Cooper, Alan, Chris Turney, Konrad A. Hughen, Barry W. Brook, H. Gregory McDonald, and Corey J. A. Bradshaw. "Abrupt Warming Events Drove Late Pleistocene Holarctic Megafaunal Turnover." *Science* 349, no. 6248 (2015).

Cornejo, Omar E., and Ananias A. Escalante. "The Origin and Age of *Plasmodium vivax*." *Trends in Parasitology* 22, no. 12 (2006) : 558–563.

Costa, Maria Jose, Carmen I. Santos, and Henrique N. Cabral. "Comparative Analysis of a Temperate and a Tropical Seagrass Bed Fish Assemblages in Two Estuarine Systems : The Mira Estuary (Portugal) and the Mussulo Lagoon (Angola)." *Cahiers de Biologie Marine* 43, no. 1 (2002) : 73–81.

Coverdale, Tyler C., Caitlin P. Brisson, Eric W. Young, Stephanie F. Yin, Jeffrey P. Donnelly, and Mark D. Bertness. "Indirect Human Impacts Reverse Centuries of Carbon Sequestration and Salt Marsh Accretion." *PLoS ONE* 9 (2014).

Craig, Nathan, Robert J. Speakman, Rachel S. Popelka–Filcoff, Mark Aldenderfere, Luis Flores Blanco, Margaret Brown Vega, Michael D. Glascock, and Charles Stanish. "Macusani Obsidian from Southern Peru : A Characterization of Its Elemental Composition with a Demonstration of Its Ancient Use." *Journal of Archaeological Science* 37, no. 3 (2010) : 569–576.

Crain, Caitlin Mullan, Kristy Kroeker, and Benjamin S. Halpern. "Interactive and Cumulative Effects of Multiple Human Stressors in Marine Systems." *Ecology Letters* 11 (2008) : 1304–1315.

Crotty, Sinead, and Christine H. Angelini. "Mussel Control of Salt Marsh Development and Self–Organization." Manuscript in review.

Curry, Andrew. "Gobekli Tepe : The World's First Temple?" *Smithsonian Magazine* 3 (2008) : 1–4.

Curtin, Philip D. *Cross-Cultural Trade in World History.* Cambridge, UK : Cambridge University Press, 1984.

Daily, Gretchen C. *Nature's Services : Societal Dependence on Natural Ecosystems.* Washington, DC : Island Press, 1997.

Daily, Gretchen C., Tore Soderqvist, Sara Aniyar, Kenneth Arrow, Partha Dasgupta, Paul R. Ehrlich, Carl Folke, et al. "The Value of Nature and the Nature of Value." *Science* 289, no.

5478 (2000) : 395–396.

Dalfes, H. Nuzhet, George Kukla, and Harvey Weiss, eds. *Third Millennium BC Climate Change and Old World Collapse*. New York : Springer, 1997.

D'Anastasio, Ruggero, Stephen Wroe, Claudio Tuniz, Lucia Mancini, Deneb T. Cesana, Diego Dreossi, Mayoorendra Ravichandiran, et al. "Micro−Biomechanics of the Kebara 2 Hyoid and Its Implications for Speech in Neanderthals." *PLoS ONE* 8, no. 12 (2013).

Daniels, Peter T., and William Bright, eds. *The World's Writing Systems*. Oxford : Oxford University Press, 1996.

Danziger, Danny, and John Gillingham. *1215 : The Year of Magna Carta*. New York : Simon & Schuster, 2004.

Darwin, Charles. *On the Origin of Species by Means of Natural Selection, or The Preservation of Favoured Races in the Struggle for Life*. London : John Murray, 1861.

Dayton, Paul K. "Experimental Evaluation of Ecological Dominance in a Rocky Intertidal Algal Community." *Ecological Monographs* 45, no. 2 (1975) : 137–159.

Delcourt, Paul A., and Hazel R. Delcourt. *Prehistoric Native Americans and Ecological Change : Human Ecosystems in Eastern North America since the Pleistocene*. Cambridge, UK : Cambridge University Press, 2004.

Denham, Tim. "Ancient and Historic Dispersals of Sweet Potato in Oceania." *PNAS* 110, no. 6 (2013) : 1982–1983.

Denham, Tim, Simon Haberle, and Carol Lentfer. "New Evidence and Revised Interpretations of Early Agriculture in Highland New Guinea." *Antiquity* 78, no. 302 (2004) : 839–857.

Dennett, Daniel C. *From Bacteria to Bach and Back : The Evolution of Minds*. New York : W.W. Norton, 2017.

d'Errico, Francesco, Lucinda Backwell, Paola Villa, Ilaria Degano, Jeannette J. Lucejko, Marion K. Bamford, Thomas F. G. Higham, Maria Perla Colombini, and Peter B. Beaumont. "Early Evidence of San Material Culture Represented by Organic Artifacts from Border Cave, South Africa." *PNAS* 109, no. 33 (2012) : 13214–13219.

Despriee, Jackie, Pierre Voinchet, Helene Tissoux, Marie−Helene Moncel, Marta Arzarello, Sophie Robin, Jean−Jacques Bahain, et al. "Lower and Middle Pleistocene Human Settlements in the Middle Loire River Basin, Centre Region, France." *Quaternary International* 223–224 (2010) : 345–359.

Dethlefsen, Les, Margaret McFall−Ngai, and David A. Relman. "An Ecological and Evolutionary Perspective on Human−Microbe Mutualism and Disease." *Nature* 449 (2007) : 811–818.

De Wet, Johannes M. J., and Jack R. Harlan. "Weeds and Domesticates : Evolution in the Man−Made Habitat." *Economic Botany* 29, no. 2 (1975) : 99–107.

Diamond, Jared. *Collapse : How Societies Choose to Fail or Succeed*. New York : Viking Penguin, 2005.

———. "The Double Puzzle of Diabetes." *Nature* 423 (2003) : 599–602.

———. "Evolution, Consequences and Future of Plant and Animal Domestication." *Nature* 418

(2002) : 700–707.

_____. *Guns, Germs, and Steel : A Short History of Everybody for the Last 13,000 Years.* New York : W.W. Norton & Company, 1999.

_____. "The Worst Mistake in the History of the Human Race." *Discover Magazine* (May 1, 1987) : 64–66.

Diamond, Jared, and Peter Bellwood. "Farmers and Their Languages : The First Expansions." *Science* 300, no. 5619 (2003) : 597–603.

Diaz, Robert J., and Rutger Rosenberg. "Spreading Dead Zones and Consequences for Marine Ecosystems." *Science* 321, no. 5891 (2008) : 926–929.

Dog, Tieraona Low. "A Reason to Season : The Therapeutic Benefits of Spices and Culinary Herbs." *Explore* 2, no. 5 (2006) : 446–449.

Dolin, Eric Jay. *Leviathan : The History of Whaling in America.* New York : W.W. Norton, 2007.

Dominguez–Rodrigo, Manuel, Travis Rayne Pickering, and Henry T. Bunn. "Configurational Approach to Identifying the Earliest Hominin Butchers." *PNAS* 107, no. 49 (2010) : 20929–20934.

Dongen, Pieter W. J. van, and Akosua N. J. A. de Groot. "History of Ergot Alkaloids from Ergotism to Ergometrine." *European Journal of Obstetrics & Gynecology and Reproductive Biology* 60, no. 2 (1995) : 109–116.

Dregne, Harold E. "Desertification of Arid Lands." *Economic Geography* 53, no. 4 (1977) : 322–331.

Dudley, Robert. *The Drunken Monkey : Why We Drink and Abuse Alcohol.* Berkeley : University of California Press, 2014.

Duncan, Richard P., Alison G. Boyer, and Tim M. Blackburn. "Magnitude and Variation of Prehistoric Bird Extinctions in the Pacific." *PNAS* 110, no. 16 (2013) : 6436–6441.

Easwaran, Eknath. *Gandhi the Man : The Story of His Transformation.* Tomales, CA : Nilgiri Press, 1997.

Ebrey, Patricia Buckley. *The Cambridge Illustrated History of China.* Cambridge, UK : Cambridge University Press, 2010.

Economist editors. "The World in a Barrel." *Economist,* December 19, 2017.

Edwards, Catharine. *The Politics of Immorality in Ancient Rome.* Cambridge, UK : Cambridge University Press, 1993.

Egan, Timothy. *The Worst Hard Time : The Untold Story of Those Who Survived the Great American Dust Bowl.* Boston : Houghton Mifflin, 2006.

Ehrlich, Paul R., and Peter H. Raven. "Butterflies and Plants : A Study in Coevolution." *Evolution* 18, no. 4 (1964) : 586–608.

Eliade, Mircea. *Shamanism : Archaic Techniques of Ecstasy.* Princeton, NJ : Princeton University Press, 1964.

Elliott, Charlene. "Purple Pasts : Color Codification in the Ancient World." *Law & Social Inquiry* 33, no. 1 (2008) : 173–194.

Ellis, Richard. *Men and Whales.* New York : Knopf, 1991.

Ellison, Aaron M., Michael S. Bank, Barton D. Clinton, Elizabeth A. Colburn, Katherine Elliott, Chelcy R. Ford, David R. Foster, et al. "Loss of Foundation Species : Consequences for the Structure and Dynamics of Forested Ecosystems." *Frontiers in Ecology and the Environment* 3, no. 9 (2005) : 479–486.

Ellison, Aaron M., and E. J. Farnsworth. "Mangrove Communities." Pp. 423–442 in M. D. Bertness, S. Gaines, and M. E. Hay, eds., *Marine Community Ecology.* Sunderland, MA : Sinauer, 2001.

El–Seedi, Hesham R., Peter A. G. M. De Smet, Olof Beck, Goran Possnert, and Jan G. Bruhn. "Prehistoric Peyote Use : Alkaloid Analysis and Radiocarbon Dating of Archaeological Specimens of Lophophora from Texas." *Journal of Ethnopharmacology* 101, nos. 1–3 (2005) : 238–242.

Elton, Charles S. *Animal Ecology.* New York : Macmillan, 1927.

_____. *The Ecology of Invasions by Animals and Plants.* Methuen, 1958.

Emmel, Stephen, Johannes Hahn, and Ulrich Gotter, eds. *Destruction and Renewal of Local Cultic Topography in Late Antiquity.* Religions in the Graeco–Roman World series. Leiden : Brill, 2008.

Enard, Wolfgang, Molly Przeworski, Simon E. Fisher, Cecilia S. L. Lai, Victor Wiebe, Takashi Kitano, Anthony P. Monaco, and Svante Paabo. "Molecular Evolution of FOXP2, a Gene Involved in Speech and Language." *Nature* 418 (2002) : 869–872.

Endler, John A. *Natural Selection in the Wild.* Monographs in Population Biology. Princeton, NJ : Princeton University Press, 1986.

Erlandson, Jon M., Michael H. Graham, Bruce J. Bourque, Debra Corbett, James A. Estes, and Robert S. Steneck. "The Kelp Highway Hypothesis : Marine Ecology, the Coastal Migration Theory, and the Peopling of the Americas." *Journal of Island and Coastal Archaeology* 2, no. 2 (2007) : 161–174.

Estes, James A., John Terborgh, Justin S. Brashares, Mary E. Power, Joel Berger, William J. Bond, Stephen R. Carpenter, et al. "Trophic Downgrading of Planet Earth." *Science* 333, no. 6040 (2011) : 301–306.

Ewald, Paul W. *Evolution of Infectious Disease.* Oxford, UK : Oxford University Press, 1994.

_____. "An Evolutionary Perspective on Parasitism as a Cause of Cancer." *Advances in Parasitology* 68 (2009) : 21–43.

_____. *Plague Time : How Stealth Infections Cause Cancers, Heart Disease, and Other Deadly Ailments.* New York : Simon and Schuster, 2000.

Fagan, Brian M. *Fish on Friday : Feasting, Fasting, and Discovery of the New World.* New York : Basic Books, 2006.

_____. *Floods, Famines, and Emperors : El Nino and the Fate of Civilizations.* New York : Basic Books, 1999.

Fearnside, Philip M. "Deforestation in Brazilian Amazonia : History, Rates, and Consequences." *Conservation Biology* 19, no. 3 (2005) : 680–688.

Feely, Richard A., Christopher L. Sabine, J. Martin Hernandez—Ayon, Debby Ianson, and Burke Hales. "Evidence for Upwelling of Corrosive 'Acidified' Water onto the Continental Shelf." *Science* 320, no. 5882 (2008) : 1490–1492.

Feely, Richard A., Christopher L. Sabine, Kitack Lee, Will Berelson, Joanie Kleypas, Victoria J. Fabry, and Frank J. Miller. "Impact of Anthropogenic CO2 on the CaCO3 System in the Oceans." *Science* 305, no. 5682 (2004) : 362–366.

Ferreira, Ana, Ivo Marguti, Ingo Bechmann, Viktoria Jeney, Angelo Chora, Nuno R. Palha, Sofia Rebelo, et al. "Sickle Hemoglobin Confers Tolerance to Plasmodium Infection." *Cell* 145, no. 3 (2011) : 398–409.

Finley, Moses I. *The Ancient Economy.* Berkeley : University of California Press, 1973.

Firestone, Richard B., Allen West, James P. Kennett, L. Becker, Ted E. Bunch, Zsolt S. Revay, Peter H. Schultz, et al. "Evidence for an Extraterrestrial Impact 12,900 Years Ago That Contributed to the Megafaunal Extinctions and the Younger Dryas Cooling." *PNAS* 104, no. 41 (2007) : 16016–16021.

Fisher, Simon E., and Gary F. Marcus. "The Eloquent Ape : Genes, Brains and the Evolution of Language." *Nature Reviews Genetics* 7 (2006) : 9–20.

Flad, Rowan K., Yuan Jing, and Li Shuicheng. "Zooarchaeological Evidence for Animal Domestication in Northwest China." *Developments in Quaternary Sciences* 9 (2007) : 167–203.

Food and Agriculture Organization of the United Nations. "Guide to Implementation of Phytosanitary Standards in Forestry." In *FAO Forestry Paper 164* (2010).

Fournier, Pierre E., Jean—Bosco Ndihokubwayo, Jo Guidran, Patrick Kelly, and Didier Raoult. "Human Pathogens in Body and Head Lice." *Emerging Infectious Diseases* 8, no. 12 (2002) : 1515–1518.

Frank, Daniel N., Allison L. St. Amand, Robert A. Feldman, Edgar C. Boedeker, Noam Harpaz, and Norman R. Pace. "Molecular—Phylogenetic Characterization of Microbial Community Imbalances in Human Inflammatory Bowel Diseases." *PNAS* 104, no. 34 (2007) : 13780–13785.

Frankopan, Peter. *The Silk Roads : A New History of the World.* London : Bloomsbury, 2015.

Fraser, Evan D. G., and Andrew Rimas. *Empires of Food : Feast, Famine, and the Rise and Fall of Civilizations.* New York : Free Press, 2010.

Freedman, Adam H., Ilan Gronau, Rena M. Schweizer, Diego Ortega—Del Vecchyo, Eunjung Han, Pedro M. Silva, Marco Galaverni, et al. "Genome Sequencing Highlights the Dynamic Early History of Dogs." *PLoS Genetics* 10 (2014).

Freese, Barbara. *Coal : A Human History.* Cambridge, MA : Perseus, 2003. Friedman, Thomas L. *The World Is Flat : The Globalized World in the Twenty-First Century.* New York : Farrar, Straus and Giroux, 2006.

Fujiwara, Masami, and Hal Caswell. "Demography of the Endangered North Atlantic Right Whale." *Nature* 414 (2001) : 537–541.

Fukuyama, Francis. *The Origins of Political Order : From Prehuman Times to the French*

Revolution. New York : Farrar, Straus and Giroux, 2011.

Fuller, Dorian Q., Ling Qin, Yunfei Zheng, Zhijun Zhao, Xugao Chen, Leo Aoi Hosoya, and Guo−Ping Sun. "The Domestication Process and Domestication Rate in Rice : Spikelet Bases from the Lower Yangtze." *Science* 323, no. 5921 (2009) : 1607–1610.

Fuller, Robert C. *Stairways to Heaven : Drugs in American Religious History*. Boulder, CO : Westview, 2000.

Gardner, Toby A., Isabelle M. Cote, Jennifer A. Gill, Alastair Grant, and Andrew R. Watkinson. "Long−Term Region−Wide Declines in Caribbean Corals." *Science* 301, no. 5635 (2003) : 958–960.

Garnsey, Peter. *Famine and Food Supply in the Graeco-Roman World : Responses to Risk and Crisis*. Cambridge, UK : Cambridge University Press, 1988.

Garnsey, Peter, and Richard Saller. *The Roman Empire : Economy, Society and Culture*. London : Bloomsbury, 2014.

Gashaw, Menassie, and Anders Michelsen. "Influence of Heat Shock on Seed Germination of Plants from Regularly Burnt Savanna Woodlands and Grasslands in Ethiopia." *Plant Ecology* 159, no. 1 (2002) : 83–93.

Gause, Georgy F. "Experimental Analysis of Vito Volterra's Mathematical Theory of the Struggle for Existence." *Science* 79, no. 2036 (1934) : 16–17.

Gauthier−Pilters, Hilde, and Anne Innis Dagg. *The Camel : Its Evolution, Ecology, Behavior, and Relationship to Man*. Chicago : University of Chicago Press, 1981.

Gedan, K. B., and B. R. Silliman. "Patterns of Salt Marsh Loss within Coastal Regions of North America : Pre−Settlement to Today." In B. R. Silliman, E. D. Grosholz, and M. D. Bertness, *Human Impacts on Salt Marshes : A Global Perspective*. Berkeley : University of California Press, 2009.

Gersberg, Richard M., B. V. Elkins, Stephen R. Lyon, and Charles R. Goldman. "Role of Aquatic Plants in Waste−Water Treatment by Artificial Wetlands." *Water Research* 20, no. 3 (1986) : 363–368.

Gibbons, Ann. "Revolution in Human Evolution." *Science* 349, no. 6246 (2015) : 362–366.

Gill, Steven R., Mihai Pop, Robert T. DeBoy, Paul B. Eckburg, Peter J. Turnbaugh, Buck S. Samuel, Jeffrey I. Gordon, et al. "Metagenomic Analysis of the Human Distal Gut Microbiome." *Science* 312, no. 5778 (2006) : 1355–1359.

Gilman, Sander L. *Making the Body Beautiful : A Cultural History of Aesthetic Surgery*. Princeton, NJ : Princeton University Press, 1999.

Goebel, Ted, Michael R. Waters, and Dennis H. O'Rourke. "The Late Pleistocene Dispersal of Modern Humans in the Americas." *Science* 319, no. 5869 (2008) : 1497–1502.

Goodell, William. *The American Slave Code in Theory and Practice : Its Distinctive Features, Shown by Its Statutes, Judicial Decisions, and Illustrative Facts*. New York : American and Foreign Anti−Slavery Society, 1853.

Goodnight, Charles J., and Lori Stevens. "Experimental Studies of Group Selection : What Do They Tell Us about Group Selection in Nature?" *American Naturalist* 150, no. S1

(1997) : s59–s79.

Goodwin, Stephen B., Barak A. Cohen, and William E. Fry. "Panglobal Distribution of a Single Clonal Lineage of the Irish Potato Famine Fungus." *PNAS* 91, no. 24 (1994) : 11591–11595.

Gordon, Deborah M. "The Organization of Work in Social Insect Colonies." *Nature* 380 (1996) : 121–124.

Gordon, Mary L. "The Nationality of Slaves under the Early Roman Empire." *Journal of Roman Studies* 14, no. 1924 (1924) : 93–111.

Gould, Stephen Jay. *Ontogeny and Phylogeny*. Cambridge, MA : Belknap Press of Harvard University Press, 1977.

Grant, Peter R., and B. Rosemary Grant. "Unpredictable Evolution in a 30-Year Study of Darwin's Finches." *Science* 296, no. 5568 (2002) : 707–711.

Graves, Kersey. *The World's Sixteen Crucified Saviors; or, Christianity before Christ, Containing New, Startling, and Extraordinary Revelations in Religious History, Which Disclose the Oriental Origin of All the Doctrines, Principles, Precepts, and Miracles of the Christian New Testament, and Furnishing a Key for Unlocking Many of Its Sacred Mysteries, Besides Comprising the History of 16 Heathen Crucified Gods*. 6th ed. New Hyde Park, NY : University Books, 1971.

Gray, Russell D., and Quentin D. Atkinson. "Language-Tree Divergence Times Support the Anatolian Theory of Indo-European Origin." *Nature* 426 (2003) : 435–439.

Gray, Russell D., and Fiona M. Jordan. "Language Trees Support the Express-Train Sequence of Austronesian Expansion." *Nature* 405 (2000) : 1052–1055.

Griffin, Dale W., and Christina A. Kellogg. "Dust Storms and Their Impact on Ocean and Human Health : Dust in Earth's Atmosphere." *EcoHealth* 1 (2004) : 284–295.

Groot, Rudolf S. de, Matthew A. Wilson, and Roelof M. J. Boumans. "A Typology for the Classification, Description and Valuation of Ecosystem Functions, Goods and Service." *Ecological Economics* 41, no. 3 (2002) : 393–408.

Guerra-Doce, Elisa. "The Origins of Inebriation : Archaeological Evidence of the Consumption of Fermented Beverages and Drugs in Prehistoric Eurasia." *Journal of Archaeological Method and Theory* 22, no. 3 (2015) : 751–782.

Haarmann, Thomas, Yvonne Rolke, Sabine Giesbert, and Paul Tudzynski. "Ergot : From Witchcraft to Biotechnology." *Molecular Plant Pathology* 10, no. 4 (2009) : 563–577.

Hajar, Lara, Louis Francois, Carla Khater, Ihab Jomaa, Michel Deque, and Rachid Cheddadi. "*Cedrus libani* (A. Rich) Distribution in Lebanon : Past, Present and Future." *Comptes Rendus Biologies* 333, no. 8 (2010) : 622–626.

Hallett, Steve, and John Wright. *Life without Oil : Why We Must Shift to a New Energy Future*. Amherst, MA : Prometheus, 2011.

Hamilton, William D. "Geometry for Selfish Herd." *Journal of Theoretical Biology* 31, no. 2 (1971) : 295–311.

Hamilton, William D., Robert Axelrod, and Reiko Tanese. "Sexual Reproduction as an Adaptation to Resist Parasites (a Review)." *PNAS* 87 (1990) : 3566–3573.

Hansen, Matthew C., Stephen V. Stehman, and Peter V. Potapov. "Quantification of Global Gross Forest Cover Loss." *PNAS* 107, no. 19 (2010) : 8650–8655.

Harari, Yuval. *Sapiens : A Brief History of Humankind.* New York : Harper, 2015.

Hardin, Garrett. "The Tragedy of the Commons." *Science* 162, no. 3859 (1968) : 1243–1248.

Harper, John L. *Population Biology of Plants.* Academic Press, 1977.

Harvell, C. Drew, Kiho Kim, JoAnn M. Burkholder, Rita R. Colwell, Paul R. Epstein, D. Jay Grimes, Eileen E. Hofmann, et al. "Review : Marine Ecology—Emerging Marine Diseases—Climate Links and Anthropogenic Factors." *Science* 285, no. 5433 (1999) : 1505–1510.

Haug, Gerald H., Detlef Gunther, Larry C. Peterson, Daniel M. Sigman, Konrad A. Hughen, and Beat Aeschlimann. "Climate and the Collapse of Maya Civilization." *Science* 299, no. 5613 (2003) : 1731–1735.

He, Qiang, Mark D. Bertness, John F. Bruno, Bo Li, Guoqian Chen, Tyler C. Coverdale, Andrew H. Altieri, et al. "Economic Development and Coastal Ecosystem Change in China." *Scientific Reports* 4 (2014).

Heckman, Daniel S., David M. Geiser, Brooke R. Eidell, Rebecca L. Stauffer, Natalie L. Kardos, and S. Blair Hedges. "Molecular Evidence for the Early Colonization of Land by Fungi and Plants." *Science* 293, no. 5532 (2001) : 1129–1133.

Heisenberg, Werner. "Uber den anschaulichen Inhalt der Quantentheoretischen Kinematik und Mechanik." *Zeitschrift fur Physik* 43 (1927) : 172–198.

Henshilwood, Christopher S., Francesco d'Errico, Marian Vanhaeren, Karen van Niekerk, and Zenobia Jacobs. "Middle Stone Age Shell Beads from South Africa." *Science* 304, no. 5669 (2004) : 404.

Henshilwood, Christopher S., Francesco d'Errico, Karen L. van Niekerk, Yvan Coquinot, Zenobia Jacobs, Stein−Erik Lauritzen, Michel Menu, and Renata Garcia−Moreno. "A 100,000−Year−Old Ochre−Processing Workshop at Blombos Cave, South Africa." *Science* 334, no. 6053 (2011) : 219–222.

Henshilwood, Christopher S., Francesco d'Errico, Royden Yates, Zenobia Jacobs, Chantal Tribolo, Geoff A. T. Duller, Norbert Mercier, et al. "Emergence of Modern Human Behavior : Middle Stone Age Engravings from South Africa." *Science* 295, no. 5558 (2002) : 1278–1280.

Hershkovitz, Israel, Ofer Marder, Avner Ayalon, Miryam Bar−Matthews, Gal Yasur, Elisabetta Boaretto, Valentina Caracuta, et al. "Levantine Cranium from Manot Cave (Israel) Foreshadows the First European Modern Humans." *Nature* 520 (2015) : 216–219.

Heuer, Holger, Heike Schmitt, and Kornelia Smalla. "Antibiotic Resistance Gene Spread Due to Manure Application on Agricultural Fields." *Current Opinion in Microbiology* 14, no. 3 (2011) : 236–243.

Hewitt, Godfrey. "The Genetic Legacy of the Quaternary Ice Ages." *Nature* 405 (2000) : 907–913.

Hockett, Bryan, and Jonathan Haws. "Nutritional Ecology and Diachronic Trends in Paleolithic

Diet and Health." *Evolutionary Anthropology* 12, no. 5 (2003) : 211–216.

Hodges, Henry. *Technology in the Ancient World.* New York : Knopf, 1994.

Hoegh—Guldberg, Ove, Peter J. Mumby, Anthony J. Hooten, Robert S. Steneck, Patrick Greenfield, Elizabeth Gomez, C. Drew Harvell, et al. "Coral Reefs under Rapid Climate Change and Ocean Acidification." *Science* 318, no. 5857 (2007) : 1737–1742.

Hoffecker, John F., W. Roger Powers, and Ted Goebel. "The Colonization of Beringia and the Peopling of the New World." *Science* 259, no. 5091 (1993) : 46–53.

Hofmann, Albert. "Historical View on Ergot Alkaloids." *Pharmacology* 16, supp. no. 1 (1978) : 1–11.

Holdren, John P., and Paul R. Ehrlich. "Human Population and the Global Environment : Population Growth, Rising Per Capita Material Consumption, and Disruptive Technologies Have Made Civilization a Global Ecological Force." *American Scientist* 62, no. 3 (1974) : 282–292.

Hong, Beverly. "Politeness in Chinese : Impersonal Pronouns and Personal Greetings." *Anthropological Linguistics* 27, no. 2 (1985) : 204–213.

Horne, Lee. "Fuel for the Metal Worker : The Role of Charcoal and Charcoal Production in Ancient Metallurgy." *Expedition : The Magazine of the University of Pennsylvania* 25, no. 1 (1982) : 6–13.

Hortola, Policarp, and Bienvenido Martinez—Navarro. "The Quaternary Megafaunal Extinction and the Fate of Neanderthals : An Integrative Working Hypothesis." *Quaternary International* 295 (2013) : 69–72.

Hosokawa, Takahiro, Ryuichi Koga, Yoshitomo Kikuchi, Xian—Ying Meng, and Takema Fukatsu. "*Wolbachia* as a Bacteriocyte—Associated Nutritional Mutualist." *PNAS* 107, no. 2 (2010) : 769–774.

Houston, Stephen, and David Stuart. "Of Gods, Glyphs and Kings : Divinity and Rulership among the Classic Maya." *Antiquity* 70, no. 268 (1996) : 289–312.

Hrdy, Sarah Blaffer. "Infanticide among Animals : A Review, Classification, and Examination of the Implications for the Reproductive Strategies of Females." *Ethology and Sociobiology* 1, no. 1 (1979) : 13–40.

―――. "Infanticide as a Reproductive Strategy— Citation—Classic Commentary on 'Infanticide among Animals : A Review, Classification, and Examination of the Implications for the Reproductive Strategies of Females.' " *Agriculture Biology and Environmental Sciences* 40 (1991).

Hubbell, Stephen P. *The Unified Neutral Theory of Biodiversity and Biogeography.* Monographs in Population Biology. Princeton, NJ : Princeton University Press, 2001.

Hubble, Edwin. "A Relation between Distance and Radial Velocity among Extra—Galactic Nebulae." *PNAS* 15, no. 3 (1929) : 168–173.

Hublin, Jean—Jacques. "The Earliest Modern Human Colonization of Europe." *PNAS* 109, no. 34 (2012) : 13471–13472.

Huffman, Michael A. "Current Evidence for Self—Medication in Primates : A Multidisciplinary

Perspective." *Yearbook of Physical Anthropology* 104, no. S25 (1997) : 171–200.

Huffman, Michael A., Shunji Gotoh, Linda A. Turner, Miya Hamai, and Kozo Yoshida. "Seasonal Trends in Intestinal Nematode Infection and Medicinal Plant Use among Chimpanzees in the Mahale Mountains, Tanzania." *Primates* 38, no. 2 (1997) : 111–125.

Hughes, J. Donald. "Ancient Deforestation Revisited." *Journal of the History of Biology* 44, no. 1 (2011) : 43–57.

Hughes, J. Donald, and Jack V. Thirgood. "Deforestation, Erosion, and Forest Management in Ancient Greece and Rome." *Journal of Forest History* 26, no. 2 (1982) : 60–75.

Hughes, Terence P. "Catastrophes, Phase Shifts, and Large–Scale Degradation of a Caribbean Coral Reef." *Science* 265, no. 5178 (1994) : 1547–1551.

Hung, Hsiao–Chun, Yoshiyuki Iizuka, Peter Bellwood, Kim Dung Nguyen, Berenice Bellina, Praon Silapanth, Eusebio Dizon, et al. "Ancient Jades Map 3,000 Years of Prehistoric Exchange in Southeast Asia." *PNAS* 104, no. 50 (2007) : 19745–19750.

Hunt, Alan. *Governance of the Consuming Passions : A History of Sumptuary Law.* New York : St. Martin's, 1996.

Hunt, Terry, and Carl Lipo. *The Statues That Walked : Unraveling the Mystery of Easter Island.* New York : Simon & Schuster, 2011.

Huntington, Samuel P. *The Clash of Civilizations and the Remaking of World Order.* New York : Simon & Schuster, 1997.

Huskinson, Janet. "Some Pagan Mythological Figures and Their Significance in Early Christian Art." *Papers of the British School at Rome* 42 (1974) : 68–97.

Hutchinson, G. Evelyn. *The Ecological Theater and the Evolutionary Play.* New Haven, CT : Yale University Press, 1965.

Hutton, James. *System of the Earth, 1785 : Theory of the Earth, 1788. Observations on Granite, 1794. Together with Playfair's Biography of Hutton.* Contributions to the History of Geology series. New York : Hafner, 1970.

Huxley, Aldous. *Brave New World.* New York : Harper & Brothers, 1932.

―――. *The Doors of Perception and Heaven and Hell.* New York : HarperCollins, 1954.

Inglesby, Thomas V., David T. Dennis, Donald A. Henderson, John G. Bartlett, Michael S. Ascher, Edward Eitzen, Anne D. Fine, et al. "Plague as a Biological Weapon : Medical and Public Health Management." *JAMA* 283, no. 17 (2000) : 2281–2290.

Jablonski, Nina G. "The Naked Truth : Why Humans Have No Fur." *Scientific American* (Feb. 2010) : 42–49.

Jacobs, Zenobia, Richard G. Roberts, Rex F. Galbraith, Hilary J. Deacon, Rainer Grun, Alex Mackay, Peter Mitchell, Ralf Vogelsang, and Lyn Wadley. "Ages for the Middle Stone Age of Southern Africa : Implications for Human Behavior and Dispersal." *Science* 322, no. 5902 (2008) : 733–735.

Jacobsen, Thorkild, and Robert M. Adams. "Salt and Silt in Ancient Mesopotamian Agriculture." *Science* 128, no. 3334 (1958) : 1251–1258.

James, Peter, and Nick J. Thorpe. *Ancient Inventions.* New York : Ballantine, 1994.

Janzen, Daniel H. "Coevolution of Mutualism between Ants and Acacias in Central America." *Evolution* 20, no. 3 (1966) : 249–275.

Jew, Stephanie, Suhad S. AbuMweis, and Peter J. H. Jones. "Evolution of the Human Diet : Linking Our Ancestral Diet to Modern Functional Foods as a Means of Chronic Disease Prevention." *Journal of Medicinal Food* 12, no. 5 (2009) : 925–934.

Ji, Rimutu, Peng Cui, Feng Ding, Hongwei Gao, Heping Zhang, Jun Yu, Songnian Hu, and He Meng. "Monophyletic Origin of Domestic Bactrian Camel (*Camelus bactrianus*) and Its Evolutionary Relationship with the Extant Wild Camel (*Camelus bactrianus ferus*)." *Animal Genetics* 40, no. 4 (2009) : 377–382.

Johnson, Dominic D. P. "God's Punishment and Public Goods : A Test of the Supernatural Punishment Hypothesis in 186 World Cultures." *Human Nature* 16, no. 4 (2005) : 410–446.

Johnston, Richard F., David M. Niles, and Sievert A. Rohwer. "Hermon Bumpus and Natural Selection in the House Sparrow *Passer domesticus*." *Evolution* 26, no. 1 (1972) : 20–31.

Jones, Robert L., and Harold C. Hanson. *Mineral Licks, Geophagy, and Biogeochemistry of North American Ungulates*. Ames : Iowa State University Press, 1985.

Kaijser, Arne. "System Building from Below : Institutional Change in Dutch Water Control Systems." *Technology and Culture* 43, no. 3 (2002) : 521–548.

Kaplan, Jed O., Kristen M. Krumhardt, and Niklaus Zimmermann. "The Prehistoric and Preindustrial Deforestation of Europe." *Quaternary Science Reviews* 28, nos. 27–28 (2009) : 3016–3034.

Kardos, Nelson, and Arnold Demain. "Penicillin : The Medicine with the Greatest Impact on Therapeutic Outcomes." *Applied Microbiology and Biotechnology* 92, no. 4 (2011) : 677–687.

Katz, Solomon H., and Mary M. Voigt. "Bread and Beer." *Expedition : The Magazine of the University of Pennsylvania* 28, no. 2 (1986) : 23–34.

Keeley, Jon E., and Paul H. Zedler. "Evolution of Life Histories in *Pinus*." Pp. 219–250 in David Richardson, ed., *Ecology and Biogeography of Pinus*. Cambridge, UK : Cambridge University Press, 1998.

Kellum, Barbara A. "Infanticide in England in the Later Middle Ages." *History of Childhood Quarterly* 1, no. 3 (1974) : 367–388.

Kettlewell, Henry Bernard D. "Phenomenon of Industrial Melanism in Lepidoptera." *Annual Review of Entomology* 6 (1961) : 245–262.

Kimura, Motoo. *The Neutral Theory of Molecular Genetics*. Cambridge, UK : Cambridge University Press, 1983.

Kirchman, David L., Xose Anxelu G. Moran, and Hugh Ducklow. "Microbial Growth in the Polar Oceans—Role of Temperature and Potential Impact of Climate Change." *Nature Reviews Microbiology* 7 (2009) : 451–459.

Kirk, Ruth, and Richard D. Daugherty. *Hunters of the Whale : An Adventure of Northwest Coast Archaeology*. New York : Morrow, 1974.

Kirwan, Matthew L., and J. Patrick Megonigal. "Tidal Wetland Stability in the Face of Human

Impacts and Sea—Level Rise." *Nature* 504 (2013) : 53–60.

Kittler, Ralf, Manfred Kayser, and Mark Stoneking. "Molecular Evolution of *Pediculus humanus* and the Origin of Clothing." *Current Biology* 13, no. 16 (2004) : 1414–1417.

Knell, Robert J. "Syphilis in Renaissance Europe : Rapid Evolution of an Introduced Sexually Transmitted Disease?" *Proceedings of the Royal Society B : Biological Sciences* 271, no. 4 (2004) : S174–S176.

Knowlton, Nancy, and J. B. C. Jackson. "The Ecology of Coral Reefs." Pp. 395–417 in Mark D. Bertness, Steven D. Gaines, and Mark E. Hay, eds., *Marine Community Ecology.* Sunderland, MA : Sinauer Associates, 2001.

Koebnick, Corinna, Carola Strassner, Ingrid Hoffmann, and Claus Leitzmann. "Consequences of a Long—Term Raw Food Diet on Body Weight and Menstruation : Results of a Questionnaire Survey." *Annals of Nutrition and Metabolism* 43, no. 2 (1999) : 69–79.

Koganemaru, Reina, and Dini M. Miller. "The Bed Bug Problem : Past, Present, and Future Control Methods." *Pesticide Biochemistry and Physiology* 106, no. 3 (2013) : 177–189.

Kohn, George C. *Dictionary of Wars.* New York : Checkmark, 2006.

Kolars, Joseph C., Michael D. Levitt, Mostafa Aouji, and Dennis A. Savaiano. "Yogurt—n Autodigesting Source of Lactose." *New England Journal of Medicine* 310, no. 1 (1984) : 1–3.

Koskella, Britt, Lindsay J. Hall, and C. Jessica E. Metcalf. "The Microbiome beyond the Horizon of Ecological and Evolutionary Theory." *Nature Ecology & Evolution* 1, no. 11 (2017) : 1606.

Krebs, John R. "The Gourmet Ape : Evolution and Human Food Preferences." *American Journal of Clinical Nutrition* 90, no. 3 (2009) : 707s–711s.

Kremer, Michael. "Population Growth and Technological Change : One Million B.C. to 1990." *Quarterly Journal of Economics* 108, no. 3 (1993) : 681–716.

Krishnamani, R., and William C. Mahaney. "Geophagy among Primates : Adaptive Significance and Ecological Consequences." *Animal Behaviour* 59, no. 5 (2000) : 899–915.

Kurlansky, Mark. *The Big Oyster : History on the Half Shell.* New York : Random House, 2007.

———. *Salt : A World History.* New York : Walker, 2002.

Lafferty, Kevin D., and Armand M. Kuris. "Parasitic Castration : The Evolution and Ecology of Body Snatchers." *Trends in Parasitology* 25, no. 12 (2009) : 564–572.

Lane, Nick. *Life Ascending : The Ten Great Inventions of Evolution.* New York : W.W. Norton, 2009.

Langevelde, Frank Van, Claudius A. D. M. Van De Vijver, Lalit Kumar, Johan Van De Koppel, Nico De Ridder, Jelte Van Andel, Andrew K. Skidmore, et al. "Effects of Fire and Herbivory on the Stability of Savanna Ecosystems." *Ecology* 84, no. 2 (2003) : 337–350.

Lantz, Paula M., and Karen M. Booth. "The Social Construction of the Breast Cancer Epidemic." *Social Science & Medicine* 46, no. 7 (1998) : 907–918.

Larsen, Clark Spencer. "Biological Changes in Human Populations with Agriculture." *Annual Review of Anthropology* 24, no. 1 (1995) : 185–213.

Larson, Greger, Umberto Albarella, Keith Dobney, Peter Rowley–Conwy, Jorg Schibler, Anne Tresset, Jean–Denis Vigne, et al. "Ancient DNA, Pig Domestication, and the Spread of the Neolithic into Europe." *PNAS* 104, no. 39 (2007) : 15276–15281.

Lawrence, David R. "Oysters as Geoarchaeologic Objects." *Geoarchaeology* 3, no. 4 (1988) : 267–274.

Lazar, Mitchell A. "How Obesity Causes Diabetes : Not a Tall Tale." *Science* 307, no. 5708 (2005) : 373–375.

Leconte, Jeremy, Francois Forget, Benjamin Charnay, Robin Wordsworth, and Alizee Pottier. "Increased Insolation Threshold for Runaway Greenhouse Processes on Earth–Like Planets." *Nature* 504 (2013) : 268–271.

Lee, Richard B., and Richard Daly, eds. *The Cambridge Encyclopedia of Hunters and Gatherers.* Cambridge, UK : Cambridge University Press, 1999.

Lee, Yun Kyung, and Sarkis K. Mazmanian. "Has the Microbiota Played a Critical Role in the Evolution of the Adaptive Immune System?" *Science* 330, no. 6012 (2010) : 1768–1773.

Lemaitre, Georges. "Un univers homogene de masse constante et de rayon croissant rendant compte de la vitesse radiale des nebuleuses extra–galactiques." *Annals of the Scientific Society of Brussels A* 47 (1927) : 49–59.

Leonard, William R., and Marcia L. Robertson. "Evolutionary Perspectives on Human Nutrition : The Influence of Brain and Body Size on Diet and Metabolism." *American Journal of Human Biology* 6, no. 1 (1994) : 77–88.

———. "Rethinking the Energetics of Bipedality." *Current Anthropology* 38, no. 2 (1997) : 304–309.

Leroi–Gourhan, Arlette. "The Flowers Found with Shanidar Iv : A Neanderthal Burial in Iraq." *Science* 190, no. 4214 (1975) : 562–564.

Lewontin, Richard, Steven Rose, and Leon Kamin. *Not in Our Genes : Biology, Ideology and Human Nature.* New York : Pantheon, 1984.

Ley, Ruth E., Daniel A. Peterson, and Jeffrey I. Gordon. "Ecological and Evolutionary Forces Shaping Microbial Diversity in the Human Intestine." *Cell* 124, no. 4 (2006) : 837–848.

Li, Min, Baohong Wang, Menghui Zhang, Mattias Rantalainen, Shengyue Wang, Haokui Zhou, Yan Zhang, et al. "Symbiotic Gut Microbes Modulate Human Metabolic Phenotypes." *PNAS* 105, no. 6 (2008) : 2117–2122.

Liu, Wu, Maria Martinon–Torres, Yan–jun Cai, Song Xing, Hao–wen Tong, Shu–wen Pei, Mark Jan Sier, et al. "The Earliest Unequivocally Modern Humans in Southern China." *Nature* 526 (2015) : 696–699.

Livy, Titus. *The History of Rome—Book V.* New York : Macmillan, 1905.

Losos, Jonathan B., Kenneth I. Warheitt, and Thomas W. Schoener. "Adaptive Differentiation Following Experimental Island Colonization in Anolis Lizards." *Nature* 387 (1997) : 70–73.

Lotze, H. K., and L. McClenachan, L. "Marine Historical Ecology : Informing the Future by Learning from the Past." In M. D. Bertness, J. F. Bruno, and J. J. Stachowicz, eds., *Marine Community Ecology and Conservation.* Sunderland, MA : Sinauer, 2013.

Ludwig, Arne, Melanie Pruvost, Monika Reissmann, Norbert Benecke, Gudrun A. Brockmann, Pedro Castanos, Michael Cieslak, et al. "Coat Color Variation at the Beginning of Horse Domestication." *Science* 324, no. 5926 (2009) : 485.

Lukacs, John R. "Fertility and Agriculture Accentuate Sex Differences in Dental Caries Rates." *Current Anthropology* 49, no. 5 (2008) : 901–914.

Lyell, Charles. *Principles of Geology : Being an Attempt to Explain the Former Changes of the Earth's Surface, by Reference to Causes Now in Operation.* London : J. Murray, 1830.

MacKenzie, Clyde L., Jr. "History of Oystering in the United States and Canada, Featuring the Eight Greatest Oyster Estuaries." *Marine Fisheries Review* 58, no. 4 (1996) : 1–78.

Majno, Guido. *The Healing Hand : Man and Wound in the Ancient World.* Cambridge, MA : Harvard University Press, 1975.

Mallory, Walter H. *China : Land of Famine.* New York : American Geographical Society, 1926.

Margulis, Lynn. *Origin of Eukaryotic Cells : Evidence and Research Implications for a Theory of the Origin and Evolution of Microbial, Plant and Animal Cells on the Precambrian Earth.* New Haven : Yale University Press, 1970.

———. "Symbiogenesis : A New Principle of Evolution Rediscovery of Boris Mikhaylovich Kozo−Polyansky (1890–1957)." *Paleontological Journal* 44, no. 12 (2010) : 1525–1539.

Margulis, Lynn, and Dorion Sagan. *Microcosmos : Four Billion Years of Microbial Evolution.* Mono, ON : Summit, 1986.

Marshall, Larry G. "Land Mammals and the Great American Interchange." *American Scientist* 76, no. 4 (1988) : 380–388.

Marteau, Philippe R., Michael de Vrese, Christophe J. Cellier, and Jurgen Schrezenmeir. "Protection from Gastrointestinal Diseases with the Use of Probiotics." *American Journal of Clinical Nutrition* 73, no. 2 (2001) : 430s–436s.

Martin, Paul S. *Twilight of the Mammoths : Ice Age Extinctions and the Rewilding of America.* Berkeley : University of California Press, 2005.

Martinez, Ignacio, Juan Luis Arsuaga, Rolf Quam, Jose Miguel Carretero, Ana Gracia, and Laura Rodriguez. "Human Hyoid Bones from the Middle Pleistocene Site of the Sima de los Huesos (Sierra de Atapuerca, Spain)." *Journal of Human Evolution* 54, no. 1 (2008) : 118–124.

Maturana, Humberto, and Francisco Varela. *Autopoiesis and Cognition : The Realization of the Living.* New York : Springer Netherlands, 1980.

McCullough, David. *The Path between the Seas : The Creation of the Panama Canal, 1870–1914.* New York : Simon and Schuster, 1977.

McGovern, Patrick E., Juzhong Zhang, Jigen Tang, Zhiqing Zhang, Gretchen R. Hall, Robert A. Moreau, Alberto Nunez, et al. "Fermented Beverages of Pre− and Proto−Historic China." *PNAS* 101, no. 51 (2004) : 17593–17598.

McGrath, Alister E. *An Introduction to Christianity.* Malden, MA : Wiley−Blackwell, 1997.

McKenna, Caitlin. "When Santa Was a Mushroom : *Amanita muscaria* and the Origins of Christmas." Entheology.com, Oct. 1, 2013.

McKenna, Terence. *Food of the Gods : The Search for the Original Tree of Knowledge : A Radical History of Plants, Drugs and Human Evolution.* New York : Random House, 1992.

Medlock, Jolyon M., Kayleigh M. Hansford, Francis Schaffner, Veerle Versteirt, Guy Hendrickx, Herve Zeller, and Wim van Bortel. "A Review of the Invasive Mosquitoes in Europe : Ecology, Public Health Risks, and Control Options." *Vector Borne and Zoonotic Diseases* 12 (2012) : 435–447.

Megaw, Vincent, Graham Morgan, and Thomas Stollner. "Ancient Salt–Mining in Austria." *Antiquity* 74, no. 283 (2000) : 17–18.

Meinshausen, Malte, Nicolai Meinshausen, William Hare, Sarah C. B. Raper, Katja Frieler, Reto Knutti, David J. Frame, and Myles R. Allen. "Greenhouse–Gas Emission Targets for Limiting Global Warming to 2°C." *Nature* 458 (2009) : 1158–1162.

Meiroop, Marc Van De. *A History of the Ancient Near East, ca. 3000–323 BC.* Malden, MA : Wiley–Blackwell, 2009.

Melosh, H. Jay. "The Rocky Road to Panspermia." *Nature* 332 (1988) : 687–688.

Menze, Bjoern H., and Jason A. Ur. "Mapping Patterns of Long–Term Settlement in Northern Mesopotamia at a Large Scale." *PNAS* 109, no. 14 (2012) : E778–E787.

Merlin, Mark. D. "Archaeological Evidence for the Tradition of Psychoactive Plant Use in the Old World." *Economic Botany* 57, no. 3 (2003) : 295–323.

Mikesell, Marvin W. "The Deforestation of Mount Lebanon." *Geographical Review* 59, no. 1 (1969) : 1–28.

Miller, Gifford H., Marilyn L. Fogel, John W. Magee, Michael K. Gagan, Simon J. Clarke, and Beverly J. Johnson. "Ecosystem Collapse in Pleistocene Australia and a Human Role in Megafaunal Extinction." *Science* 309, no. 5732 (2005) : 287–290.

Miller, Naomi F. "Paleoethnobotanical Evidence for Deforestation in Ancient Iran : A Case Study of Urban Malyan." *Journal of Ethnobiology and Ethnomedicine* 5, no. 1 (1985) : 1–19.

Miller, Richard J. *Drugged : The Science and Culture behind Psychotropic Drugs.* Oxford, UK : Oxford University Press, 2013.

Milner, Larry Stephen. *Hardness of Heart/Hardness of Life : The Stain of Human Infanticide.* Lanham, MD : University Press of America, 2000.

Mithen, Steven. *After the Ice : A Global Human History, 20,000–5000 BC.* Cambridge, MA : Harvard University Press, 2004.

Mittelbach, Gary George. *Community Ecology.* Sunderland, MA : Sinauer Associates, 2012.

Moal, Vanessa Lievin–Le, and Alain L. Servin. "The Front Line of Enteric Host Defense against Unwelcome Intrusion of Harmful Microorganisms : Mucins, Antimicrobial Peptides, and Microbiota." *Clinical Microbiology Reviews* 19, no. 2 (2006) : 315–337.

Morelli, Giovanna, Yajun Song, Camila J. Mazzoni, Mark Eppinger, Philippe Roumagnac, David M. Wagner, Mirjam Feldkamp, et al. "*Yersinia pestis* Genome Sequencing Identifies Patterns of Global Phylogenetic Diversity." *Nature Genetics* 42 (2010) : 1140–1143.

Motulsky, Arno G. "Metabolic Polymorphisms and the Role of Infectious Diseases in Human Evolution (Reprinted)." *Human Biology* 61, nos. 5–6 (1989) : 834–869.

Mouginot, Jeremie, Eric Rignot, Bernd Scheuchl, Ian Fenty, Ala Khazendar, Mathieu Morlighem, Arnaud Buzzi, and John Paden. "Fast Retreat of Zachariæ Isstrøm, Northeast Greenland." *Science* 350, no. 6266 (2015) : 1357–1361.

Mourre, Vincent, Paola Villa, and Christopher S. Henshilwood. "Early Use of Pressure Flaking on Lithic Artifacts at Blombos Cave, South Africa." *Science* 330 (2010) : 659–662.

Myers, Ransom A., and Boris Worm. "Rapid Worldwide Depletion of Predatory Fish Communities." *Nature* 423 (2003) : 280–283.

National Center for Emerging and Zoonotic Infectious Diseases. "Antibiotic/Antimicrobial Resistance (Ar/Amr)." CDC.gov, https://www.cdc.gov/drugresistance (accessed August 21, 2019).

Neel, James V. "Diabetes Mellitus : A 'Thrifty' Genotype Rendered Detrimental by 'Progress.' " *American Journal of Human Genetics* 14 (1962) : 353–362.

Nef, John Ulric. *The Rise of the British Coal Industry.* Abingdon, UK : Routledge, 1932.

Neu, Harold C. "The Crisis in Antibiotic Resistance." *Science* 257, no. 5073 (1992) : 1064–1073.

Nicholson, Jeremy K., Elaine Holmes, James Kinross, Remy Burcelin, Glenn Gibson, Wei Jia, and Sven Pettersson. "Host–Gut Microbiota Metabolic Interactions." *Science* 336, no. 6086 (2012) : 1262–1267. O'Donnell, Sean. "How Parasites Can Promote the Expression of Social Behaviour in Their Hosts." *Proceedings of the Royal Society B : Biological Sciences* 264, no. 1382 (1997) : 689–694.

Orth, Robert J., Tim J. B. Carruthers, William C. Dennison, Carlos M. Duarte, James W. Fourqurean, Kenneth L. Heck, A. Randall Hughes, et al. "A Global Crisis for Seagrass Ecosystems." *BioScience* 56, no. 12 (2006) : 987–996.

Ottaway, Barbara S. "Innovation, Production and Specialization in Early Prehistoric Copper Metallurgy." *European Journal of Archaeology* 4, no. 1 (2001) : 87–112.

Outram, Alan K., Natalie A. Stear, Robin Bendrey, Sandra Olsen, Alexei Kasparov, Victor Zaibert, Nick Thorpe, and Richard P. Evershed. "The Earliest Horse Harnessing and Milking." *Science* 323, no. 5919 (2009) : 1332–1335.

Ozawa, Sachiko, Meghan L. Stack, David M. Bishai, Andrew Mirelman, Ingrid K. Friberg, Louis Niessen, Damian G. Walker, and Orin S. Levine. "During the 'Decade of Vaccines,' the Lives of 6.4 Million Children Valued at $231 Billion Could Be Saved." *Health Affairs* 30, no. 6 (2011) : 1010–1020.

Pagel, Mark. "Human Language as a Culturally Transmitted Replicator." *Nature Reviews Genetics* 10 (2009) : 405–415.

Pagel, Mark, Quentin D. Atkinson, Andreea S. Calude, and Andrew Meade. "Ultraconserved Words Point to Deep Language Ancestry across Eurasia." *PNAS* 110, no. 21 (2013) : 8471–8476.

Pagnier, Josee, J. Gregory Mears, Olga Dunda–Belkhodja, Kim E. Schaefer–Rego, Cherif Beldjord, Ronald L. Nagel, and Dominque Labie. "Evidence for the Multicentric Origin of the Sickle–Cell Hemoglobin Gene in Africa." *PNAS* 81, no. 6 (1984) : 1771–1773.

Pahnke, Walter M. "Drugs and Mysticism : An Analysis of the Relationship between

Psychedelic Drugs and the Mystical Consciousness." PhD thesis, Harvard University, 1963.

Paine, Robert T. "Food Web Complexity and Species Diversity." *American Naturalist* 100, no. 910 (1966) : 65–75.

Patinkin, Jason. "Rape Stands Out Starkly in S. Sudan War Known for Brutality." *Christian Science Monitor,* July 27, 2014.

Pedrosa, Susana, Metehan Uzun, Juan–Jose Arranz, Beatriz Gutierrez–Gil, Fermin San Primitivo, and Yolanda Bayon. "Evidence of Three Maternal Lineages in Near Eastern Sheep Supporting Multiple Domestication Events." *Proceedings of the Royal Society B : Biological Sciences* 272, no. 1577 (2005) : 2211–2217.

Pennisi, Elizabeth. "Encode Project Writes Eulogy for Junk DNA." *Science* 337, no. 6099 (2012) : 1159–1161.

Petigura, Erik A., Andrew W. Howard, and Geoffrey W. Marcy. "Prevalence of Earth–Size Planets Orbiting Sun–Like Stars." *PNAS* 110, no. 48 (2013) : 19273–19278.

Peto, Julian, Clare Gilham, Olivia Fletcher, and Fiona E. Matthews. "The Cervical Cancer Epidemic That Screening Has Prevented in the UK." *Lancet* 364, no. 9430 (2004) : 249–256.

Pinker, Steven. *The Better Angels of Our Nature : Why Violence Has Declined.* New York : Penguin, 2012.

_____. *The Blank Slate : The Modern Denial of Human Nature.* New York : Viking, 2002.

Pollock, Susan. *Ancient Mesopotamia : The Eden That Never Was.* Cambridge, UK : Cambridge University Press, 1999.

Postgate, J. Nicholas. *Early Mesopotamia : Society and Economy at the Dawn of History.* New York : Routledge, 1994.

Pringle, Robert M., Daniel F. Doak, Alison K. Brody, Rudy Jocque, and Todd M. Palmer. "Spatial Pattern Enhances Ecosystem Functioning in an African Savanna." *PloS Biology* 8, no. 5 (2010).

Purugganan, Michael D., and Dorian Q. Fuller. "The Nature of Selection during Plant Domestication." *Nature* 457 (2009) : 843–848.

Qin, Junjie, Ruiqiang Li, Jeroen Raes, Manimozhiyan Arumugam, Kristoffer Solvsten Burgdorf, Chaysavanh Manichanh, Trine Nielsen, et al. "A Human Gut Microbial Gene Catalogue Established by Metagenomic Sequencing." *Nature* 464 (2010) : 59–65.

Ratkowsky, David A., J. Olley, Thomas. A. McMeekin, and Andrew Ball. "Relationship between Temperature and Growth Rate of Bacterial Cultures." *Journal of Bacteriology* 149, no. 1 (1982) : 1–5.

Redfield, Alfred C. "Development of a New England Salt Marsh." *Ecological Monographs* 42, no. 2 (1972) : 201–237.

_____. "Ontogeny of a Salt Marsh Estuary." *Science* 147, no. 3653 (1965) : 50–55.

Reilly, Robert R. *The Closing of the Muslim Mind : How Intellectual Suicide Created the Modern Islamist Crisis.* Wilmington, DE : ISI Books, 2010.

Reimold, Robert J., and William H. Queen, eds. *Ecology of Halophytes.* Cambridge, MA : Academic Press, 1964.

Reneke, Dave. "Was the Christmas Star Real?" *Australasian Science* (Nov./Dec. 2009).

Renterghem, Tony Van. *When Santa Was a Shaman : The Ancient Origins of Santa Claus and the Christmas Tree*. Woodbury, MN : Llewellyn, 1995.

Revedin, Anna, Biancamaria Aranguren, Roberto Becattini, Laura Longo, Emanuele Marconi, Marta Mariotti Lippi, Natalia Skakun, et al. "Thirty Thousand–Year–Old Evidence of Plant Food Processing." *PNAS* 107, no. 44 (2010) : 18815–18819.

Reznick, David N., Frank H. Shaw, F. Helen Rodd, and Ruth G. Shaw. "Evaluation of the Rate of Evolution in Natural Populations of Guppies (*Poecilia reticulata*)." *Science* 275, no. 5308 (1997) : 1934–1937.

Rich, Stephen M., Fabian H. Leendertz, Guang Xu, Matthew LeBreton, Cyrille F. Djoko, Makoah N. Aminake, Eric E. Takang, et al. "The Origin of Malignant Malaria." *PNAS* 106, no. 35 (2009) : 14902–14907.

Richard, Amy O'Neill. "International Trafficking in Women to the United States : A Contemporary Manifestation of Slavery and Organized Crime." Intelligence monograph. Washington, DC : Center for the Study of Intelligence, 1999.

Richardson, David, ed. *Ecology and Biogeography of Pinus*. Cambridge, UK : Cambridge University Press, 1998.

Roach, Neil T., Madhusudhan Venkadesan, Michael J. Rainbow, and Daniel E. Lieberman. "Elastic Energy Storage in the Shoulder and the Evolution of High–Speed Throwing in Homo." *Nature* 498 (2013) : 483–486.

Robertson, D. Ross. "Social Control of Sex Reversal in a Coral–Reef Fish." *Science* 177, no. 4053 (1972) : 1007–1009.

Rockley, Evelyn Cecil. *Primogeniture : A Short History of Its Development in Various Countries and Its Practical Effects*. London : J. Murray, 1895.

Rodhe, Henning, and Bo Svensson. "Impact on the Greenhouse Effect of Peat Mining and Combustion." *Ambio* 24, no. 4 (1995) : 221–225.

Rogers, Alan R., David Iltis, and Stephen Wooding. "Genetic Variation at the MC1R Locus and the Time since Loss of Human Body Hair." *Current Anthropology* 45, no. 1 (2004) : 105–108.

Ruck, Carl A. P., Jeremy Bigwood, Danny Staples, Jonathan Ott, and R. Gordon Wasson. "Entheogens." *Journal of Psychedelic Drugs* 11, no. 1 (1979) : 145–146.

Rypien, Krystal L., Jason P. Andras, and C. Drew Harvell. "Globally Panmictic Population Structure in the Opportunistic Fungal Pathogen *Aspergillus sydowii*." *Molecular Ecology* 17, no. 18 (2008) : 4068–4078.

Sachs, Jeffrey, and Pia Malaney. "The Economic and Social Burden of Malaria." *Nature* 415 (2002) : 680–685.

Safe, Stephen H. "Environmental and Dietary Estrogens and Human Health : Is There a Problem?" *Environmental Health Perspectives* 103, no. 4 (1995) : 346–351.

Sagan, Carl. *The Dragons of Eden : Speculations on the Evolution of Human Intelligence*. New York : Random House, 1977.

Sagan, Dorion, ed. *Lynn Margulis : The Life and Legacy of a Scientific Rebel*. White River

Junction, VT : Chelsea Green, 2012.

Sala, Osvaldo E., III, F. Stuart Chapin, Juan J. Armesto, Eric Berlow, Janine Bloomfield, Rodolfo Dirzo, Elisabeth Huber−Sanwald, et al. "Global Biodiversity Scenarios for the Year 2100." *Science* 287, no. 5459 (2000) : 1770–1774.

Sallares, Robert, Abigail Bouwman, and Cecilia Anderung. "The Spread of Malaria to Southern Europe in Antiquity : New Approaches to Old Problems." *Medical History* 48, no. 3 (2004) : 311–328.

Sandom, Christopher, Søren Faurby, Brody Sandel, and Jens−Christian Svenning. "Global Late Quaternary Megafauna Extinctions Linked to Humans, Not Climate Change." *Proceedings of the Royal Society B : Biological Sciences* 281, no. 1787 (2014).

Sankararaman, Sriram, Nick Patterson, Heng Li, Svante Paabo, and David Reich. "The Date of Interbreeding between Neandertals and Modern Humans." *PLoS Genetics* 8 (2012).

Scheffer, Marten, Stephen R. Carpenter, Timothy M. Lenton, Jordi Bascompte, William Brock, Vasilis Dakos, Johan van de Koppel, et al. "Anticipating Critical Transitions." *Science* 338, no. 6105 (2012) : 344–348.

Schmidt, Klaus. "Gobekli Tepe, Southeastern Turkey : A Preliminary Report on the 1995–1999 Excavations." *Paleorient* 26, no. 1 (2000) : 45–54.

———. "Gobekli Tepe—he Stone Age Sanctuaries : New Results of Ongoing Excavations with a Special Focus on Sculptures and High Reliefs." *Documenta Praehistorica* 37 (2010) : 239–256.

Schoener, Thomas W. "Field Experiments on Interspecific Competition." *American Naturalist* 122, no. 2 (1983) : 240–285.

Scholz, Piotr O. *Eunuchs and Castrati : A Cultural History.* Princeton, NJ : Markus Wiener, 2001.

Schwilk, Dylan W. "Flammability Is a Niche Construction Trait : Canopy Architecture Affects Fire Intensity." *American Naturalist* 162, no. 6 (2003) : 725–733.

Schwilk, Dylan W., and David D. Ackerly. "Flammability and Serotiny as Strategies : Correlated Evolution in Pines." *Oikos* 94, no. 2 (2001) : 326–336.

Shahar, Shulamith. *Childhood in the Middle Ages.* New York : Routledge, 1989.

Shea, John J., and Mathew L. Sisk. "Complex Projectile Technology and *Homo sapiens* Dispersal into Western Eurasia." *PaleoAnthropology* 2010 (2010) : 100–122.

Sherby, Oleg D., and Jeffrey Wadsworth. "Ancient Blacksmiths, the Iron Age, Damascus Steels, and Modern Metallurgy." *Journal of Materials Processing Technology* 117, no. 3 (2001) : 347–353.

Sherman, Paul W., and Jennifer Billing. "Darwinian Gastronomy : Why We Use Spices; Spices Taste Good Because They Are Good for Us." *BioScience* 49, no. 6 (1999) : 453–463.

Shipman, Pat. *The Invaders : How Humans and Their Dogs Drove Neanderthals to Extinction.* Cambridge, MA : Belknap Press of Harvard University Press, 2015.

Shotyk, William, Dominik Weiss, Peter G. Appleby, Andriy K. Cheburkin, Marlies Gloor, Robert Frei, Jan D. Kramers, Stephen Reese, and William O. Van Der Knaap. "History of

Atmospheric Lead Deposition since 12,370 C−14 Yr BP from a Peat Bog, Jura Mountains, Switzerland." *Science* 281, no. 5383 (1998) : 1635–1640.

Sidanius, Jim, and Felicia Pratto. *Social Dominance : An Intergroup Theory of Social Hierarchy and Oppression*. Cambridge, UK : Cambridge University Press, 1999.

Siefker, Phyllis. *Santa Claus, Last of the Wild Men : The Origins and Evolution of Saint Nicholas, Spanning 50,000 Years*. Jefferson, NC : McFarland, 1996.

Silliman, Brian R., Edwin Grosholz, and Mark D. Bertness, eds. *Human Impacts on Salt Marshes : A Global Perspective*. Berkeley : University of California Press, 2009.

Simon, Herbert A. "The Architecture of Complexity." *Proceedings of the American Philosophical Society* 106, no. 6 (1962) : 467–482.

Singh, Seema. "From Exotic Spice to Modern Drug?" *Cell* 130, no. 5 (2007) : 765–768.

Smith, Fred H., Ivor Jankovi´ c, and Ivor Karavani´ c. "The Assimilation Model, Modern Human Origins in Europe, and the Extinction of Neandertals." *Quaternary International* 137, no. 1 (2005) : 7–19.

Snogerup, Sven, Mats Gustafsson, and Roland Von Bothmer. "Brassica Sect. Brassica (*Brassicaceae*) I. Taxonomy and Variation." *Willdenowia* 19, no. 2 (1990) : 271–365.

Solomon, Susan, Dahe Qin, and Martin Manning. *Climate Change, 2007 : The Physical Science Basis*, ed. Intergovernmental Panel on Climate Change. Cambridge, UK : Cambridge University Press, 2007.

Spight, Thomas M. "Patterns of Change in Adjacent Populations of an Intertidal Snail, *Thais lamellose*." PhD thesis, University of Washington, 1972.

Spoor, Fred, Meave G. Leakey, Patrick N. Gathogo, Frank H. Brown, Susan C. Anton, Ian McDougall, Christopher Kiarie, Frederick K. Manthi, and Louise N. Leakey. "Implications of New Early *Homo* Fossils from Ileret, East of Lake Turkana, Kenya." *Nature* 448, no. 7154 (2007) : 688–691.

Steadman, David W. "Prehistoric Extinctions of Pacific Island Birds : Biodiversity Meets Zooarchaeology." *Science* 267, no. 5201 (1995) : 1123–1131.

Steffan−Dewenter, Ingolf, Simon G. Potts, and Laurence Packer. "Pollinator Diversity and Crop Pollination Services Are at Risk." *Trends in Ecology & Evolution* 20, no. 12 (2005) : 651–652.

Steinbeck, John. *The Grapes of Wrath*. New York : Viking, 1939.

Steneck, Robert S., Michael H. Graham, Bruce J. Bourque, Debbie Corbett, Jon M. Erlandson, James A. Estes, and Mia J. Tegner. "Kelp Forest Ecosystems : Biodiversity, Stability, Resilience and Future." *Environmental Conservation* 29, no. 4 (2002) : 436–459.

Stephenson, Andrew G. "Flower and Fruit Abortion : Proximate Causes and Ultimate Functions." *Annual Review of Ecology and Systematics* 12 (1981) : 253–279.

Stevenson, Christopher M., Cedric O. Puleston, Peter M. Vitousek, Oliver A. Chadwick, Sonia Haoa, and Thegn N. Ladefoged. "Variation in Rapa Nui (Easter Island) Land Use Indicates Production and Population Peaks Prior to European Contact." *PNAS* 112, no. 4 (2015) : 1025–1030.

Stollner, Thomas, Horst Aspock, Nicole Boenke, Claus Dobiat, Hans−Jurgen Gawlick, Willy

Groenman—van Waateringe, Walter Irlinger, et al. "The Economy of Durrnberg—Bei—Hallein : An Iron Age Salt—Mining Centre in the Austrian Alps." *Antiquaries Journal* 83 (2003) : 123–194.

Storey, Alice A., Jose Miguel Ramirez, Daniel Quiroz, David V. Burley, David J. Addison, Richard Walter, Atholl J. Anderson, et al. "Radiocarbon and DNA Evidence for a Pre—Columbian Introduction of Polynesian Chickens to Chile." *PNAS* 104, no. 25 (2007) : 10335–10339.

Strobel, Gary, and Bryn Daisy. "Bioprospecting for Microbial Endophytes and Their Natural Products." *Microbiology and Molecular Biology Reviews* 67, no. 4 (2003) : 491–502.

Susman, Randall L. "Fossil Evidence for Early Hominid Tool Use." *Science* 265, no. 5178 (1994) : 1570–1573.

Szathmary, Eors, and John Maynard Smith. "The Major Evolutionary Transitions." *Nature* 374, no. 6519 (1995) : 227–232.

Tainter, Joseph A. *Collapse of Complex Societies.* New Studies in Archaeology series. Cambridge, UK : Cambridge University Press, 1990.

Tanye, Mary. "Access and Barriers to Education for Ghanaian Women and Girls." *Interchange* 39, no. 2 (2008) : 167–184.

Tattersall, Ian. *Encyclopedia of Human Evolution and Prehistory,* vol. 768, ed. Eric Delson and John Van Couvering. Garland Reference Library of the Humanities. New York : Garland, 1988.

Taylor, Gary. *Castration : An Abbreviated History of Western Manhood.* New York : Routledge, 2000.

Thalmann, Olaf, Elizabeth Shapiro, Pin Cui, Verena J. Schuenemann, Sussana K. Sawyer, Daniel. L. Greenfield, Mietje B. Germonpre, et al. "Complete Mitochondrial Genomes of Ancient Canids Suggest a European Origin of Domestic Dogs." *Science* 342, no. 6160 (2013) : 871–874.

Thompson, Helen. "How Witches' Brews Helped Bring Modern Drugs to Market." *Smithsonian Magazine,* October 31, 2014.

Thornton, Russell. *American Indian Holocaust and Survival : A Population History since 1492.* Civilization of the American Indian series. Norman : University of Oklahoma Press, 1987.

Thorsby, E. "The Polynesian Gene Pool : An Early Contribution by Amerindians to Easter Island." *Philosophical Transactions of the Royal Society B : Biological Sciences* 367, no. 1590 (2012) : 812–819.

Tilman, David, Joseph Fargione, Brian Wolff, Carla D'Antonio, Andrew Dobson, Robert Howarth, David Schindler, et al. "Forecasting Agriculturally Driven Global Environmental Change." *Science* 292, no. 5515 (2001) : 281–284.

Tilman, G. David. *Resource Competition and Community Structure.* Princeton, NJ : Princeton University Press, 1982.

Tishkoff, Sarah A., Floyd A. Reed, Alessia Ranciaro, Benjamin F. Voight, Courtney C. Babbitt, Jesse S. Silverman, Kweli Powell, et al. "Convergent Adaptation of Human Lactase

Persistence in Africa and Europe." *Nature Genetics* 39 (2007) : 31–40.

Tougher, Shaun. *The Eunuch in Byzantine History and Society.* New York : Routledge, 2008.

Toups, Melissa A., Andrew Kitchen, Jessica E. Light, and David L. Reed. "Origin of Clothing Lice Indicates Early Clothing Use by Anatomically Modern Humans in Africa." *Molecular Biology and Evolution* 28, no. 1 (2011) : 29–32.

Tracy, Benjamin F., and Samuel J. McNaughton. "Elemental Analysis of Mineral Lick Soils from the Serengeti National Park, the Konza Prairie and Yellowstone National Park." *Ecography* 18, no. 1 (1995) : 91–94.

Tracy, Larissa, ed. *Castration and Culture in the Middle Ages.* Cambridge, UK : D.S. Brewer, 2013.

Troost, Karin. "Causes and Effects of a Highly Successful Marine Invasion : Case–Study of the Introduced Pacific Oyster *Crassostrea gigas* in Continental NW European Estuaries." *Journal of Sea Research* 64, no. 3 (2010) : 145–165.

Underdown, Charlotte J., and Simon J. Houldcroft. "Neanderthal Genomics Suggests a Pleistocene Time Frame for the First Epidemiologic Transition." *American Journal of Physical Anthropology* 160, no. 3 (2016) : 379–388.

Valiela, Ivan, Jennifer L. Bowen, and Joanna K. York. "Mangrove Forests : One of the World's Threatened Major Tropical Environments." *BioScience* 51, no. 10 (2001) : 807–815.

Valiela, Ivan, and J. M. Teal. "Nutrient Limitation in Salt Marsh Vegetation." Pp. 547–563 in R. J. Reimold and W. H. Queen, eds., *Ecology of Halophytes.* New York : Academic Press, 1974.

Vallee, Bert L. "Alcohol in the Western World." *Scientific American* 278, no. 6 (1998) : 80–85.

Vandenbosch, Robert. *Nuclear Waste Stalemate : Political and Scientific Controversies.* Salt Lake City : University of Utah Press, 2007.

Vargha–Khadem, Faraneh, Kate Watkins, Katherine J. Alcock, Paul Fletcher, and Richard E. Passingham. "Praxic and Nonverbal Cognitive Deficits in a Large Family with a Genetically Transmitted Speech and Language Disorder." *PNAS* 92, no. 3 (1995) : 930–933.

Vargha–Khadem, Faranah, Kate E. Watkins, Cathy J. Price, John Ashburner, Katherine J. Alcock, Alan Connelly, Richard S. J. Frackowiak, et al. "Neural Basis of an Inherited Speech and Language Disorder." *PNAS* 95, no. 21 (1998) : 12695–12700.

Varki, Ajit, and Tasha K. Altheide. "Comparing the Human and Chimpanzee Genomes : Searching for Needles in a Haystack." *Genome Research* 15 (2005) : 1746–1758.

Vermeij, Geerat J. *Biogeography and Adaptation : Patterns of Marine Life.* Cambridge, MA : Harvard University Press, 1977.

———. *Evolution and Escalation : An Ecological History of Life.* Princeton, NJ : Princeton University Press, 1987.

Villmoare, Brian, William H. Kimbel, Chalachew Seyoum, Christopher J. Campisano, Erin N. DiMaggio, John Rowan, David R. Braun, J Ramon Arrowsmith, and Kaye E. Reed. "Early *Homo* at 2.8 Ma from Ledi–Geraru, Afar, Ethiopia." *Science* 347, no. 6228 (2015) : 1352–1355.

Vitousek, Peter M. "Beyond Global Warming : Ecology and Global Change." *Ecology* 75, no. 7 (1994) : 1861–1876.

Vitousek, Peter M., Harold A. Mooney, Jane Lubchenco, and Jerry M. Melillo. "Human Domination of Earth's Ecosystems." *Science* 277, no. 5325 (1997) : 494–499.

Voosen, Paul. "Delaware–Sized Iceberg Splits from Antarctica." Science On Line, July 12, 2017, https://www.sciencemag.org/news/2017/07/delaware–sized–iceberg–splits– antarctica (accessed August 21, 2019).

Vries, Jan de, and Ad van der Woude. *The First Modern Economy : Success, Failure, and Perseverance of the Dutch Economy, 1500–1815.* Cambridge, UK : Cambridge University Press, 1997.

Wagner, Gunter P. "Homologues, Natural Kinds and the Evolution of Modularity." *American Zoologist* 36, no. 1 (1996) : 36–43.

Wainwright, Milton. "Moulds in Folk Medicine." *Folklore* 100, no. 2 (1989) : 162–166.

Warmuth, Vera, Anders Eriksson, Mim Ann Bower, Graeme Barker, Elizabeth Barrett, Bryan Kent Hanks, Shuicheng Li, et al. "Reconstructing the Origin and Spread of Horse Domestication in the Eurasian Steppe." *PNAS* 109, no. 21 (2012) : 8202–8206.

Wasson, R. Gordon, Stella Kramrisch, Jonathan Ott, and Carl A. P. Ruck. *Persephone's Quest : Entheogens and the Origins of Religion.* New Haven : Yale University Press, 1986.

Waters, Andrew P., Desmond G. Higgins, and Thomas. F. McCutchan. "Plasmodium– Falciparum Appears to Have Arisen as a Result of Lateral Transfer between Avian and Human Hosts." *PNAS* 88, no. 8 (1991) : 3140–3144.

Watwood, Stephanie L., Patrick J. O. Miller, Mark Johnson, Peter T. Madsen, and Peter L. Tyack. "Deep–Diving Foraging Behaviour of Sperm Whales (*Physeter macrocephalus*)." *Journal of Animal Ecology* 75, no. 3 (2006) : 814–825.

Waycott, Michelle, Carlos M. Duarte, Tim J. B. Carruthers, Robert J. Orth, William C. Dennison, Suzanne Olyarnik, Ainsley Calladine, et al. "Accelerating Loss of Seagrasses across the Globe Threatens Coastal Ecosystems." *PNAS* 106, no. 30 (2009) : 12377–12381.

Weatherford, Jack. *Genghis Khan and the Making of the Modern World.* New York : Crown, 2004.

Webb, James L. A., Jr. *Humanity's Burden : A Global History of Malaria.* Cambridge, UK : Cambridge University Press, 2008.

Whitehead, Hal. "Estimates of the Current Global Population Size and Historical Trajectory for Sperm Whales." *Marine Ecology Progress Series* 242 (2002) : 295–304.

Whitman, Walt. "Song of Myself." 1892.

Williams, Alan. "A Metallurgical Study of Some Viking Swords." *Gladius* 29 (2009) : 121–184.

Williams, Michael. "Dark Ages and Dark Areas : Global Deforestation in the Deep Past." *Journal of Historical Geography* 26, no. 1 (2000) : 28–46.

Wilson, David Sloan, and Edward O. Wilson. "Rethinking the Theoretical Foundation of Sociobiology." *Quarterly Review of Biology* 82, no. 4 (2007) : 327–348.

Wilson, Edward O. *Genesis : The Deep Origin of Societies.* New York : Liveright, 2019.

      . *The Insect Societies*. Cambridge, MA : Belknap Press of Harvard University Press, 1972.

      . *Sociobiology*. Cambridge, MA : Harvard University Press, 1975.

Wilson, J. Bastow, and Andrew D. Q. Agnew. "Positive–Feedback Switches in Plant Communities." *Advances in Ecological Research* 23 (1992) : 263–336.

Winfree, Rachael. "Pollinator–Dependent Crops : An Increasingly Risky Business." *Current Biology* 18, no. 20 (2008) : R968–R969.

Winterhalder, Bruce, Eric Alden Smith, and American Anthropological Association. *Hunter-Gatherer Foraging Strategies : Ethnographic and Archeological Analyses*. Chicago : University of Chicago Press, 1981.

Wolfe, Nathan D., Claire Panosian Dunavan, and Jared Diamond. "Origins of Major Human Infectious Diseases." *Nature* 447, no. 7142 (2007) : 279–283.

Wong, Kate. "Rise of the Human Predator." *Scientific American* 310 (2014) : 46–51.

Wood, Paul. "America's Natural Ice Industry." *Chronicle of the Early American Industries Association* 66, no. 3 (2013) : 91–111.

World Health Organization. *World Health Database, 2015*. Geneva : WHO, 2016. https://www.who.int/gho/publications/world_health_statistics/2015/en (accessed August 21, 2019).

      . *World Malaria Report, 2013*. Geneva : WHO, 2014.

Wrangham, Richard. *Catching Fire : How Cooking Made Us Human*. New York : Basic Books, 2009.

Wrangham, Richard W., William C. McGrew, Frans B. M. de Waal, and Paul G. Heltne, eds. *Chimpanzee Cultures*. Cambridge, MA : Harvard University Press, 1994.

Wright, Geraldine. A., Danny D. Baker, Mary J. Palmer, Daniel Stabler, Julie A. Mustard, Eileen F. Power, Anne M. Borland, and Philip C. Stevenson. "Caffeine in Floral Nectar Enhances a Pollinator's Memory of Reward." *Science* 339, no. 6124 (2013) : 1202–1204.

Wynne–Edwards, V. C. *Animal Dispersion in Relation to Social Behaviour*. Edinburgh : Oliver & Boyd, 1962.

Yagil, Reuven. *The Desert Camel : Comparative Physiological Adaptation*. New York : John Wiley & Sons, 1985.

Yergin, Daniel. *The Prize : The Epic Quest for Oil, Money & Power*. New York : Simon & Schuster, 1991.

Yibarbuk, Dean, Peter J. Whitehead, Jeremy Russell–Smith, Donna Jackson, Charles Godjuwa, Alaric Fisher, Peter Cooke, David Choquenot, and David M. J. S. Bowman. "Fire Ecology and Aboriginal Land Management in Central Arnhem Land, Northern Australia : A Tradition of Ecosystem Management." *Journal of Biogeography* 28, no. 3 (2001) : 325–343.

Young, Sera L., Paul W. Sherman, Julius B. Lucks, and Gretel H. Pelto. "Why on Earth? : Evaluating Hypotheses about the Physiological Functions of Human Geophagy." *Quarterly Review of Biology* 86, no. 2 (2011) : 96–120.

Yu, Douglas W., and Naomi E. Pierce. "A Castration Parasite of an Ant–Plant Mutualism." *Proceedings of the Royal Society B : Biological Sciences* 265, no. 1394 (1998) : 375–382.

Zeder, Melinda A. "Central Questions in the Domestication of Plants and Animals." *Evolutionary Anthropology : Issues, News, and Reviews* 15, no. 3 (2006) : 105–117.

_____. "Domestication and Early Agriculture in the Mediterranean Basin : Origins, Diffusion, and Impact." *PNAS* 105, no. 33 (2008) : 11597–11604.

Zhang, David D., Peter Brecke, Harry F. Lee, Yuan–Qing He, and Jane Zhang. "Global Climate Change, War, and Population Decline in Recent Human History." *PNAS* 104, no. 49 (2007) : 19214–19219.

Zimmer, Carl. "The Human Family Tree Bristles with New Branches." *New York Times,* May 27, 2015.

Zipes, Jack. *The Enchanted Screen : The Unknown History of Fairy-Tale Films.* New York : Routledge, 2011.

Znamenski, Andrei. *Shamanism in Siberia : Russian Records of Indigenous Spirituality.* New York : Springer Netherlands, 2003.

그림 출처

그림 1.2 Signbrowser, *Theory of Endosymbiosis, and Development of Eukaryotic Cells*를 바탕으로 그림. https://en.wikipedia.org/wiki/File:Endosymbiosis.svg, available under the Creative Commons CC0 1.0 Universal Public Domain Dedication.

그림 2.1 Maqsoodshah01, *Evolution-Theory* 및 기타 자유 이용 저작물을 바탕으로 그림.

그림 2.2 *Spreading Homo Sapiens* by Urutseg와 *Spreading Homo Sapiens over the World* by Altaileaopard 참조. 위키미디어 *Göran Burenhult : Die ersten Menschen*(Augsburg : Weltbild, 2000)의 자유 이용 저작물도 참조.

그림 2.3 도도새 그림은 브리타니카 백과사전의 "도도새" 그림을 보고 다시 그림. https://www.britannica.com/animal/dodo-extinct-bird 참조. 털매머드 그림은 *PLoS Biology 6*, no. 4 (2008) : e99, doi : 10.1371/journal.pbio.0060099에 출판된 Caitlin Sedwick, "What Killed the Woolly Mammoth?"에 실린 Mauricio Antón, "Artwork of Fauna during the Pleistocene Epoch in Northern Spain"(2004)의 그림을 각색함. *PLoS* 콘텐츠는 CCL 4.0 International에 의거하여 사용이 가능함.

그림 3.1 John Doebley, Adrian Stec, Jonathan Wendel, and Marlin Edwards, "Genetic and Morphological Analysis of a Maize-Teosinte F2 Population : Implications for the Origin of Maize," *Proceedings of the National Academy of Science* 87 (December 1990) : 9888–9892, https://doi.org/10.1073/pnas.87.24.9888 그리고 Hugh Iltis, "From Teosinte to Maize : The Catastrophic Sexual Transmutation," *Science* 222, no. 4626 (November 25, 1983) : 886–894 을 포함해 다수의 자유 이용 저작물을 참조하여 다시 그림.

그림 4.4 *City of David 390* by Wayne Stiles, in Stiles, "Sights and Insights : The Oldest Part of J'lem," *Jerusalem Post*, February 27, 2012를 바탕으로 그림. https://www.jpost.com/travel/around-Israel/sights-and-insights-the-oldest-part-of-Jlem.

그림 5.2 Course-Notes.org fl ashcard "The Early Phoenicians"를 바탕으로 그림. http://www.course-notes.org/flashcards/ap_world_history_unit_1_flashcards_14.

그림 5.5 낙타 대상 사진은 다음에서 다운로드할 수 있음. https://www.loc.gov/item/2007675298/.

그림 6.2 다음에서 원본 이미지를 확인할 수 있음. https://www.dailykos.com/stories/2011/11/10/1035046/-The-Lice-Capades.

그림 6.3 볼게무트의 원본 작품은 다음에서 확인할 수 있음. Wikimedia.org, https://commons.wikimedia.org/wiki/File:Danse_macabre_by_Michael_Wolgemut.png.

그림 6.4 루이스 캐럴의 『거울 나라의 앨리스』(1871)에 실린 작품 *The Red Queen's Race* by John Tenniel를 바탕으로 그림.

그림 7.5 다음에서 볼 수 있는 화석 이미지를 바탕으로 그림. http://biodiversitylibrary.org/page/48435496 (digitized by Natural History Museum, London).

그림 9.1 세일럼의 마녀재판 판화는 다음에서 다운로드 할 수 있음. https://commons.wikimedia.org/wiki/File:Witchcraft_at_Salem_Village.jpg.

그림 10.1 해변에서 죽은 고래 판화는 다음에서 다운로드 할 수 있음. https://www.rijksmuseum.nl/en/collection/RP−P−OB−4635.

그림 10.4 *The Shoe & Leather Petroleum Company and the Foster Farm Oil Company* (ca. 1895, Mather & Bell). 이 자유 이용 저작물은 다음에서 확인할 수 있음. https://www.loc.gov/item/2005686702/.

그림 11.1 *Dust Storm, Baca County, Colorado* (ca. 1936) by D. L. Kernodle. 이 자유 이용 저작물은 다음에서 확인할 수 있음. https://www.loc.gov/item/2017759525/.

그림 11.2 도표의 출처는 다음에서 확인할 수 있음. https://www.icriforum.org/sites/default/files/GCRMN_Tropical_Americas_Coral_Reef_Resilience_Final_Workshop_Report.pdf.

그림 11.3 세계 탄소 배출량에 대한 배경 자료는 G. Marland, T. A. Boden, and R. J. Andres, "Global, Regional, and National Fossil−Fuel CO2 Emissions," in *Trends : A Compendium of Data on Global Change* (Oak Ridge, TN : Carbon Dioxide Information Analysis Center, Oak Ridge National Laboratory, 2008)에서 확인할 수 있음.

역자 후기

"이 책이 조금만 늦게 나왔더라도 저자가 덧붙이고 싶은 말이 정말 많았겠는데?"

코로나-19 바이러스 범유행 사태 초기에 출간된 이 책을 범유행의 절정기에 옮기면서 든 생각이다. 코로나-19 바이러스의 범유행만큼 문명의 '자연사'를 실감 나게 예시할 사건도 흔치 않을 테니까 말이다. 사전에서 문명은 "인류가 이룩한 물질적, 기술적, 사회구조적인 발전"으로 정의된다. 한편 자연사(自然史)는 지구에서 유기체와 환경이 진화한 역사를 말한다. 이 책에 따르면 일반적으로 문명은 "자연에 대한 인간의 승리이자, 인간이 자연으로부터 역사를 탈취하고 미래의 주인이 된 사건"으로 여겨지는데, 그렇다면 문명의 발생은 자연사의 한 장(章)을 장식하고 말았을 인류의 역사를 아예 독립된 범주로 업그레이드한 사건으로 보아도 좋을 것이다. 하지만 어쩌나. 인류의 문명은 여전히 어정쩡하게 양다리를 걸친 채 공생이 아닌 공멸의 길을 걷고 있는 것을.

『문명의 자연사』라는 제목에서 잘 드러나듯이 이 책은 "자연사의 렌즈"로 문명을 들여다본다. 그러나 책은 문명의 여명기에서 시작하지 않는다. 저자는 인류사가 곧 자연사의 완벽한 부분집합이었던 초기 인류사는 물론이고 빅뱅과 원시 수프까지 거슬러 올라가며 지구와 생명의 빅 히스토리(big history)를 다룬다. 저자에게는 치밀한 의도가 있다. 단세포 생물의 공생으로 다세포 생물이 형성된 시점부터 저자가 촘촘히 깔아둔 밑밥을 충실히 따라가다 보면, 문명이 "세상에 존재하는 그 무엇과도 비교할 수 없이 특별하고 창의적이며 의지가 충만한 천재성의 절정"이 아닌 진화의 숙명일 수밖에 없다는 저자의 말에 고개를 끄덕이게 된다. 그러므로 이 책을 다 읽고 나서 "자연사의 렌즈를 장착하고 문명을 본다는 것 자체가 어불성설이다! 그보다는 우리가 여태껏 끼고 있던 친인류 렌즈부터 빼버리자!"라고 마음먹었다면 이 책을 제대로 읽었다고 확신해도 좋을 것이다.

자연사 속 인류라는 개념은 시대마다 해석도, 받아들이는 정도도 달랐다. 1974년에 출간된 『세포라는 대우주(The Lives of a Cell)』에서 루이스 토머스는 "곤충 사회의 운영방식이 눈곱만큼이라도 인간의 활동을 연상시킨다고 주장했다가는 생물학계에서 무례한 사람으로 취급되기에 십상이다"라고 당시 과학계의 분위기를 설명했다. 에드워드 O. 윌슨의 1975년 작 『사회생물학』이 그 시대의 '뜨거운 감자'가 된 것도 같은 맥락이다. 그러나 오늘날에는 인류세라는 말이 공공연하게 사용될 정도로 기후 변화의 위협이 현실이 되었고 수억 년 후에 인류세 지층에서는 소, 닭, 돼지의 뼈, 그리고 플라스틱 생수병이 발견될 것이라는 예언이 퍼지는 등 자연사를 보는 사람들의 눈도 관대해졌다. 자연을 지켜주고 자연과 어우러져야 한다는 목소리가 높아진 것이다. 그러나 이런 인심 쓰는 듯한 태도 역시 저자가 보기에는 아직 코페르니쿠스 시대의 천동설에서 벗어나지 못한 채 자연과 인간을 분리한 사고방식에 불과하다. 저자는 여기에서 한발 더 나아가, 인간이라는 종 자체가 공생발생적 집합체이며 자연사를 지배하는 모든 원리가 동일하게 적용되는 자연의 일부임을 깨우쳐야 한다고 우리에게 말한다.

공생발생적 집합체라는 말은 세 가지로 해석할 수 있다. 첫째, 인간이라는 다세포 생물은 태초에 원핵생물의 공생으로 시작되었고, 우리의 세포 하나하나는 사실 이질적인 여러 개체들이 모인 집단이다. 린 마굴리스가 세포 내 공생설을 주창했을 당시 루이스 토머스는 "나는 내가 핵이 없는 세포에서 유래했다는 사실까지는 예상도 못 했고 마땅히 대비하지도 못했다. 아니, 만약 그게 전부였다면 그걸로도 어찌 마음을 추슬러볼 수 있었을 것이다. 그러나 엄연히 말해서 나는 애초에 이들의 후손조차 아니라는 굴욕이 추가되었다"라며 당혹감을 표현했다. 둘째, 인간은 제 몸의 내장에 상주하는 세균과 공생하며 생명을 지탱한다. 누군가는 나쁜 세균이 우리 몸을 공격하여 일시적으로 장악하는 것과 별도로 아예 터줏대감처럼 자리를 잡고 살아가는 착한 세균이 총 1−2킬로그램이나 된다는 사실을 낯설게 느낄지도 모른다. 그러나 요새 사람들이 (보통 유산균이라고 부르는) 프로바이오틱스는 물론이고 프로바이오틱스의 먹이가 되는 프리바이오틱스까지 챙겨 먹는다는 것은 사람들이 미생물과의 공생 사실을 기꺼이 받아들이기 시작했다는 긍정적인 신호로 보아도 좋을 것이다. 셋째, 인간은 자신이 길들였든 아니든, 알든 모르든 간에 많은 생물 종들과 서로 영향을 끼치며 살아간다. 이 쌍방 간의 관계에서 인간이 행사하는 막강한 파괴력과 개조능력은 일찌감치 잘 알려졌지만, 최근에 과학자들이 주목하는 것은 인간이 제힘에 취해서 미처 보지 못했던 상대편 생물들의 숨은 능력과 역할이다. "우리는 무척추동물이 필요하지만 그들에게는 우리가 필요하지 않다는 데에 진실이 있다"는 에드워드 O. 윌슨의 말에서 단적으로 드러나듯이, 인간이 죽이고 상처를 주고 괴롭혀온 것이 제집 식구이자 아군이었다는 사실은 우리가 이 책을 읽고 통감해야 할 또 한 가지 중요한 핵심이다.

이 책에서 "공생"보다 많이 나오는 단어는 "협력"이다. 저자는 협력과 경쟁의 균형을 이야기하면서도 대놓고 협력을 편애한다. 이는 현재 우리가 경쟁이 강조되는 기울어진 운동장에 있기 때문이다. 따라서 저자는 자연사에서 협력의 틀이 이끈 굵직한 혁신의 사례를 들면서 이기적 유전자의 자기중심적이고 경쟁적인 동인이 어떻게 제어되고 보완되어왔는지를 설명하고 기울어진 축을 바로잡고자 한다. 그런데 이 협력의 과정이 생물이 진화하는 도중에 "어쩌다 보니" 일어난 현상임을 짚고 넘어갈 필요가 있다. 저자가 강조한 것처럼 진화란 인과관계도 없고 목적성을 부여해서도 안 되는 무작위적인 과정이다. 생물체가 공동의 또는 개별적인 목표를 세우고 야심 차게 협력을 도모하거나 경쟁에 나선 것이 아니라, 세대가 세대로 이어질 때 발생한 돌연변이의 결과에 순응해 하루 벌어 하루 먹고사는 듯이 종이 지속되면서 그 과정에 다른 개체나 종을 제치고 살아남으면 경쟁이고 함께 살아남으면 그것이 곧 협력이다. 종 안팎으로 일어나는 상호작용의 결과로 양쪽 모두 윈-윈(win-win) 한다면 우리는 이를 협력이라는 말로 포장한다. 그러나 근본적으로 자연사에서 발생한 협력과 경쟁에 인간 중심적인 선악의 프레임을 씌울 수는 없다. 그렇다면 저자는 왜 이토록 협력을 강조할까?

첫째, 나는 그것이 계산기를 두드려보고 나온 결과라고 본다. "협력"이란 단어는 "착한 아이가 되어라"라는 식의 선한 가치가 들어간 진부한 말이다. 그러나 저자가 이 책에서 협력이라는 말을 무려 200번 넘게 부르짖는 이유는 성인군자가 되어야 한다는 의미가 아니다. 협력이 자연사에서 증명된바, 현재 인류가 직면한 문제를 타개할 실질적이고 어쩌면 유일한 해결 방안이기 때문이다. 아주 이기적인 측면에서 보아도 인류가 확장판 공유지의 비극을 겪지 않으려면 협력밖에 답이 없다는 말이다.

둘째, 아마 더 중요한 이유일 텐데, 인간은 의지적인 협력이 가능한 유일한 생물이기 때문이다. 실제로 인간 문명은 사회화를 추진하면서 집단 내 협력을 강조해왔는데, 브루스 후드가 『뇌는 작아지고 싶어한다(*The Domesticated Brain*)』에서 말한 바에 따르면 사회화의 결과 인간의 뇌는 약 2만 년 전을 기점으로 크기가 줄어들기 시작했다. 인간에게 길든 가축의 뇌가 작아진 것처럼 인간 역시 사회화를 향해서 자신을 길들인 결과 뇌가 작아졌다는 것이다. 그렇다면 인간의 협력은 남달라야 한다. 문명 이전 자연사 속 생물 간의 협력은 주어진 유전적, 환경적 조건에서 정해진 목표 없이 수동적으로 이루어졌다. 그러나 인간에게는 과거를 돌아보고 현재를 파악하고 미래를 예견하는 능력이 있다. 또한 현재 우리에게 필요한 것은 모두의 자발적인 희생이 필요한 협력이다. 그렇다면 이 전례 없는 위기의 시대에 유례없는 협력의 과업을 해낼 수 있는 것은 자연사의 법칙 아래에 있으면서도 그 법칙을 거슬러본 적이 있는 인간뿐이다. 저자가 이 책을 통해서 독자에게 바라는 것은 진심으로 겸허할 때에만 나올 수 있는 진정한 '인간 자부심'이 아닐까.

이 책은 "문명의 자연사"라는 제목에 걸맞게 인류 문명의 면면을 자연사의 관점에서 충실히 해석하지만, 그중에서도 최근 약 50년간 자연사를 바라보는 관점의 변화가 아주 잘 설명되어 있다. 1970년대 사회적 충격과 논란을 몰고 온 제임스 러브록의 가이아 이론, 린 마굴리스의 세포 내 공생설, 리처드 도킨스의 이기적 유전자, 에드워드 O. 윌슨의 사회생물학을 시작으로 다양한 생태학 원리와 함께, 비교적 최근에 등장한 생태계 서비스, 식물과 균류의 공생인 우드 와이드 웹, 환각버섯과 실로시빈, 장내 마이크로바이옴, 현생인류와 개의 연합설까지, 시대를 주도한 개념과 가설들이 간략하지만 일목요연하게 쓰여 있어 최신 자연사 길잡이로도 손색이 없다. 이 책이 나 자신을 비롯한 독자들이 더 늦기 전에 타성과 이기적 유전자의 지배력을 극복하고 진정한 '인간 자부심'을 마음껏 실천하는 계기가 되기를 기대해본다.

2021년 가을
역자 조은영

인명 색인